普通高等教育"十二五"系列教材

# 工程力学

主　编　佘　斌
副主编　胡红玉　郭　磊
参　编　王路珍　蔡中兵
主　审　崔清洋

机械工业出版社

本书是根据教育部高等学校力学教学指导委员会力学基础课程教学指导分委员会编制的《理工科非力学专业力学基础课程教学基本要求》（试行）（2008 年版）中《理论力学课程教学基本要求》（B类）中的静力学部分和《材料力学课程教学基本要求》（B 类）中的基本部分编写而成的。

本书内容精练，讲解详细，以适用够用为度。它主要由静力学和材料力学两部分组成。静力学部分包括静力学基础、平面力系、空间力系等三章；材料力学部分包括轴向拉伸与压缩、剪切与挤压的实用计算、圆轴扭转时的强度和刚度计算、梁弯曲时的强度计算、梁弯曲时的刚度计算、组合变形时的强度计算、压杆的稳定问题等七章。为了方便读者理解基本概念，每节之后都安排了少量的自测题，书后附有自测题参考答案。每章都附有习题，书后附有习题参考答案。

本书适用于应用型本科材料、纺织、环境工程等专业中、少学时工程力学课程的教学，也可供成人教育学院、民办学院和独立学院学生、自学者以及工程技术人员参考。

## 图书在版编目（CIP）数据

工程力学/佘斌主编. —北京：机械工业出版社，2011.8（2024.7 重印）
普通高等教育"十二五"系列教材
ISBN 978-7-111-34642-5

Ⅰ.①工… Ⅱ.①佘… Ⅲ.①工程力学-高等学校-教材 Ⅳ.① TB12

中国版本图书馆 CIP 数据核字（2011）第 161252 号

机械工业出版社（北京市百万庄大街 22 号　邮政编码 100037）
策划编辑：李永联　责任编辑：李永联　责任校对：刘秀丽
封面设计：赵颖喆　责任印制：常天培
北京机工印刷厂有限公司印刷
2024 年 7 月第 1 版·第 15 次印刷
169mm×239mm·17.75 印张·437 千字
标准书号：ISBN 978-7-111-34642-5
定价：36.00 元

电话服务　　　　　　　　网络服务
客服电话：010-88361066　机 工 官 网：www.cmpbook.com
　　　　　010-88379833　机 工 官 博：weibo.com/cmp1952
　　　　　010-68326294　金 书 网：www.golden-book.com
封底无防伪标均为盗版　　机工教育服务网：www.cmpedu.com

# 前　言

本书是根据教育部高等学校力学教学指导委员会力学基础课程教学指导分委员会编制的《理工科非力学专业力学基础课程教学基本要求》（试行）（2008年版）中《理论力学课程教学基本要求》（B类）中的静力学部分和《材料力学课程教学基本要求》（B类）中的基本部分编写而成的，内容精练，讲解详细，以适用、够用为度，适用于应用型本科材料、纺织、环境工程等专业中、少学时的工程力学课程的教学。

本书由静力学和材料力学两部分组成。

静力学部分包括静力学基础、平面力系、空间力系三章；材料力学部分包括轴向拉伸与压缩、剪切与挤压的实用计算、圆轴扭转时的强度和刚度计算、梁弯曲时的强度计算、梁弯曲时的刚度计算、组合变形时的强度计算、压杆的稳定问题七章。为了方便读者理解基本概念，每节之后都安排了少量的自测题，书后附有自测题参考答案。同时每章都附有习题，书后附有习题参考答案。

为了方便教师使用，本书配有用Power Point制作的课堂教学课件，可向机械工业出版社索取。

讲授全书约需64学时，其中理论课约56学时，实验课约8学时。为了方便48学时（理论课约44学时，实验课约4学时）工程力学课程的教学，只需去掉第3章和第9章中的第4~7节，选做约4学时的实验即可。

本书的编写和出版得到了盐城工学院教材出版基金的资助，机械工业出版社给予了大力的协助，在此表示诚挚的谢意。在编写过程中，编者查阅和参考了大量文献，谨向这些文献的作者表示衷心的感谢。在大纲制定和教材编写过程中，徐文宽、王永廉等老师给予了具体的指导和帮助，特此致谢。

本书由佘斌编写绪论、第2篇引言、第9章、附录B（其中实验1和实验2由程鲲编写）和附录C；胡红玉编写第1篇引言、第1章、第2章和第3章；郭磊编写第7章和第8章；王路珍编写第6章和第10章；蔡中兵编写第4章和第5章。全书由佘斌统稿、担任主编，主审崔清洋教授认真审阅了全部书稿，提出了许多宝贵意见。

由于编者水平的限制，书中难免有错误和不妥之处，欢迎读者批评指正。

编　者
2010年12月

# 目　录

前言
绪论 ································································································ 1

## 第1篇　静　力　学

引言 ································································································ 2
　自测题1 ························································································ 2
### 第1章　静力学基础 ·········································································· 3
　1.1　静力学的基本概念 ······································································ 3
　　自测题2 ···················································································· 4
　1.2　静力学的公理 ············································································ 4
　　自测题3 ···················································································· 6
　1.3　约束与约束力 ············································································ 7
　　自测题4 ···················································································· 11
　1.4　物体的受力分析和受力图 ····························································· 11
　　自测题5 ···················································································· 15
　　习题1 ······················································································· 16
### 第2章　平面力系 ············································································· 18
　2.1　平面力的投影与分解 ··································································· 18
　　自测题6 ···················································································· 20
　2.2　平面力对点之矩的概念和计算 ······················································· 20
　　自测题7 ···················································································· 23
　2.3　平面力偶理论 ············································································ 24
　　自测题8 ···················································································· 26
　2.4　平面力系的简化 ········································································· 27
　　自测题9 ···················································································· 31
　2.5　平面任意力系的简化结果分析 ······················································· 31
　　自测题10 ··················································································· 34
　2.6　平面任意力系的平衡条件和平衡方程 ·············································· 35
　　自测题11 ··················································································· 41
　2.7　物体系统的平衡　静定和静不定概念 ·············································· 42
　　自测题12 ··················································································· 45

习题 2 ········································································································ 46
## 第3章 空间力系 ·························································································· 50
3.1 空间力的投影与分解 ················································································ 50
自测题 13 ····································································································· 51
3.2 力对点之矩和力对轴之矩 ········································································ 52
自测题 14 ····································································································· 56
3.3 空间力系的平衡 ······················································································ 56
自测题 15 ····································································································· 61
3.4 重心 ········································································································ 61
自测题 16 ····································································································· 65
习题 3 ········································································································ 66

# 第2篇 材料力学

引言 ·············································································································· 69
自测题 17 ····································································································· 71
## 第4章 轴向拉伸与压缩 ················································································ 72
4.1 轴向拉伸与压缩的概念与实例 ·································································· 72
自测题 18 ····································································································· 73
4.2 轴力和轴力图 ·························································································· 73
自测题 19 ····································································································· 76
4.3 轴向拉压杆横截面上的应力 ····································································· 76
自测题 20 ····································································································· 82
4.4 轴向拉压杆的变形与胡克定律 ·································································· 82
自测题 21 ····································································································· 86
4.5 材料在拉伸与压缩时的力学性能 ······························································· 87
自测题 22 ····································································································· 92
4.6 轴向拉压杆的强度计算 ············································································ 93
自测题 23 ····································································································· 97
习题 4 ········································································································ 98
## 第5章 剪切与挤压的实用计算 ····································································· 101
5.1 剪切与挤压的概念与实例 ········································································ 101
自测题 24 ····································································································· 102
5.2 剪切和挤压的实用计算 ············································································ 102
自测题 25 ····································································································· 107
习题 5 ········································································································ 107
## 第6章 圆轴扭转时的强度和刚度计算 ·························································· 109
6.1 圆轴扭转的概念和实例 ············································································ 109
自测题 26 ····································································································· 109

6.2 外力偶矩的计算和扭矩 …… 110
自测题27 …… 112
6.3 切应力互等定理与剪切胡克定律 …… 113
自测题28 …… 114
6.4 圆轴扭转时横截面上的应力与强度计算 …… 115
自测题29 …… 120
6.5 圆轴扭转变形与刚度计算 …… 121
自测题30 …… 123
6.6 圆轴受扭破坏分析 …… 123
自测题31 …… 125
习题6 …… 125

## 第7章 梁弯曲时的强度计算 …… 128

7.1 梁弯曲的概念与计算简图 …… 128
自测题32 …… 129
7.2 梁的内力与内力方程 …… 129
自测题33 …… 133
7.3 梁的内力图-剪力图和弯矩图 …… 133
自测题34 …… 137
7.4 截面的几何性质 …… 138
自测题35 …… 144
7.5 梁平面弯曲时横截面上的正应力、正应力强度计算 …… 144
自测题36 …… 151
7.6 梁平面弯曲时横截面上的切应力、切应力强度计算 …… 151
自测题37 …… 154
7.7 提高梁强度的措施 …… 154
自测题38 …… 158
习题7 …… 158

## 第8章 梁弯曲时的刚度计算 …… 163

8.1 梁的变形与位移的概念 …… 163
自测题39 …… 163
8.2 挠曲线近似微分方程 …… 164
自测题40 …… 165
8.3 计算梁位移的积分法 …… 165
自测题41 …… 170
8.4 计算梁位移的叠加法 …… 170
自测题42 …… 174
8.5 梁的刚度计算 …… 174
自测题43 …… 175

8.6　提高梁刚度的措施 ································································ 175
      自测题 44 ······························································································ 176
      习题 8 ··································································································· 176

## 第 9 章　组合变形时的强度计算 ··················································· 177
   9.1　组合变形的概念与实例 ································································ 177
      自测题 45 ······························································································ 178
   9.2　杆件承受拉（压）与弯曲组合变形时的强度计算 ······················· 179
      自测题 46 ······························································································ 183
   9.3　梁斜弯曲时的强度计算 ································································ 183
      自测题 47 ······························································································ 188
   9.4　平面应力状态应力分析 ································································ 189
      自测题 48 ······························································································ 196
   9.5　广义胡克定律 ··············································································· 197
      自测题 49 ······························································································ 200
   9.6　强度理论和相当应力 ···································································· 201
      自测题 50 ······························································································ 205
   9.7　圆轴承受弯扭组合变形时的强度计算 ·········································· 206
      自测题 51 ······························································································ 208
      习题 9 ··································································································· 209

## 第 10 章　压杆的稳定问题 ······························································ 214
   10.1　压杆稳定的概念 ········································································· 214
      自测题 52 ······························································································ 215
   10.2　两端铰支细长压杆的临界力 ······················································ 215
      自测题 53 ······························································································ 217
   10.3　其他支承细长压杆的临界力 ······················································ 217
      自测题 54 ······························································································ 218
   10.4　欧拉公式的适用范围　临界应力总图 ········································ 218
      自测题 55 ······························································································ 221
   10.5　压杆稳定条件　压杆的合理设计 ··············································· 221
      自测题 56 ······························································································ 224
      习题 10 ································································································· 224

## 附录 ······································································································· 227
   附录 A　型钢规格表 ············································································ 227
   附录 B　实验指导 ················································································ 243
   实验 1　拉伸实验 ················································································· 243
   实验 2　压缩实验 ················································································· 246
   实验 3　扭转实验 ················································································· 247
   实验 4　梁纯弯曲正应力实验 ······························································ 249

实验 5　弯扭组合变形时主应力测量实验 ·········································· 251
附录 C　电测法简介 ······························································· 253
附录 D　自测题参考答案 ························································· 256
附录 E　习题参考答案 ···························································· 267

**参考文献** ················································································ 274

# 绪 论

工程力学是应用于工程实际的各门力学学科的总称，内容极其广泛。本书所指的工程力学仅由静力学和材料力学两部分内容组成。

工程力学是研究物体宏观运动规律及其应用的科学。工程给力学提出问题，而力学的研究成果又改进工程设计思想。随着现代科学技术的发展，力学的应用已渗透到许多学科领域。

静力学的研究对象为刚体。静力学是研究力的基本性质、力系的简化方法及力系平衡的理论，并用于对物体进行受力分析和计算，是工程力学的基础部分。

材料力学的研究对象为可变形固体。它研究构件在外力作用下的变形、受力与破坏的规律，为合理设计构件截面形状和尺寸，选择适当的材料提供有关强度、刚度与稳定性分析的基本理论和方法。

工程力学是一门技术基础课程。它所介绍的力学基本概念、基本理论和基本方法，既可以直接用于解决工程实际问题，又是学习后续课程的重要基础。因此，学好工程力学课程非常重要。

学习工程力学要着重掌握其科学的思维方法，培养发现问题、分析问题和解决问题的综合素质。在学习过程中，既要注意每部分在研究对象、内容和方法上的区别，又要注意后面部分对前面部分的理论和方法的应用，还要尽可能地联系工程和生活实际，在实际中发现力学问题，细心体会力学原理。

# 第1篇 静 力 学

## 引 言

静力学是研究物体在力系作用下的平衡规律的科学。

力系是指作用于物体上的一群力。

如果作用在物体上的两个力系对物体的作用效果相同，则这两个力系互为等效力系。

如果力系作用在物体上，物体仍保持平衡状态，则称这个力系为平衡力系。

在静力学中所说的物体是指刚体。刚体是理想化的力学模型，是指在力的作用下其内部任意两点之间的距离始终保持不变的物体。一般情况下物体受力后都会有变形，如果变形比较小，在研究平衡问题或运动规律时可以忽略，则可以把研究对象视为刚体。静力学中，研究的物体只限于刚体，故又称为刚体静力学，它也是研究材料力学的基础。

平衡是指物体相对于惯性参考系处于静止或匀速直线运动状态。惯性参考系是指保持静止或匀速直线运动状态的参考系。平衡是运动的特殊情形。

在静力学这一篇中，将研究三个方面问题：

（1）物体的受力分析：分析物体的受力情况，每个力的大小、方向和作用位置。

（2）力系的简化：用一个简单力系等效地代替一个复杂的力系。

（3）力系的平衡：研究作用在物体上的各种力系平衡时所需满足的平衡条件，并利用平衡条件解决静力学平衡问题。

### 自测题 1

自测题 1-1 静力学主要研究_____、_____和_____问题。

自测题 1-2 物体处于平衡状态一定是静止的。这一说法（ ）。

(A) 正确； (B) 错误。

自测题 1-3 匀速运动的物体一定处于平衡状态。这一说法（ ）。

(A) 正确； (B) 错误。

自测题 1-4 在任何情况下，其内部任意两点距离保持不变的物体称为刚体。这一说法（ ）。

(A) 正确； (B) 错误。

# 第1章 静力学基础

## 1.1 静力学的基本概念

力是物体间的相互机械作用。力对物体作用产生的效应可分为两个方面：一是物体机械运动状态的变化，称为力的运动效应；另一个是物体大小与形状的改变，称为力的变形效应。静力学研究力的运动效应。

力对物体的作用效应取决于力的三个要素：（1）力的大小；（2）力的方向；（3）力的作用点。所以可用一个矢量来表示力的三个要素，如图 1-1 所示。按一定的比例尺画出的矢量长度 $AB$ 表示力的大小；矢量的方向表示力的方向；矢量的始端点 $A$ 表示力的作用点。矢量 $\overrightarrow{AB}$ 所沿的直线（图 1-1 上的虚线）表示力的作用线。我们常用黑斜体字母 $\boldsymbol{F}$ 表示力矢量，而用普通字母 $F$ 表示力的大小。若以 $\boldsymbol{F}°$ 表示沿矢量 $\boldsymbol{F}$ 方向的单位矢量，如图 1-2 所示，则力矢量 $\boldsymbol{F}$ 可写成

$$\boldsymbol{F} = F\boldsymbol{F}°$$

即力矢量可以用它的模（即力的大小）和单位矢量的乘积表示。

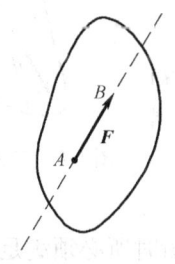

图 1-1 力的三要素　　　　　　　　图 1-2 力矢量的表示

在国际单位制（SI）中，以"N"作为力的单位符号，称为牛［顿］。有时也以"kN"作为力的单位符号，称为千牛［顿］。

如果力系中各力的作用线都交于一点，则称此力系为汇交力系。

如果力系中各力的作用线都相互平行，则称此力系为平行力系。

如果力系中各力的作用线都在同一个平面内，则称此力系为平面力系，否则称为空间力系。

## 自测题 2

自测题 2-1　力的三要素是_____、_____和_____。
自测题 2-2　$F_1 = F_2$ 和 $F_1 = F_2$ 的区别是_____。

## 1.2　静力学的公理

公理是符合客观实际的最普遍、最一般的规律。静力学中公理有五个。

### 公理 1　力的平行四边形法则

作用在物体上同一点的两个力可以合成为一个合力。合力的作用点也在该点，合力的大小和方向，由以这两个力为边构成的平行四边形的对角线确定，如图 1-3a 所示。就是说，合力矢等于这两个力矢的几何和，即

$$F_R = F_1 + F_2 \quad (1\text{-}1)$$

应用此公理求两共点力合力的大小和方向（即合力矢）时，可作力三角形来求解，可由任一点 $O$ 起，依次画出力矢 $F_1$ 和 $F_2$ 为三角形的两个边，第三边 $F_R$ 即代表合力矢，合力的作用点仍在点 $A$。如图 1-3b、c 所示。

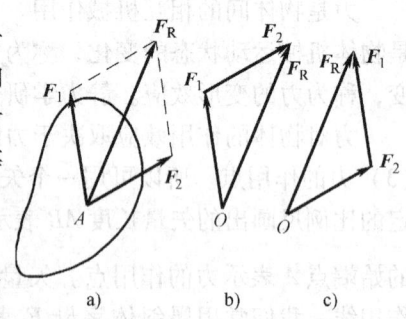

图 1-3　力的合成

这个公理表明了最简单力系的简化规律，它也是复杂力系简化的基础。

### 公理 2　二力平衡公理

作用在刚体上的两个力，使刚体保持平衡的必要和充分条件是：这两个力的大小相等、方向相反，且在同一直线上，如图 1-4 所示，即

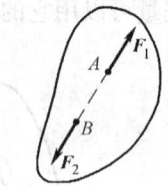

图 1-4　二力平衡条件

$$F_1 = -F_2 \quad (1\text{-}2)$$

这个公理表明了作用于刚体上的最简单的力系平衡时所必须满足的条件。

工程上，将只受两个力作用且平衡的构件称为二力构件，简称二力杆。根据二力平衡公理，该两力必沿作用点的连线。

### 公理 3　加减平衡力系公理

在已知力系上加上或减去任意的平衡力系，并不改变原力系对刚体的作用效应，如图 1-5 所示。这个公理是研究力系等效变换的重要依据。

根据上述公理可以导出下列两个推论。

#### 推论 1　力的可传性

作用于刚体上某点的力，可以沿着它的作用线滑移到刚体内该力作用线上任

意一点，并不改变该力对刚体的作用效应。

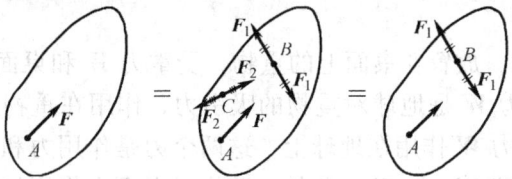

图 1-5　加减平衡力系公理

**证明**：设有力 $F$ 作用在刚体上的点 $A$，如图 1-6a 所示。根据加减平衡力系公理，可在力的作用线上任取一点 $B$，并加上两个相互平衡的力 $F_1$ 和 $F_2$，使 $F_2 = -F_1 = F$，如图 1-6b 所示。由于力 $F$ 和 $F_1$ 也是一个平衡力系，故可同时去除，这样只剩下一个力 $F_2$，如图 1-6c 所示。于是，原来的这个力 $F$ 与力系（$F$、$F_1$、$F_2$）以及力 $F_2$ 均等效，即原来的力 $F$ 沿其作用线移到了点 $B$。

由此可见，对于刚体来说，力的作用线是决定力的作用效应的要素。因此，作用于刚体上的力的三要素是：力的大小、方向和作用线。

作用于刚体上的力可以沿着作用线移动，这种矢量称为滑动矢量。

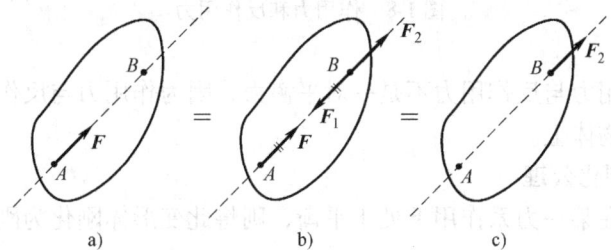

图 1-6　力的可传性

**推论 2　三力平衡汇交定理**

作用于刚体上三个相互平衡的力，若其中两个力的作用线汇交于一点，则这三个力必在同一平面内，且第三个力的作用线通过汇交点。

如图 1-7 所示，在刚体的 $A$、$B$、$C$ 三点上，分别作用三个相互平衡的力 $F_1$、$F_2$、$F_3$。根据力的可传性，将力 $F_1$ 和 $F_2$ 滑移到汇交点 $O$，然后根据力的平行四边形规则，得合力 $F_{12}$，则力 $F_3$ 应与 $F_{12}$ 平衡。由于两个力平衡必须共线，所以力 $F_3$ 必定与力 $F_1$ 和 $F_2$ 共面，且通过力 $F_1$ 与 $F_2$ 的交点 $O$。

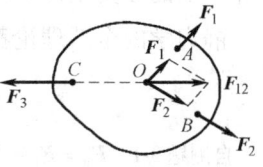

图 1-7　三力平衡汇交

**公理 4　作用和反作用定律**

作用力和反作用力总是同时存在，两力的大小相等、方向相反，沿着同一直线，分别作用在两个相互作用的物体上。

这个公理概括了物体间相互作用的关系，表明作用力和反作用力总是成对出现的。

如图 1-8a 所示，放置在桌面上的重物，受重力 $W$ 和桌面的支撑力 $F_N$ 的作用（图 1-8b）。重力 $W$ 是地球对重物的吸引力，作用在重物上；同时，重物对地球也有一个吸引力 $W'$ 作用在地球上，这两个力是作用力和反作用力，两者等值、反向、共线，即 $W = -W'$。此外，重物对桌面也作用压力 $F'_N$，其中力 $F_N$ 与 $F'_N$ 是作用力与反作用力关系，即 $F_N = -F'_N$。作用力和反作用力用同一字母表示，但其中之一在字母的上方加一"'"。

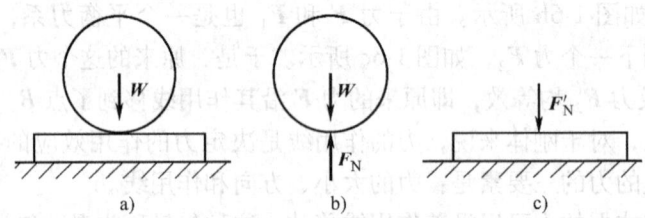

图 1-8 作用力和反作用力

注意，作用力与反作用力不是一对平衡力，因为作用力与反作用力分别作用在两个不同的物体上。

**公理 5　刚化公理**

若变形体在某一力系作用下处于平衡，则将此变形体刚化为刚体，其平衡状态保持不变。

如图 1-9 所示，绳索在等值、反向、共线的两个拉力作用下处于平衡，如将绳索刚化成刚体，其平衡状态保持不变。反之则不一定成立。由此可见，刚体的平衡条件是变形体平衡的必要条件，而非充分条件。

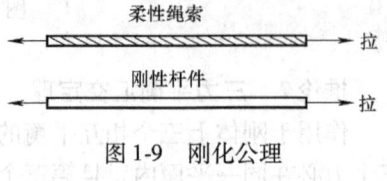

图 1-9 刚化公理

静力学的全部理论都是建立在上述五个公理基础之上的。

## 自测题 3

自测题 3-1　$F_R = F_1 + F_2$ 和 $F_R = F_1 + F_2$ 的区别是_____。

自测题 3-2　在下列公理、法则、定律中，只适用于刚体的是（　　）。
(A) 力的平行四边形法则；　　　(B) 加减平衡力系公理；
(C) 力的可传性；　　　　　　　(D) 作用力与反作用力定律。

自测题 3-3　若刚体上作用的三个力其作用线在同一个平面内，且作用线交于一点，则此三个力一定处于平衡状态。这一说法（　　）。

(A) 正确；　　　　　　　　　(B) 错误。

自测题 3-4　两点受力的构件都是二力杆。这一说法（　　）。
(A) 正确；　　　　　　　　　(B) 错误。

自测题 3-5　如自测题 3-5 图所示的两个三角形中的三个力关系是一样的。这一说法（　　）。
(A) 正确；　　　　　　　　　(B) 错误。

自测题 3-6　物体在两个力的作用下保持平衡的必要与充分条件是：这两个力等值、反向、共线。这一说法（　　）。
(A) 正确；　　　　　　　　　(B) 错误。

自测题 3-7　如自测题 3-7 图所示，$AC$ 和 $BC$ 为刚杆，根据力的可传性，力可以由 $D$ 点沿其作用线滑移到 $H$ 点。这一说法（　　）。
(A) 正确；　　　　　　　　　(B) 错误。

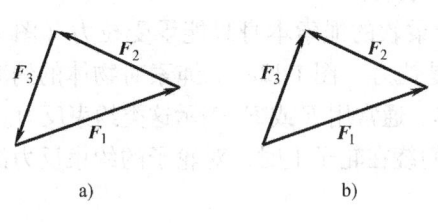

自测题 3-5 图

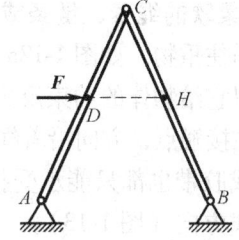

自测题 3-7 图

## 1.3　约束与约束力

断线的风筝在空间的位移不受任何限制。位移不受限制的物体称为自由体。而牵线的风筝，沿绳索方向向外的位移受到限制。位移受到限制的物体称为非自由体。对非自由体的某些位移起限制作用的周围物体称为约束。例如，绳索对于风筝、铁轨对于机车、轴承对于电机转子等，都是约束。

约束阻碍了物体的位移，是由于在限制的位移方向上产生了阻碍其运动的力，这种力称为约束反力，简称反力。因此，约束反力的方向必与该约束所能够阻碍的位移的方向相反。应用这个准则，可以确定约束反力的方向或作用线的位置。约束反力的大小则是未知的，可用平衡条件求出未知的约束反力。

下面介绍几种在工程中常遇到的简单的约束类型和确定约束反力的方法。

### 1.3.1　具有光滑接触表面的约束

例如，重物放置在光滑的固定支承面上（图 1-10a）、啮合齿轮的齿面（图 1-11a）、机床中的导轨接触面等，当摩擦忽略不计时，都属于这类约束。

这类约束不能限制物体沿约束表面切线的位移，只能约束物体沿接触表面法线并向约束内部的位移。因此，光滑支撑面对物体的约束反力作用在接触点处，方向沿接触表面的公法线，并指向受力物体。这种约束反力称为法向反力，通常用 $F_N$ 表示，如图 1-10b 中的 $F_{NA}$ 和图 1-11b 中的 $F_{NB}$ 等。

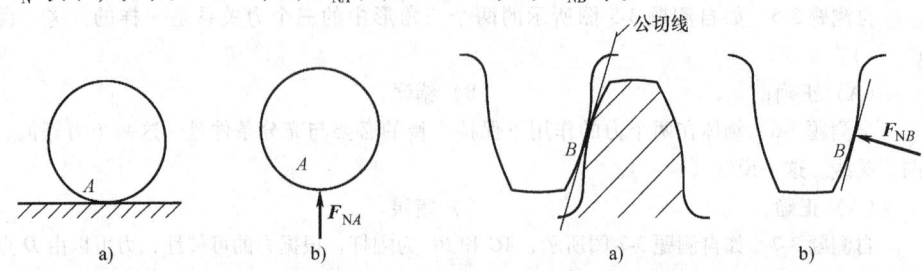

图 1-10 固定接触表面约束　　　　图 1-11 齿轮接触表面约束

### 1.3.2 由柔软的绳索、链条或胶带等构成的约束

细绳吊住重物，如图 1-12a 所示。由于柔软的绳索本身只能承受拉力（图 1-12b），所以它给物体的约束反力也只可能是拉力（图 1-12c）。绳索对物体的约束反力作用在接触点，方向沿着绳索背离物体。通常用 $F$ 或 $F_T$ 表示这类约束反力。

链条或胶带也都只能承受拉力。当它们绕在轮子上时，对轮子的约束反力沿轮缘的切线方向（图 1-13）。

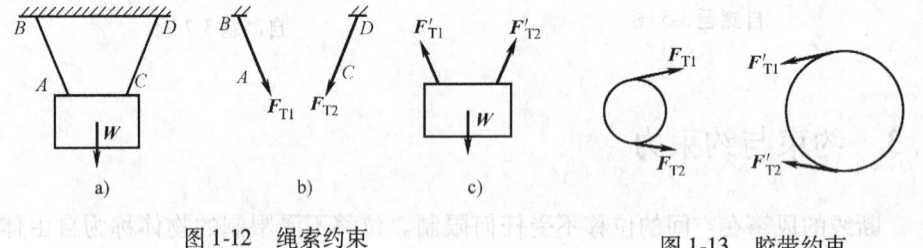

图 1-12 绳索约束　　　　图 1-13 胶带约束

### 1.3.3 光滑铰链约束

光滑铰链约束有向心轴承、圆柱铰链和固定铰链支座等。

（1）向心轴承（径向轴承）

图 1-14a 所示为轴承装置，简图如图 1-14b 所示。轴可在轴承孔内任意转动，也可沿轴承孔的中心线移动。但是，轴承阻碍轴沿径向向外的位移。忽略摩擦，当轴和轴承在某点 A 光滑接触时，轴承对轴的约束反力 $F_A$ 作用在接触点 A，且沿公法线方向指向轴心，其受力如图 1-14b 所示。

但是，随着轴所受的主动力的不同，轴和孔的接触点位置也随之不同。所以，当主动力尚未确定时，约束反力的方向并不能确定。然而，无论约束反力朝向何方，它的作用线必垂直于轴线并通过轴心。因此，约束反力 $F_A$ 通常可用通过轴心的两个大小未知的正交分力 $F_{Ax}$、$F_{Ay}$ 来表示，如图 1-14c 所示，$F_{Ax}$、$F_{Ay}$ 的指向可任意假定。

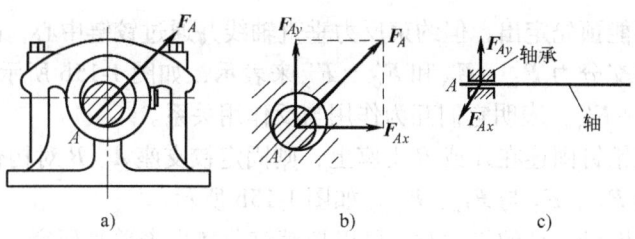

图 1-14　径向轴承约束

（2）圆柱铰链和固定铰链支座

图 1-15a 所示的拱形结构由两个拱形构件通过圆柱铰链 $C$ 以及固定铰链支座 $A$ 和 $B$ 连接而成。圆柱铰链简称铰链，构件 Ⅰ 和构件 Ⅱ 上有同样大小的孔，两个构件由销钉 $C$ 连接在一起（图 1-15c），其简图如图 1-15a 所示的铰链 $C$。如果铰链连接中有一个构件固定在地面或机架上作为支座，则这种约束称为固定铰链支座，简称固定铰支座，如图 1-15c 中所示的支座 $B$。其简图如图 1-15a 所示的固定铰链支座 $A$ 和 $B$。

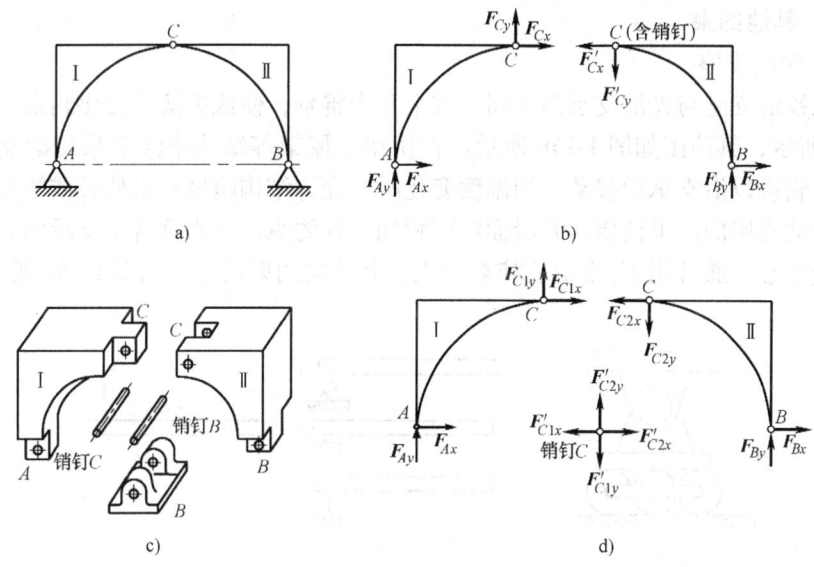

图 1-15　圆柱铰链约束

在分析铰链 $C$ 处的约束反力时，可以把销钉 $C$ 固连在其中任意一个构件上，也可单独研究。如把销钉 $C$ 固连到构件 Ⅱ 上，则构件 Ⅰ、Ⅱ（含销钉 $C$）互为约束。显然，当忽略摩擦时，构件 Ⅱ（含销钉 $C$）上的销钉与构件 Ⅰ 的结合实际上是轴与光滑孔的配合问题。因此，它与轴承具有同样的约束性质，即约束反力的作用线不能预先定出，但约束反力垂直轴线并通过铰链中心，故也可用两个大小未知的正交分力 $F_{Cx}$、$F_{Cy}$ 和 $F'_{Cx}$、$F'_{Cy}$ 来表示，如图 1-15b 所示。其中 $F_{Cx} = -F'_{Cx}$，$F_{Cy} = -F'_{Cy}$，表明它们互为作用与反作用关系。

同理，把销钉固连在 A 或 B 支座上，则固定铰支座 A、B 对构件Ⅰ、Ⅱ的约束反力分别为 $F_{Ax}$、$F_{Ay}$ 与 $F_{Bx}$、$F_{By}$，如图 1-15b 所示。

当需要分析销钉 C 的受力时，可以把销钉分离出来单独研究。这时，销钉 C 将同时受到构件Ⅰ、Ⅱ上的孔对它的反作用力。其中 $F_{C1x} = -F'_{C1x}$，$F_{C1y} = -F'_{C1y}$，为构件Ⅰ与销钉 C 的作用与反作用力；又 $F_{C2x} = -F'_{C2x}$，$F_{C2y} = -F'_{C2y}$，为构件Ⅱ与销钉 C 的作用与反作用力。销钉 C 所受到的约束反力如图 1-15d 所示。

当将销钉 C 与构件Ⅱ固连为一体时，$F_{C2x}$ 与 $F'_{C2x}$、$F_{C2y}$ 与 $F'_{C2y}$ 为作用在同一刚体上的成对的平衡力，可以消去不画。此时，力的下角不必再区分为 $C_1$ 和 $C_2$，铰链 C 处的约束反力仍如图 1-15b 所示。

上述三种约束（向心轴承、圆柱铰链和固定铰链支座）的具体结构虽然不同，但构成约束的性质是相同的，都为光滑铰链。此类约束的特点是只限制两物体径向的相对移动，而不限制两物体绕铰链中心的相对转动及沿轴向的移动。

### 1.3.4 其他约束

#### 1. 滚动支座

在铰链支座与光滑支承面之间，装上几个辊轴，便成为滚动支座约束，如图 1-16a 所示，其简图如图 1-16b 所示。在桥梁、屋架等结构中经常采用滚动支座约束，它可以沿支承面移动，当温度变化时，允许结构跨度自由伸长或缩短。显然，滚动支座的约束性质与光滑面约束相同，其约束反力必垂直于支承面，且通过铰链中心。通常用 $F_N$ 和其支座名称表示其法向约束反力，如图 1-16c 所示。

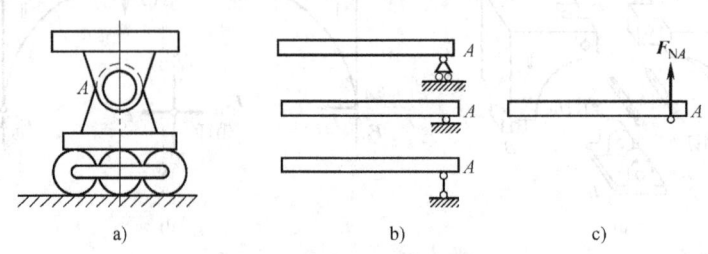

图 1-16 滚动支座约束

#### 2. 球铰链

通过圆球和球壳将两个构件连接在一起的约束称为球铰链，如图 1-17a 所示。它使构件的球心不能有任何方向的位移，但可绕球心任意转动。若忽略摩擦，其约束力应是通过球心但方向不能预先确定的一个空间力，可用三个正交分

力 $F_{Ax}$、$F_{Ay}$、$F_{Az}$ 表示，其简图及约束反力如图 1-17b 所示。

**3. 止推轴承**

与径向轴承不同的是，止推轴承除了能限制轴的径向位移外，还能限制轴沿轴向的位移。因此，它比径向轴承多一个沿轴向的约束力，即其约束反力有三个正交分量 $F_{Ax}$、$F_{Ay}$、$F_{Az}$。止推轴承的简图及其约束反力如图 1-18 所示。

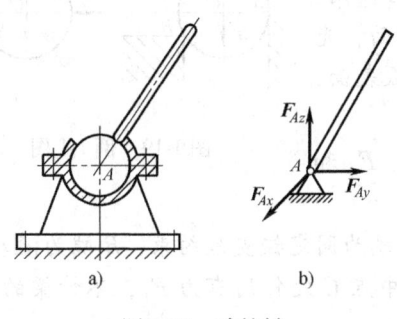

图 1-17 球铰链

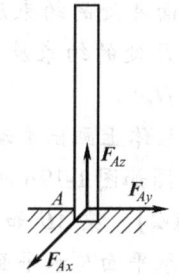

图 1-18 止推轴承

### 自测题 4

自测题 4-1 约束是通过约束反力阻碍物体运动的。这一说法（　　）。
（A）正确；　　　　　　　（B）错误。

自测题 4-2 光滑铰链约束，销钉穿过三个构件，此时，每个构件所受约束力与销钉穿过两个构件每个构件所受的约束力不一样。这一说法（　　）。
（A）正确；　　　　　　　（B）错误。

销钉放置在不同的构件上，对构件受力没有影响。这一说法（　　）。
（A）正确；　　　　　　　（B）错误。

## 1.4 物体的受力分析和受力图

在工程实际中，为了求出未知的约束反力，需要根据已知力应用平衡条件来求解。为此，首先要确定物体受到哪些力作用、每个力的作用位置和作用方向如何，这种分析过程称为物体的受力分析。

作用在物体上的力可分为两类：一类是主动力，例如物体的重力、风力、气体压力等，一般是已知的；另一类是约束对于物体的约束反力，为未知的被动力。

为了清晰地表示物体的受力情况，我们可以把需要研究的物体（称为受力体）从周围的物体（称为施力体）中分离出来，单独画出它的简图，这个步骤叫做取研究对象或取分离体。然后把施力物体对研究对象的作用力（包括主动力和约束反力）全部画出来。这种表示物体受力的简明图形，称为受力图。画物体受力图是解决静力学问题的一个重要步骤。下面举例说明。

【例1-1】 一个光滑圆柱体重 $W$，放置在光滑墙面和凸台之间，如图 1-19a 所示。试画出圆柱体的受力图。

【解】 取圆柱体为研究对象。

受力分析：圆柱体受到主动力 $W$ 的作用，光滑接触面 $A$ 处的约束反力 $F_A$ 垂直于墙面，光滑接触面 $B$ 处的约束反力 $F_B$ 垂直于圆弧表面，通过圆心 $O$。

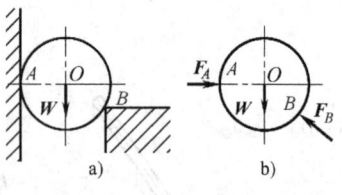

图 1-19 例 1-1 图

在圆柱体上画出主动力 $W$ 和约束反力 $F_A$ 和 $F_B$，受力图如图 1-19b 所示。

【例1-2】 梁 $AB$ 如图 1-20a 所示，$A$ 端为固定铰支座约束，$B$ 端为滚动支座约束，支承平面与水平面夹角为 30°。梁中点 $C$ 处作用有力 $F_P$，不计梁的自重，画出梁的受力图。

【解】 取梁为研究对象。

受力分析：梁受到主动力 $F_P$ 的作用，$A$ 端固定铰支座约束的约束反力为两个正交的力 $F_{Ax}$、$F_{Ay}$。$B$ 端为滚动支座约束的约束反力垂直于支承平面，方向斜向上。受力图如图 1-20b 所示。本题 $A$ 处的受力可以进一步简化，根据三力平衡汇交定理，$A$ 处的约束反力作用线一定通过 $F_P$ 和 $F_B$ 力的作用线交点 $E$，梁 $AB$ 的受力图如图 1-20c 所示。

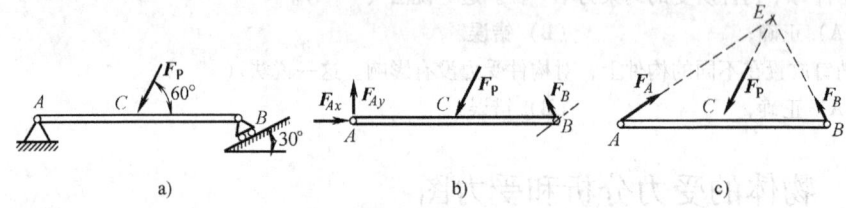

图 1-20 例 1-2 图

【例1-3】 如图 1-21a 所示的三铰拱桥，由左、右两拱铰接而成。设各拱自重不计，在拱 $AC$ 上作用有载荷 $F_P$。试分别画出拱 $AC$ 和 $CB$ 的受力图。

【解】 （1）取拱 $BC$ 为研究对象

受力分析：拱 $BC$ 上没有主动力并自重不计，且只在 $B$、$C$ 两处受到铰链约束，因此，拱 $BC$ 为二力构件。在铰链 $B$、$C$ 处分别受 $F_{BC}$、$F_{CB}$ 两约束反力的作用，且 $F_{BC} = -F_{CB}$，这两个力的方向如图 1-21b 所示。

（2）取拱 $AC$ 为研究对象

受力分析：拱 $AC$ 上有主动力 $F_P$，自重不计。在铰链 $C$ 处受有拱 $BC$ 给它的约束反力 $F'_{CB}$ 的作用，根据作用和反作用定律，$F'_{CB} = -F_{CB}$。拱在 $A$ 处受有固定铰支座给它的约束反力 $F_A$ 的作用，由于方向未定，可用两个大小未知的正交分力 $F_{Ax}$ 和 $F_{Ay}$ 代替。受力图如图 1-21c 所示。

进一步分析可知，由于拱 $AC$ 在 $F_P$、$F_A$ 和 $F'_{CB}$ 三个力作用下平衡，故可根据三力平衡汇交定理，确定铰链 $A$ 处约束反力 $F_A$ 的方向。$E$ 点为力 $F_P$ 和 $F'_{CB}$ 作用线的交点，当拱 $AC$ 平衡时，反力 $F_A$ 的作用线必通过 $E$ 点，受力图如图 1-21d 所示。至于 $F_A$ 的指向，可以先假设，以后由平衡条件确定。

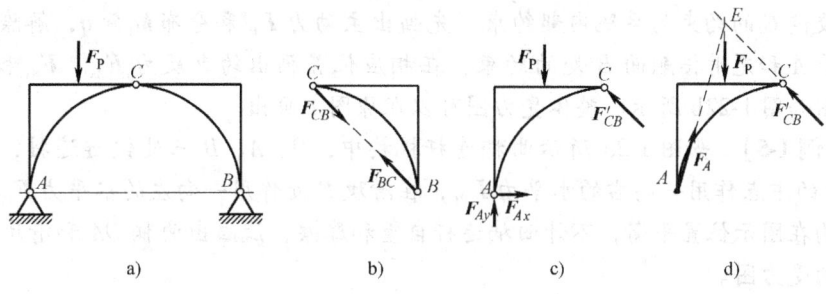

图 1-21 例 1-3 图

【例 1-4】 杆 $AC$ 与 $BC$ 在 $C$ 点用光滑铰链连接，二杆的 $D$、$E$ 处用绳索连接。$A$ 端固定铰支座，$B$ 端放在光滑水平面上，结构受力如图 1-22a 所示。不计杆自重，试分别画出杆 $AC$、$BC$ 和整体的受力图。

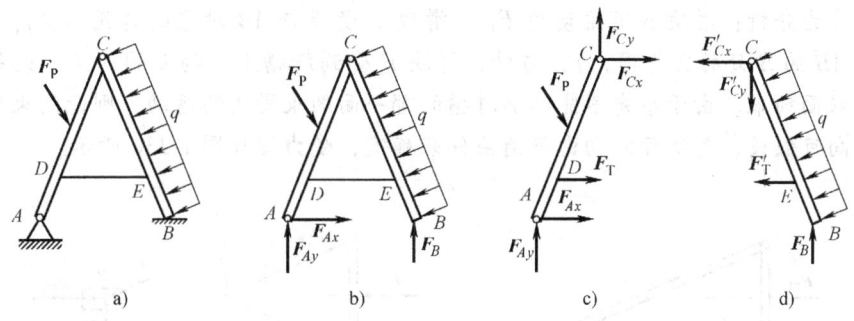

图 1-22 例 1-4 图

【解】 (1) 取杆 $AC$ 为研究对象

受力分析：杆 $AC$ 上有主动力 $F_P$，固定铰支座 $A$ 的约束反力为两个正交的力

$F_{Ax}$、$F_{Ay}$,中间铰链 $C$ 处的约束反力也为两个正交的力 $F_{Cx}$、$F_{Cy}$。$D$ 处有绳子拉力 $F_T$,沿绳子水平向右。受力图如图 1-22c 所示。

(2) 取杆 $BC$ 为研究对象

受力分析:杆 $BC$ 上有分布载荷 $q$,$B$ 端为光滑接触面约束,约束反力为 $F_B$,垂直接触面方向向上。中间铰链 $C$ 处的约束反力为两个正交的力 $F'_{Cx}$、$F'_{Cy}$,它们分别与 $F_{Cx}$、$F_{Cy}$ 为作用力和反作用力。$E$ 处有绳子拉力 $F'_T$,沿绳子水平向左。受力图如图 1-22d 所示。

(3) 取整体为研究对象

受力分析:此机构受到固定铰支座 $A$ 和光滑接触面 $B$ 处的约束,绳子 $DE$ 和中间铰链 $C$ 的约束为系统内部约束。先画出主动力 $F_P$ 和分布载荷 $q$,解除固定铰支座 $A$ 和光滑接触面 $B$ 处的约束,在相应位置画出约束反力 $F_{Ax}$、$F_{Ay}$ 和 $F_B$,受力图如图 1-22b 所示。整体受力图可以在原图上画出。

【例1-5】 如图 1-23 所示曲柄连杆机构中,$O$、$A$、$B$ 三处铰链连接,在曲柄 $OA$ 的中点作用一向右的水平力 $F_{P1}$,在滑块 $B$ 处作用一向左的水平力 $F_{P2}$,此时机构在图示位置平衡,不计曲柄连杆自重和摩擦,试画出曲柄 $OA$ 和滑块 $B$ 及整体的受力图。

【解】 (1) 取曲柄 $OA$ 为研究对象

受力分析:曲柄 $OA$ 有主动力 $F_{P1}$。连杆 $AB$ 为二力杆,所以 $AB$ 连杆 $A$ 处的作用力 $F_{AB}$ 的方向可以确定,曲柄 $OA$ 上 $A$ 处的作用力 $F_{AB}$ 方向也可以确定,再根据三力平衡汇交定理,可以确定固定铰支座 $O$ 处的约束力 $F_O$ 的方向,受力图如图 1-23b 所示。

(2) 取滑块 $B$ 为研究对象

受力分析:滑块 $B$ 有主动力 $F_{P2}$。滑块 $B$ 受连杆 $AB$ 对它的作用力 $F_{BA}$(二力杆 $AB$ 的 $B$ 处的反作用力),另外,滑块 $B$ 受到滑槽上下两面的约束,此约束称为双面约束。由于事先不能判别滑槽的哪一面约束滑块的运动,则此约束反力的方向可假设,其实际方向由平衡条件来确定,受力图如图 1-23c 所示。

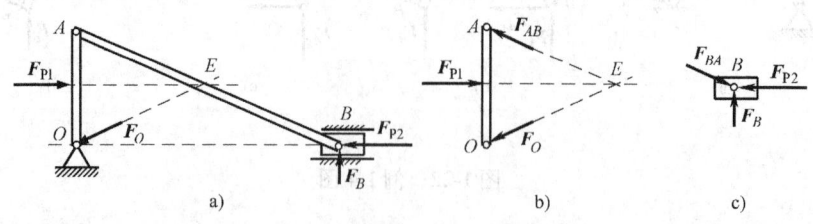

图 1-23 例 1-5 图

(3) 取整体为研究对象

受力分析：此机构受到固定铰支座 $O$ 和 $B$ 处滑槽的约束，其曲柄 $OA$、连杆 $AB$ 处的中间铰链 $A$ 和滑块 $B$、连杆 $AB$ 处的中间铰链 $B$ 的约束为系统内部约束，在整体受力图上，其相互间作用力不表示出来，所以整体受力图如图 1-23a 所示。

画受力图时必须注意以下几点：

(1) 明确研究对象。根据求解需要，可以取单个物体为研究对象，也可以取由几个物体组成的系统为研究对象。不同的研究对象的受力图是不同的。

(2) 确定研究对象受力的数目。对每一个力都应明确它是哪一个施力物体施加给研究对象的，决不能凭空产生。同时，也不可漏掉一个力。一般可先画已知的主动力，再画约束反力。

(3) 正确画出约束反力。一个物体往往同时受到几个约束的作用，这时应分别根据每个约束本身的特性来确定其约束反力的方向，而不能凭主观臆测。凡是研究对象与外界接触的地方，都一定存在约束反力。

(4) 当分析两物体间相互作用力时，应遵循作用、反作用关系。若作用力的方向一经假定，则反作用力的方向应与之相反。当画整个系统的受力图时，系统内部物体之间的相互作用力（也称内力）成对出现，组成平衡力系，因此不必画出，只需画出全部外力。

正确地画出物体的受力图，是分析、解决力学问题的基础。

## 自测题 5

自测题 5-1  自测题 5-1 图中各物体的受力图是否有错误？如何改正？

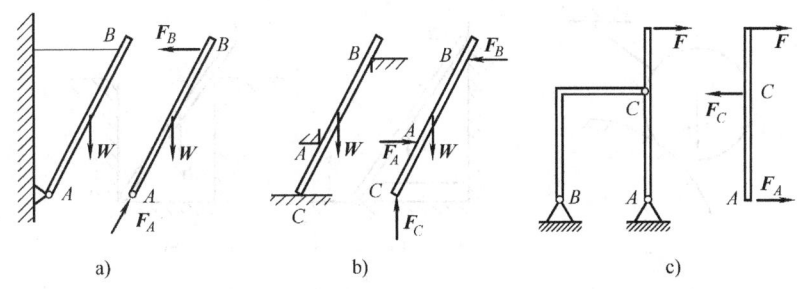

自测题 5-1 图

自测题 5-2  如自测题 5-2 图所示结构，各杆自重不计。若力 $F$ 作用在 $B$ 点，系统能否平衡？若力 $F$ 仍作用在 $B$ 点，但可任意改变力 $F$ 的方向，力 $F$ 在什么方向上结构能平衡？

自测题 5-3  如自测题 5-3 图所示，力 $F$ 作用在销钉上，销钉 $C$ 对 $AC$ 杆和 $BC$ 杆的作用力大小相等、方向相反。这一说法（　　）。
（A）正确；　　　　　　　　（B）错误。

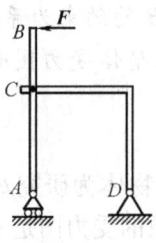

自测题 5-2 图

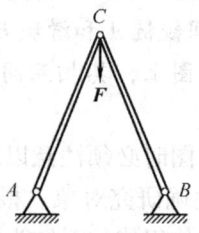

自测题 5-3 图

自测题 5-4　不计自重不计摩擦的圆弧刚杆，受到铅垂力的作用，自测题 5-4 图中所画的受力图是（　　）的。
（A）正确；　　　　　　　　（B）错误。

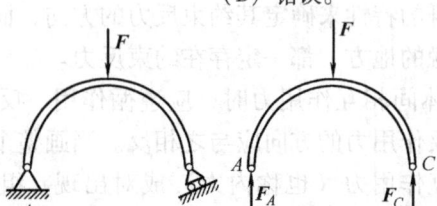

自测题 5-4 图

# 习 题 1

1-1　画出习题 1-1 图中物体 A 或 AB 或 ABCD 的受力图。所有接触处均为光滑接触。

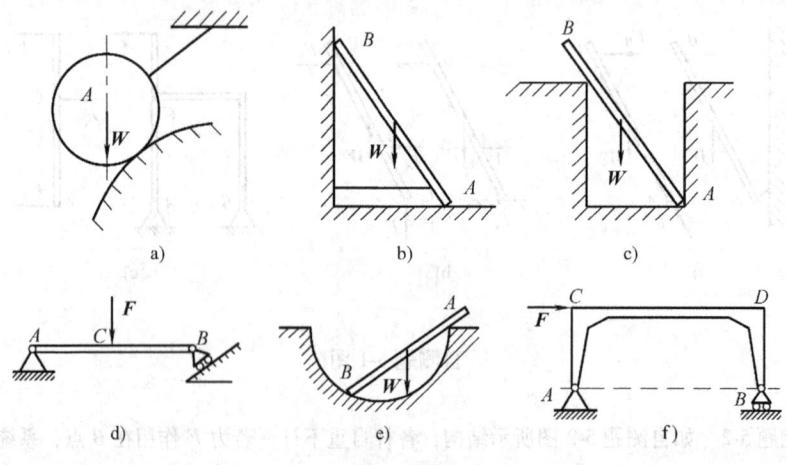

习题 1-1 图

1-2 画出习题 1-2 图中所示每个标有字符的物体的受力图、各结构的整体受力图。所有接触处均为光滑接触。

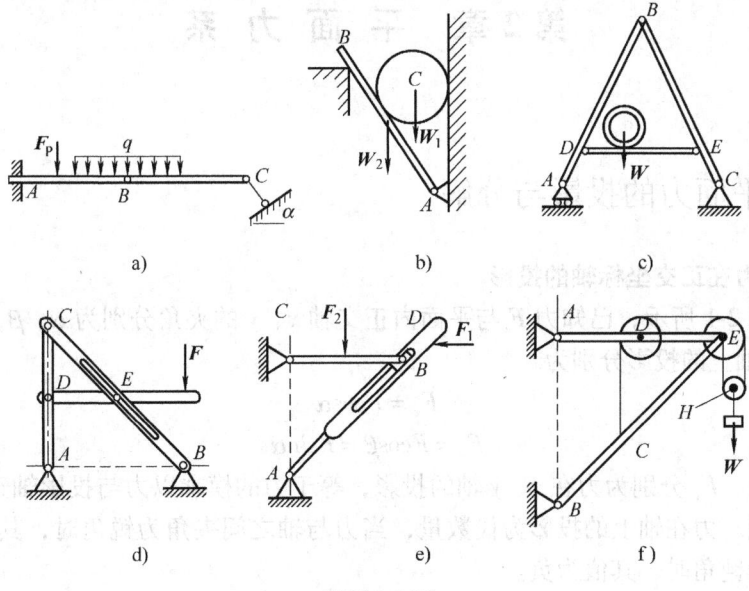

习题 1-2 图

# 第 2 章 平 面 力 系

## 2.1 平面力的投影与分解

### 2.1.1 力在正交坐标轴的投影

如图 2-1 所示,已知力 $F$ 与平面内正交轴 $x$、$y$ 的夹角分别为 $\alpha$、$\beta$,则力 $F$ 在 $x$、$y$ 轴上的投影分别为

$$F_x = F\cos\alpha$$
$$F_y = F\cos\beta = F\sin\alpha$$

式中,$F_x$、$F_y$ 分别为力在 $x$、$y$ 轴的投影,等于力的模乘以力与投影轴正向间夹角的余弦。力在轴上的投影为代数量,当力与轴之间夹角为锐角时,其值为正;当夹角为钝角时,其值为负。

### 2.1.2 力的正交分解与力的解析表达式

由图 2-1 可知,当力 $F$ 沿正交轴 $Ox$、$Oy$ 可分解为两个分力 $\boldsymbol{F}_x$ 和 $\boldsymbol{F}_y$ 时,其分力与力的投影之间有下列关系

$$\boldsymbol{F}_x = F_x \boldsymbol{i}, \quad \boldsymbol{F}_y = F_y \boldsymbol{j}$$

由此,力的解析表达式为

$$\boldsymbol{F} = F_x \boldsymbol{i} + F_y \boldsymbol{j} \qquad (2\text{-}1)$$

其中,$\boldsymbol{i}$、$\boldsymbol{j}$ 分别为 $x$、$y$ 轴的单位矢量。

显然,若已知力 $F$ 在平面内两个正交轴上的投影 $F_x$ 和 $F_y$,则该力矢的大小和方向余弦分别为

$$\left. \begin{array}{l} F = \sqrt{F_x^2 + F_y^2} \\ \cos(\boldsymbol{F},\boldsymbol{i}) = \dfrac{F_x}{F},\ \cos(\boldsymbol{F},\boldsymbol{j}) = \dfrac{F_y}{F} \end{array} \right\} \qquad (2\text{-}2)$$

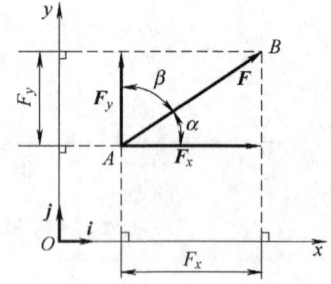

图 2-1 力在坐标轴上的投影

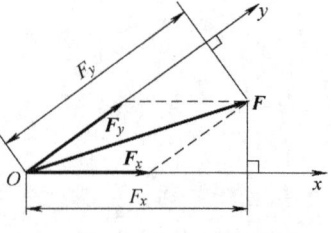

图 2-2 分力与投影

必须注意,力在轴上的投影 $F_x$、$F_y$ 为代数量,而力沿轴的分量 $\boldsymbol{F}_x = F_x\boldsymbol{i}$ 和 $\boldsymbol{F}_y = F_y\boldsymbol{j}$ 为矢量,二者不可混淆。当 $Ox$、$Oy$ 两轴不相互垂直时,力沿两轴的分力 $\boldsymbol{F}_x$、$\boldsymbol{F}_y$ 在数值上也不等于力在两轴上的投影 $F_x$、$F_y$,如图 2-2 所示。

## 2.1.3 合力投影定理

如图 2-3 所示,设一刚体上有一平面汇交力系,由 $n$ 个力组成,以 $F_R$ 表示它们的合力矢,则有

$$F_R = F_1 + F_2 + F_3 + \cdots + F_n = \sum_{i=1}^{n} F_i \tag{2-3}$$

建立直角坐标系 $Oxy$,坐标原点为汇交点 $O$。根据式(2-1),此汇交力系的合力 $F_R$ 的解析表达式为

$$F_R = F_{Rx}\boldsymbol{i} + F_{Ry}\boldsymbol{j}$$

式中,$F_{Rx}$、$F_{Ry}$ 分别为合力 $F_R$ 在 $x$、$y$ 轴上的投影。

根据合矢量投影定理:合矢量在某一轴上的投影等于各分矢量在同一轴上投影的代数和。将式(2-3)向 $x$、$y$ 轴投影,可得

$$\left. \begin{array}{l} F_{Rx} = F_{x1} + F_{x2} + \cdots + F_{xn} = \sum_{i=1}^{n} F_x \\ F_{Ry} = F_{y1} + F_{y2} + \cdots + F_{yn} = \sum_{i=1}^{n} F_y \end{array} \right\} \tag{2-4}$$

其中,$F_{x1}$ 和 $F_{y1}$,$F_{x2}$ 和 $F_{y2}$,…,$F_{xn}$ 和 $F_{yn}$ 分别为各分力在 $x$ 和 $y$ 轴上的投影。

根据式(2-2)可求得合力矢的大小和方向余弦为

$$\left. \begin{array}{l} F_R = \sqrt{F_{Rx}^2 + F_{Ry}^2} \\ \cos(F_R, \boldsymbol{i}) = \dfrac{F_{Rx}}{F_R}, \cos(F_R, \boldsymbol{j}) = \dfrac{F_{Ry}}{F_R} \end{array} \right\} \tag{2-5}$$

【例 2-1】 已知:$F_1 = 100\text{N}$,$F_2 = 200\text{N}$,$F_3 = 80\text{N}$,$F_4 = 150\text{N}$。试求图 2-4 所示平面汇交力系的合力。

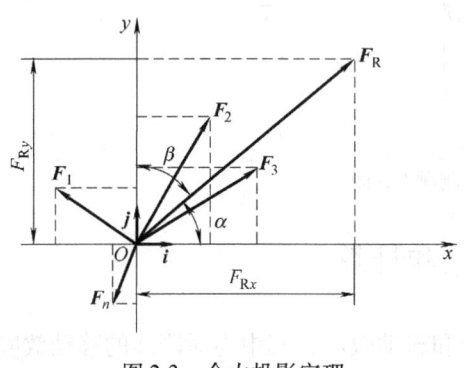

图 2-3 合力投影定理

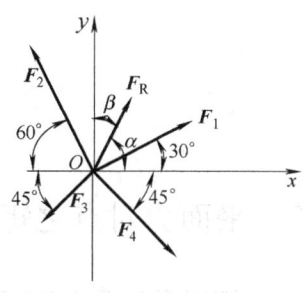

图 2-4 例 2-1 图

【解】

$$F_{Rx} = \sum_{i=1}^{4} F_x = F_1\cos30° - F_2\cos60° - F_3\cos45° + F_4\cos45°$$
$$= (100\cos30° - 200\cos60° - 80\cos45° + 150\cos45°)\text{N} = 36.1\text{N}$$

$$F_{Ry} = \sum_{i=1}^{4} F_y = F_1\sin30° + F_2\sin60° - F_3\sin45° - F_4\sin45°$$
$$= (100\sin30° + 200\sin60° - 80\sin45° - 150\sin45°)\text{N} = 60.6\text{N}$$

$$F_R = \sqrt{F_x^2 + F_y^2} = \sqrt{36.1^2 + 60.6^2}\text{N} = 70.54\text{N}$$

$$\cos\alpha = \frac{F_{Rx}}{F_R} = \frac{36.1}{70.54} = 0.5118, \cos\beta = \frac{F_{Ry}}{F_R} = \frac{60.6}{70.54} = 0.8591$$

则合力 $F_R$ 与 $x$、$y$ 轴夹角分别为

$$\alpha = 59.22°, \quad \beta = 30.78°$$

合力 $F_R$ 的作用线通过汇交点 $O$。

### 自测题 6

**自测题 6-1** 力在坐标轴上的投影一定等于力沿坐标轴分解的分力的大小。这一说法（　　）。
(A) 正确；　　　　　　　(B) 错误。

**自测题 6-2** 合力一定比分力大。这一说法（　　）。
(A) 正确；　　　　　　　(B) 错误。

**自测题 6-3** 如自测题 6-3 图所示，$F_1$ 在 $x$ 轴上和 $y$ 轴上的投影分别为_____、_____。$F_2$ 在 $x$ 轴上和 $y$ 轴上的投影分别为_____、_____。

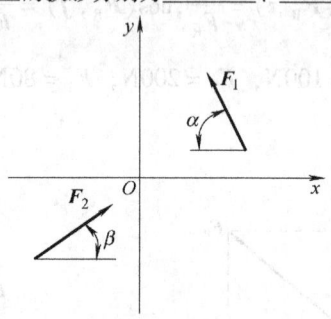

自测题 6-3 图

## 2.2　平面力对点之矩的概念和计算

力对刚体的作用效应有移动效应和转动效应，其中力对刚体的移动效应可用力矢来度量，而力对刚体的转动效应可用力对点之矩（简称力矩）来度量，即

力矩是度量力对刚体转动效应的物理量。

## 2.2.1 力对点之矩

如图2-5所示,平面上作用一力 $F$,在同平面内任取一点 $O$,点 $O$ 称为矩心,点 $O$ 到力的作用线的垂直距离 $h$ 称为力臂,则在平面问题中力对点之矩的定义为

$$M_O(F) = \pm Fh$$

力 $F$ 对于点 $O$ 之矩以记号 $M_O(F)$ 表示。在平面上力对点之矩可以作为一个代数量来处理,它的绝对值等于力的大小与力臂的乘积,它的正负可按下法确定:力使物体绕矩心逆时针转向转动时为正,反之为负。

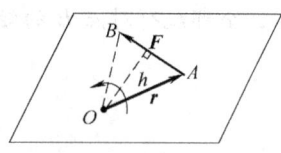

图2-5 力对点之矩

由图2-5容易看出,力 $F$ 对点 $O$ 之矩的大小也可用三角形 $OAB$ 面积的两倍表示,即

$$M_O(F) = \pm 2A_{\triangle OAB}$$

显然,当力的作用线通过矩心(即力臂等于零)时,它对矩心的力矩等于零。力矩常用的单位为 $N \cdot m$ 或 $kN \cdot m$。

如以 $r$ 表示由点 $O$ 到点 $A$ 的矢径(图2-5),由矢量积定义, $r \times F$ 的大小就是三角形 $OAB$ 面积的两倍。由此可见,此矢积的模 $|r \times F|$ 就等于力 $F$ 对点 $O$ 之矩的大小,其指向与力矩的转向符合右手法则。

## 2.2.2 合力矩定理

合力矩定理:平面汇交力系的合力对于平面内任一点之矩等于所有各分力对于该点之矩的代数和。即

$$M_O(F_R) = \sum_{i=1}^{n} M_O(F_i) \tag{2-6}$$

**证明**:如图2-6所示, $r$ 为矩心 $O$ 到汇交点 $A$ 的矢径, $F_R$ 为平面汇交力系 $F_1$, $F_2$, $\cdots F_n$ 的合力,即

$$F_R = F_1 + F_2 + \cdots + F_n$$

以 $r$ 对上式两端作矢积,有

$$r \times F_R = r \times F_1 + r \times F_2 + \cdots + r \times F_n$$

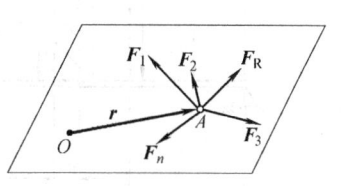

图2-6 合力矩定理

由于力 $F_1$, $F_2$, $\cdots F_n$ 与点 $O$ 共面,上式各矢积平行,因此上式矢量和可按代数和计算。而各矢量积的大小就是力对点 $O$ 之矩,于是证得合力矩定理。

按力系等效概念,上式易于理解,且式(2-6)适用于任何有合力存在的力系。

【**例2-2**】 水平梁 $AB$ 受按三角形分布的载荷作用,如图2-7所示。分布载荷的最大值为 $q$,梁长为 $l$。试求合力作用线的位置。

**【解】** 在梁上距 $B$ 端为 $x$ 的微段 $dx$ 上，作用力的大小为 $q'dx$，其中 $q'$ 为该处的载荷强度。由图 2-7 可知，$q' = \dfrac{x}{l}q$。因此，分布载荷的合力的大小为

$$F_P = \int_0^l q'dx = \frac{1}{2}ql$$

设合力 $F_P$ 的作用线距 $B$ 端的距离为 $h$，在微段 $dx$ 上的作用力对点 $B$ 的矩为 $q'dx \cdot x$，全部载荷对点 $B$ 的矩的代数和可用积分求出，根据合力矩定理可写成

$$F_P h = \int_0^l q'dx \cdot x$$

得

$$h = \frac{2}{3}l$$

计算结果说明：合力大小等于三角形线分布载荷的面积，合力作用线通过该三角形的几何中心。

### 2.2.3 力矩与合力矩的解析表达式

如图 2-8 所示，已知力 $F$，作用点 $A(x,y)$ 及其与水平轴 $x$ 的夹角 $\alpha$。欲求力 $F$ 对坐标原点 $O$ 之矩，可按式（2-6），由其分力 $F_x$ 与 $F_y$ 对点 $O$ 之矩而得到，即

$$M_O(F) = M_O(F_y) + M_O(F_x) = xF\sin\alpha - yF\cos\alpha$$

或

$$M_O(F) = xF_y - yF_x \tag{2-7}$$

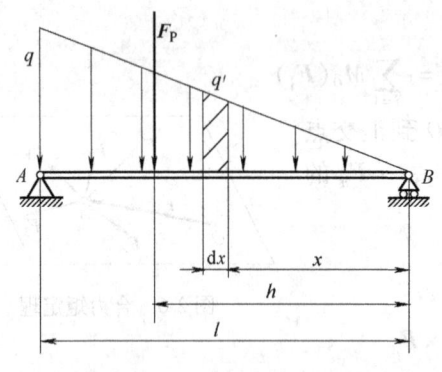

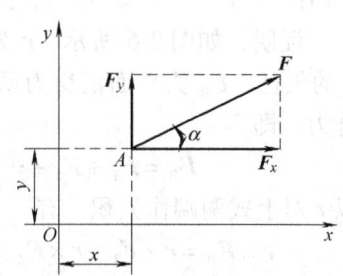

图 2-7 例 2-2 图

图 2-8 力矩的解析表达

式（2-7）为平面内力矩的解析表达式。其中，$x$、$y$ 为力 $F$ 作用点的坐标；$F_x$、$F_y$ 分别为力 $F$ 在 $x$、$y$ 轴的投影。计算时应注意用它们的代数量代入。

若将式（2-7）代入式（2-6），即可得合力 $F_R$ 对坐标原点之矩的解析表达

式，即

$$M_O(F_R) = \sum_{i=1}^{n}(x_i F_{yi} - y_i F_{xi}) \qquad (2\text{-}8)$$

此为合力矩解析表达式。

【例2-3】 如图2-9所示圆柱直齿轮，受到啮合力 $F_n$ 的作用。设 $F_n$ = 1400N。齿轮的节圆（啮合圆）的半径 $r$ = 60mm，压力角 $\alpha$ = 20°，试计算力 $F_n$ 对于轴心 $O$ 的力矩。

【解】 计算啮合力 $F_n$ 对点 $O$ 的矩，有两种方法：

(1) 直接按力矩的定义求解，即

$$M_O(F_n) = F_n h$$

其中力臂 $h = r\cos\alpha$，故

$$\begin{aligned} M_O(F_n) &= F_n h = F_n r\cos\alpha \\ &= 1400 \times 60 \times \cos 20° \text{N} \cdot \text{mm} \\ &= 78.93 \text{N} \cdot \text{m} \end{aligned}$$

(2) 应用合力矩定理，将力分解为切向力 $F_\tau$ 和径向力 $F_r$，由于径向力 $F_r$ 通过矩心 $O$，所以

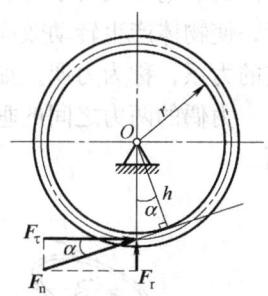

图 2-9 例 2-3 图

$$M_O(F_n) = M_O(F_\tau) + M_O(F_r) = M_O(F_\tau)$$
$$= F_n r\cos\alpha = 1400 \times 60 \times \cos 20° \text{N} \cdot \text{mm} = 78.93 \text{N} \cdot \text{m}$$

由此可见，两种方法的计算结果是相同的。

## 自测题 7

自测题 7-1 用矢量积 $r_O \times F$ 计算力 $F$ 对 $O$ 点之矩时，若力沿其作用线滑移则改变了原来作用点的位置，则该力对 $O$ 点的矩不变。这一说法（　　）。

(A) 正确； (B) 错误。

自测题 7-2 如自测题 7-2 图所示，带轮半径为 $r$，张力分别为 $F_{T1}$ 和 $F_{T2}$（该两力大小不变），若胶带包角为 $\varphi$，则带使带轮转动的力矩会随 $\varphi$ 角的变化而变化。这一说法（　　）。

(A) 正确； (B) 错误。

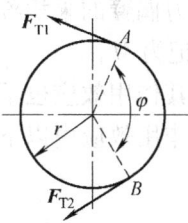

自测题 7-2 图

## 2.3 平面力偶理论

### 2.3.1 力偶与力偶矩

实践中，常常见到钳工用丝锥攻螺纹、汽车司机用双手转动方向盘（图2-10a）、电动机的定子磁场对转子作用电磁力使之旋转（图2-10b）等。在丝锥、方向盘、电动机转子等物体上，都作用了一对力，它们等值、反向且作用线平行，使物体产生转动效应。这种由两个大小相等、方向相反且不共线的平行力组成的力系，称为力偶，如图2-10c所示，记作（$F$，$F'$）。

力偶的两力之间的垂直距离 $d$ 称为力偶臂，力偶所在的平面称为力偶的作用面。

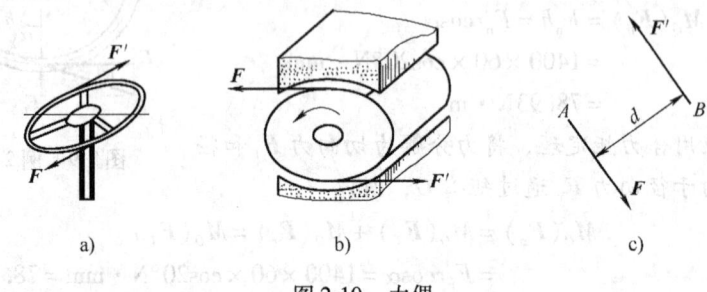

图 2-10 力偶

力偶不能合成为一个力，所以力偶不可用一个力来等效替换，也不能用一个力来平衡。因此，力和力偶是静力学的两个基本要素。

力偶对物体的转动效应可用力偶矩来度量，即用力偶的两个力对其作用面内某点的矩的代数和来度量。

设有力偶（$F$，$F'$），其力偶臂为 $d$，如图2-11所示。力偶对点 $O$ 的矩为 $M_O$（$F$，$F'$），则

$$M_O(F,F') = M_O(F) + M_O(F') = F \times aO - F' \times bO = Fd$$

矩心 $O$ 是任意选取的。由此可知，力偶的作用效应决定于力的大小和力偶臂的长短，与矩心的位置无关。力与力偶臂的乘积称为力偶矩，记作 $M_O(F,F')$，简记为 $M$。

力偶在平面内的转向不同，其作用效应也不相同。因此，平面力偶对物体的作用效应由以下两个因素决定：

(1) 力偶矩的大小；
(2) 力偶在作用平面内的转向。

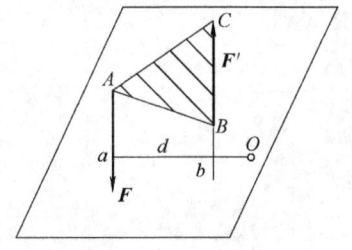

图 2-11 力偶矩

因此平面力偶矩可视为代数量，即

$$M = \pm Fd \tag{2-9}$$

于是可得结论：力偶矩是一个代数量，其绝对值等于力的大小与力偶臂的乘积，正负号表示力偶的转向。一般以逆时针转向为正，反之则为负。力偶矩的单位与力矩相同，也是 N·m 或 kN·m。

由图 2-11 可见，力偶矩也可用三角形面积表示，即

$$M = \pm 2A_{\triangle ABC} \tag{2-10}$$

### 2.3.2 同平面内力偶的等效定理

定理：在同平面内的两个力偶，如果力偶矩相等，则两力偶彼此等效。

如图 2-12 所示，在同平面内有力偶 $(F_1, F_1')$、$(F_2, F_2')$、$(F_3, F_3')$，它们的作用力不一样，力偶臂也不一样，但它们的力偶矩相等，都为 20N·m，逆时针转向。因此，它们对物体的作用效应是一样的，可以说这几个力偶是等效的。

由此可得结论：任一力偶可以在它的作用面内任意移转，只要保持力偶矩的大小和力偶的转向不变，可以同时改变力偶中力的大小和力偶臂的长短，而不改变力偶对刚体的作用效应。

由此可见，力偶的臂和力的大小都不是力偶的特征量，只有力偶矩是力偶作用的唯一量度。常用图 2-13 所示的符号表示力偶，$M$ 为力偶的矩。

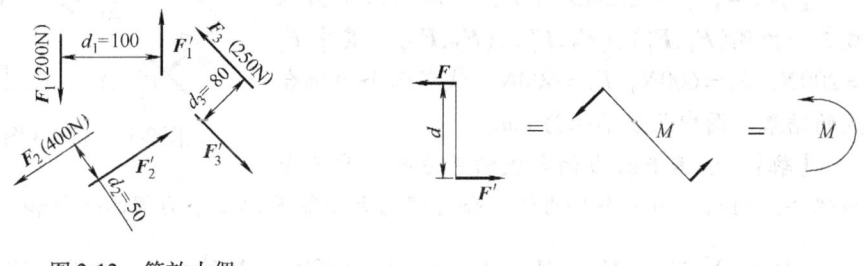

图 2-12　等效力偶　　　　　　　　图 2-13　力偶的表达

### 2.3.3 平面力偶系的合成

设在同一平面内有两个力偶 $(F_1, F_1')$ 和 $(F_2, F_2')$，它们的力偶臂各为 $d_1$ 和 $d_2$，如图 2-14a 所示。这两个力偶的矩分别为 $M_1$ 和 $M_2$，在保持力偶矩不变的情况下，同时改变这两个力偶的力的大小和力偶臂的长短，使它们具有相同的臂长 $d$，并将它们在平面内移转，使力的作用线重合，如图 2-14b 所示。于是得到与原力偶等效的两个新力偶 $(F_3, F_3')$ 和 $(F_4, F_4')$。$F_3$ 和 $F_4$ 的大小为

$$F_3 = \frac{M_1}{d}, F_4 = \frac{M_2}{d}$$

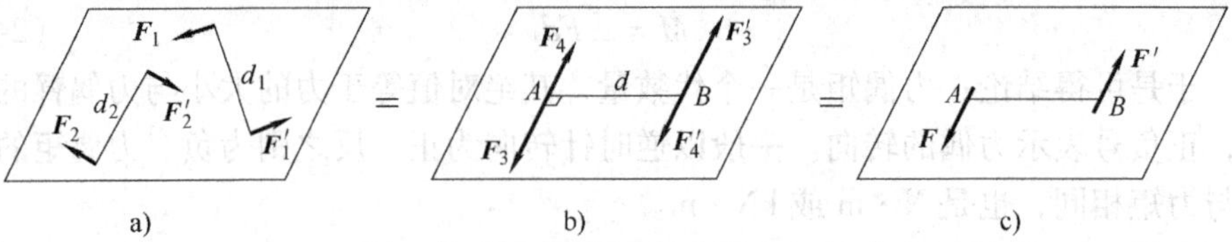

图 2-14 平面力偶系的合成

分别将作用在点 $A$ 和 $B$ 的力合成（设 $F_3 > F_4$），得

$$F = F_3 - F_4$$
$$F' = F'_3 - F'_4$$

由于 $F$ 与 $F'$ 是相等的，所以构成了与原力偶系等效的合力偶 $(F, F')$，如图 2-14c 所示，以 $M$ 表示合力偶的矩，得

$$M = Fd = (F_3 - F_4)d = F_3 d - F_4 d = M_1 - M_2$$

如果有两个以上的力偶，可以按照上述方法合成。结论是：在同平面内的任意个力偶可合成为一个合力偶，合力偶矩等于各个力偶矩的代数和，可写为

$$M = \sum_{i=1}^{n} M_i \qquad (2-11)$$

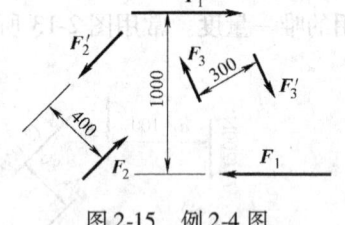

图 2-15 例 2-4 图

【例 2-4】 如图 2-15 所示，平面上六个力组成三个力偶 $(F_1, F'_1)$、$(F_2, F'_2)$、$(F_3, F'_3)$，其中 $F_1 = 200\text{N}$，$F_2 = 600\text{N}$，$F_3 = 400\text{N}$。试求三个力偶合成的结果。图中长度单位为 mm。

【解】 根据平面力偶合成结果分析，此三个力偶合成的结果为一个合力偶，合力偶的大小等于此三个力偶的代数和。

$$M = \sum_{i=1}^{n} M_i = M_1 + M_2 + M_3 = -F_1 \times 1000 \times 10^{-3} + F_2 \times 400 \times 10^{-3}$$
$$- F_3 \times 300 \times 10^{-3} = -80\text{N} \cdot \text{m}$$

## 自测题 8

自测题 8-1 力对 $O$ 点的矩和一力偶矩相同，则力对物体的作用效应和这一力偶对物体的作用效应一样。这一说法（ ）。
（A）正确； （B）错误。

自测题 8-2 自测题 8-2 图中两个简支梁，杆 $AC$ 上作用的力偶相同，所以它们引起的支座反力也相同。这一说法（ ）。
（A）正确； （B）错误。

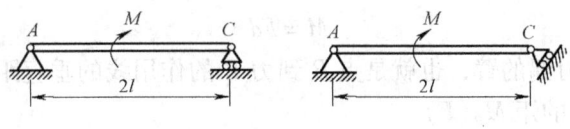

自测题 8-2 图

自测题 8-3  从力偶理论可知，一个力不能与力偶平衡。自测题 8-3a 图中螺旋压榨机力偶似乎可用被压榨物体的反抗力来平衡，自测题 8-3b 图中，轮中的力偶 $M$ 似乎与重物的重力 $W$ 平衡，这种说法的错误是在_____。

自测题 8-4  如自测题 8-4 图所示机构由 $OA$、$AB$、$BC$ 和 $DE$ 相互铰接而成，今在杆 $BC$ 上作用一力偶 $F_1$、$F_2$，则固定铰支座 $C$ 的约束反力的作用线（    ）。（不计自重和摩擦）

（A）过 $C$ 点平行 $O_1O_2$；　　　　（B）过 $C$ 点平行于 $OO_2$ 连线；
（C）沿 $CO_2$ 直线；　　　　　　　（D）沿 $CO_1$ 直线。

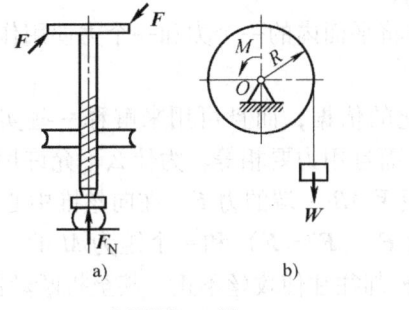

自测题 8-3 图

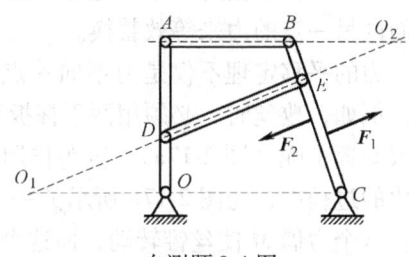

自测题 8-4 图

## 2.4　平面力系的简化

### 2.4.1　力的平移定理

力系向一点简化是一种较为简便并具有普遍性的力系简化方法。此方法的理论基础是力的平移定理。

**定理**：可以把作用在刚体上点 $A$ 的力 $F$ 平行移到任一点 $B$，但必须同时附加一个力偶，这个附加力偶的矩等于原来的力 $F$ 对新作用点 $B$ 的矩。

**证明**：图 2-16a 中的力 $F$ 作用于刚体的点 $A$。在刚体上任取一点 $B$，并在点 $B$ 加上两个等值反向的力 $F'$ 和 $F''$，使它们与力 $F$ 平行，且 $F' = F = F''$，如图 2-11b 所示。显然，三个力 $F$、$F'$、$F''$ 组成的新力系与原来的一个力 $F$ 等效。但是，这三个力可看作是一个作用在点 $B$ 的力 $F'$ 和一个力偶（$F$, $F''$）。这样，就把作用于点 $A$ 的力 $F$ 平移到另一点 $B$，但同时附加上一个相应的力偶，这个力偶称为附加力偶（图 2-16c）。显然，附加力偶的矩为

$$M = Fd$$

其中，$d$ 为附加力偶的臂，也就是点 $B$ 到力 $F$ 的作用线的垂直距离，因此 $Fd$ 也等于力 $F$ 对点 $B$ 的矩 $M_B(F)$。

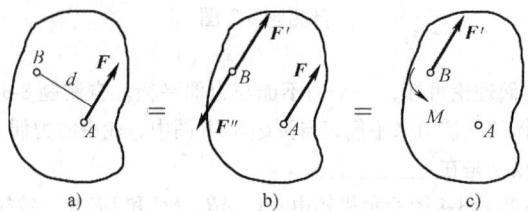

图 2-16 力的平移定理

由此证得

$$M = M_B(F)$$

反过来，根据力的平移定理，也可以将平面内的一个力和一个力偶用作用在平面内另一点的力来等效替换。

力的平移定理不仅是力系向一点简化的依据，而且可用来解释一些实际现象。例如，攻丝时，必须用两手握扳手，而且用力要相等。为什么不允许用一只手扳动扳手呢（图 2-17a）？因为作用在扳手 $AB$ 一端的力 $F$，在向丝锥中心 $C$ 点简化的过程中，与图 2-17b 所示的一个力 $F'$（$F' = F$）和一个矩为 $M$ 的力偶等效。这个力偶 $M$ 使丝锥转动，而这个力 $F'$ 却往往使攻丝不正，甚至折断丝锥。

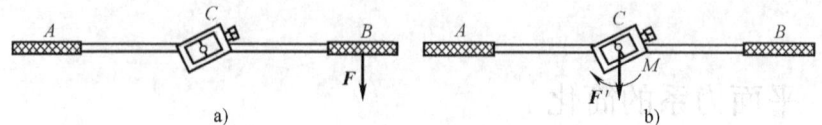

图 2-17 丝锥受力

### 2.4.2 平面任意力系向作用面内一点简化　主矢和主矩

设物体上只作用有三个力 $F_1$、$F_2$、$F_3$ 组成的平面任意力系，如图 2-18a 所示。在平面内任取一点 $O$，称为简化中心。应用力的平移定理，把各力都平移到点 $O$，这样，得到作用于点 $O$ 的力 $F_1'$、$F_2'$、$F_3'$，以及相应的附加力偶，其矩分别为 $M_1$、$M_2$ 和 $M_3$，如图 2-18b 所示。这些力偶作用在同一平面内，它们的矩分别等于力 $F_1$、$F_2$、$F_3$ 对点 $O$ 的矩，即

$$M_1 = M_O(F_1)$$
$$M_2 = M_O(F_2)$$
$$M_3 = M_O(F_3)$$

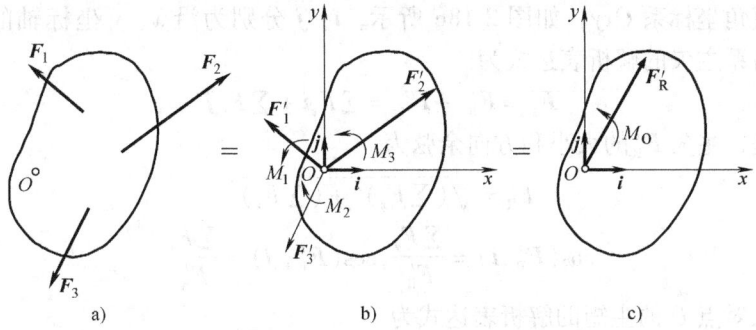

图 2-18 力系简化

这样，平面任意力系分解成了两个简单力系：平面汇交力系和平面力偶系。然后，再分别合成这两个力系。平面汇交力系 $F'_1$、$F'_2$、$F'_3$ 均可合成为作用线通过点 $O$ 的一个力 $F'_R$，如图 2-18c 所示。因为各力矢 $F'_1$、$F'_2$、$F'_3$ 分别与原力矢 $F_1$、$F_2$、$F_3$ 相等，所以

$$F'_R = F'_1 + F'_2 + F'_3 = F_1 + F_2 + F_3$$

即力矢 $F'_R$ 等于原来各力的矢量和。

力偶矩为 $M_1$、$M_2$、$M_3$ 的平面力偶系可合成为一个力偶，这个力偶的矩 $M_O$ 等于各附加力偶矩的代数和。每个附加力偶矩等于力对简化中心 $O$ 的矩，所以

$$M_O = M_1 + M_2 + M_3 = M_O(F_1) + M_O(F_2) + M_O(F_3)$$

即这力偶的矩等于原来各力对点 $O$ 的矩的代数和。

对于力的数目为 $n$ 的平面任意力系，不难推广得

$$F'_R = \sum_{i=1}^{n} F_i \tag{2-12}$$

$$M_O = \sum_{i=1}^{n} M_O(F_i) \tag{2-13}$$

平面任意力系中所有各力的矢量和 $F'_R$，称为该力系的主矢；而这些力对于任选简化中心 $O$ 的矩的代数和 $M_O$，称为该力系对于简化中心的主矩。

综上所述，在一般情形下，平面任意力系向作用面内任选一点 $O$ 简化，可得一个力和一个力偶，这个力等于该力系的主矢，作用线通过简化中心 $O$。这个力偶等于该力系对于点 $O$ 的主矩，大小等于各力对简化中心的力矩的代数和。

由于主矢等于各力的矢量和，所以，它与简化中心的选择无关。而主矩等于各力对简化中心的矩的代数和，一般情况下它与简化中心的选择有关。当取不同的点为简化中心时，各力的力臂将有改变，各力对简化中心的矩也有改变。所以

说到主矩时，必须指出是力系对于哪一点的主矩。

取直角坐标系 $Oxy$，如图 2-18c 所示，$i$，$j$ 分别为沿 $x$、$y$ 坐标轴的单位矢量，则力系主矢的解析表达式为

$$F'_R = F'_{Rx} + F'_{Ry} = \sum F_x i + \sum F_y j \tag{2-14}$$

于是，主矢 $F'_R$ 的大小和方向余弦为

$$F'_R = \sqrt{(\sum F_x)^2 + (\sum F_y)^2}$$

$$\cos(F'_R, i) = \frac{\sum F_x}{F'_R}, \cos(F'_R, j) = \frac{\sum F_y}{F'_R}$$

力系对点 $O$ 的主矩的解析表达式为

$$M_O = \sum_{i=1}^{n} M_O(F_i) = \sum_{i=1}^{n} (x_i F_{yi} - y_i F_{xi}) \tag{2-15}$$

其中，$x_i$、$y_i$ 为力 $F_i$ 作用点的坐标。

现在分析一下固定端支座约束的约束反力。

如图 2-19a、b 所示，车刀夹持在刀架上和工件固定在卡盘不动，刀架对车刀和卡盘对工件来讲，这种约束称为固定端支座约束，其简图如图 2-19c 所示。工程中，固定端支座是一种常见的约束。

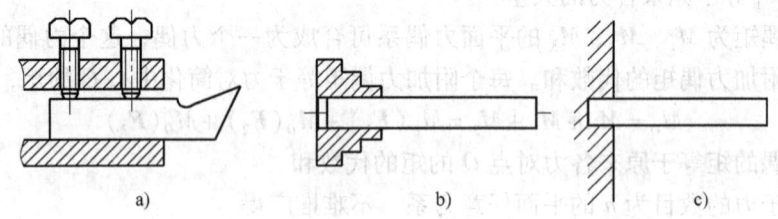

图 2-19 固定端约束

固定端支座对物体的作用，是在接触面上作用了一群约束反力。在平面问题中，这些力为一平面任意力系，如图 2-20a 所示。将这群力向作用平面内点 $A$ 简化，得到一个力和一个力偶，如图 2-20b 所示。一般情况下这个力的大小和方向均为未知量，可用两个未知分力来代替。因此，在平面力系情况下，固定端 $A$ 处的约束反力可简化为两个约束反力 $F_{Ax}$、$F_{Ay}$，和一个矩为 $M_A$ 的约束反力偶，如图 2-20c 所示。

比较固定端支座与固定铰链支座的约束性质可见，固定端支座约束反力除了 $F_{Ax}$、$F_{Ay}$ 外，还有矩为 $M_A$ 的约束反力偶，而固定铰链支座没有约束反力偶，因为它不能限制物体在平面内转动。

除前面讲到的刀架、卡盘外，还有插入地基中的电线杆以及悬臂梁等均为固定端支座约束。

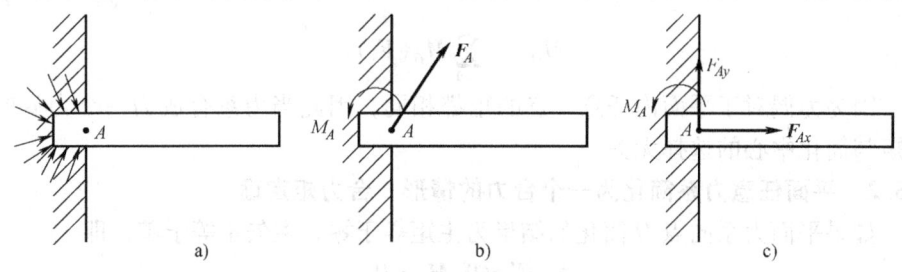

图 2-20　固定端约束反力

## 自测题 9

自测题 9-1　力可以在平面内任意移动，不改变力对刚体的作用效应。这一说法（　　）。
（A）正确；　　　　　　　　（B）错误。

自测题 9-2　平面汇交力系合成的最终结果是一个力，合力的作用线通过各力的汇交点，其大小和方向由原力系中各分力的矢量和确定。这一说法（　　）。
（A）正确；　　　　　　　　（B）错误。

自测题 9-3　力在简化过程中产生的附加力偶大小等于这个力对简化中心的力矩。这一说法（　　）。
（A）正确；　　　　　　　　（B）错误。

自测题 9-4　平面力系向任一点简化得到的主矢和主矩与任选的简化中心无关。这一说法（　　）。
（A）正确；　　　　　　　　（B）错误。

## 2.5　平面任意力系的简化结果分析

平面任意力系向作用面内一点简化的结果，可能有四种情况，即
（1）$F'_R = 0$，$M_O \neq 0$；
（2）$F'_R \neq 0$，$M_O = 0$；
（3）$F'_R \neq 0$，$M_O \neq 0$；
（4）$F'_R = 0$，$M_O = 0$。
下面对这几种情况作进一步的分析讨论。

### 2.5.1　平面任意力系简化为一个力偶的情形

如果力系的主矢等于零，而力系对于简化中心的主矩 $M_O$ 不等于零，即

$$F'_R = 0, M_O \neq 0$$

在这种情形下，作用于简化中心 $O$ 的力 $F'_1$，$F'_2$，…，$F'_n$ 相互平衡。但是，附加的力偶系并不平衡，可合成为一个力偶，即与原力系等效的合力偶。合力偶矩为

$$M_O = \sum_{i=1}^{n} M_O(F_i)$$

因为力偶对于平面内任意一点的矩都相同，因此当力系合成为一个力偶时，主矩与简化中心的选择无关。

### 2.5.2 平面任意力系简化为一个合力的情形　合力矩定理

如果平面力系向点 $O$ 简化的结果为主矩等于零，主矢不等于零，即

$$F'_R \neq 0, M_O = 0$$

此时附加力偶系互相平衡，只有一个与原力系等效的力 $F'_R$。显然，$F'_R$ 就是原力系的合力，而合力的作用线恰好通过选定的简化中心 $O$。

如果平面力系向点 $O$ 简化的结果是主矢和主矩都不等于零，如图 2-21a 所示，即

$$F'_R \neq 0, M_O \neq 0$$

现将矩为 $M_O$ 的力偶用两个力 $F_R$ 和 $F''_R$ 表示，并令 $F'_R = -F''_R$（图 2-21b）。再去掉平衡力系（$F'_R$，$F''_R$），于是就将作用于点 $O$ 的力 $F'_R$ 和力偶（$F_R$，$F''_R$）合成为一个作用在点 $O'$ 的力 $F_R$，如图 2-21c 所示。

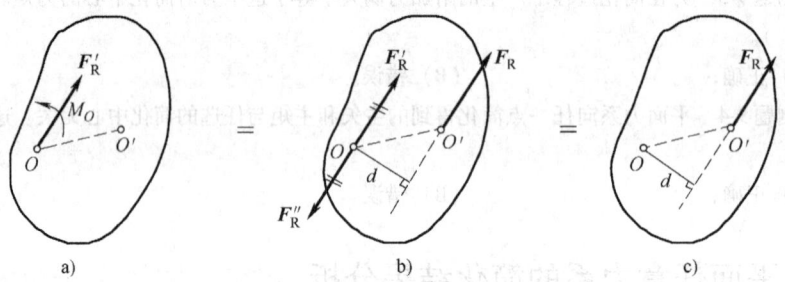

图 2-21　主矢、主矩的合成

力 $F_R$ 就是原力系的合力，合力矢等于主矢。合力的作用线在点 $O$ 的哪一侧，需根据主矢和主矩的方向确定；合力作用线到点 $O$ 的距离可按下式算得

$$d = \frac{M_O}{F_R}$$

以上两种情形简化的结果均为一个力。

下面证明平面任意力系的合力矩定理。由图 2-21 易见，合力 $F_R$ 对点 $O$ 的矩为

$$M_O(\boldsymbol{F}_R) = F_R d = M_O$$

由式（2-13）有

$$M_O = \sum M_O(\boldsymbol{F}_i)$$

所以得证

$$M_O(\boldsymbol{F}_R) = \sum M_O(\boldsymbol{F}_i) \tag{2-16}$$

由于简化中心 $O$ 是任意选取的，故上式有普遍意义。合力矩定理：平面任意力系的合力对作用面内任一点的矩等于力系中各力对同一点的矩的代数和。

【例 2-5】 重力坝受力情形如图 2-22a 所示。设 $W_1 = 450\text{kN}$，$W_2 = 200\text{kN}$，$F_1 = 300\text{kN}$，$F_2 = 70\text{kN}$。求力系的合力 $\boldsymbol{F}_R$ 的大小和方向余弦、合力与基线 $OA$ 的交点到点 $O$ 的距离 $x$ 以及合力作用线方程。

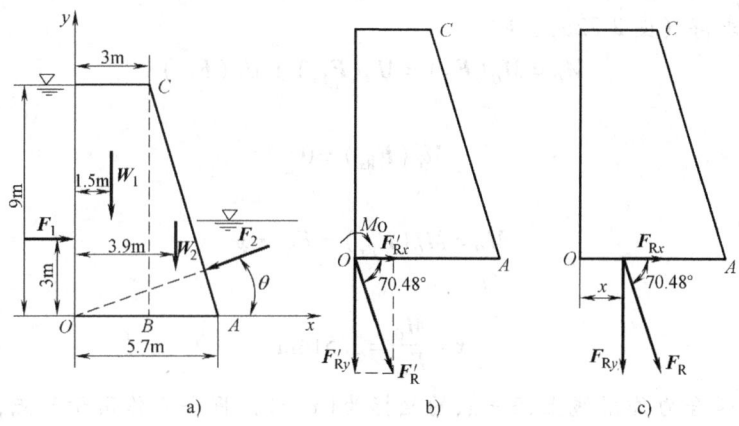

图 2-22 例 2-5 图

【解】 （1）先将力系向点 $O$ 简化，求得其主矢 $\boldsymbol{F}'_R$ 和主矩 $M_O$（图 2-22b）。由图 2-22a，有

$$\theta = \angle ACB = \arctan\frac{AB}{CB} = 16.7°$$

主矢 $\boldsymbol{F}'_R$ 在 $x$、$y$ 轴上的投影分别为

$$F'_{Rx} = \sum F_x = F_1 - F_2\cos\theta = 232.9\text{kN}$$
$$F'_{Ry} = \sum F_y = -W_1 - W_2 - F_2\sin\theta = -670.1\text{kN}$$

主矢 $\boldsymbol{F}'_R$ 的大小为

$$F'_R = \sqrt{(\sum F_x)^2 + (\sum F_y)^2} = 709.4\text{kN}$$

主矢 $\boldsymbol{F}'_R$ 的方向余弦为

$$\cos(\boldsymbol{F}_R', \boldsymbol{i}) = \frac{\sum F_x}{F_R'} = 0.3283$$

$$\cos(\boldsymbol{F}_R', \boldsymbol{j}) = \frac{\sum F_y}{F_R'} = -0.9446$$

则有

$$\angle(\boldsymbol{F}_R', \boldsymbol{i}) = \pm 70.84°$$

$$\angle(\boldsymbol{F}_R', \boldsymbol{j}) = 180° \pm 19.16°$$

主矢 $\boldsymbol{F}_R'$ 在第四象限内，与 $x$ 轴的夹角为 $-70.48°$。

力系对点 $O$ 的主矩为

$$M_O = \sum M_O(\boldsymbol{F}) = -3F_1 - 1.5W_1 - 3.9W_2 = -2355 \text{kN} \cdot \text{m}$$

(2) 合力 $\boldsymbol{F}_R$ 的大小和方向与主矢 $\boldsymbol{F}_R'$ 相同。其作用线位置的 $x$ 值可根据合力矩定理求得（图 2-22c），即

$$M_O = M_O(\boldsymbol{F}_R) = M_O(\boldsymbol{F}_{Rx}) + M_O(\boldsymbol{F}_{Ry})$$

其中

$$M_O(\boldsymbol{F}_{Rx}) = 0$$

故

$$M_O = M_O(\boldsymbol{F}_{Ry}) = F_{Ry} \cdot x$$

解得

$$x = \frac{M_O}{F_{Ry}} = 3.514 \text{m}$$

(3) 设合力作用线上任一点的坐标为 $(x, y)$，将合力作用于此点，则合力 $\boldsymbol{F}_R$ 对坐标原点的矩的解析表达式为

$$M_O = M_O(\boldsymbol{F}) = xF_{Ry} - yF_{Rx}$$

将求得的 $M_O$、$\sum F_x$、$\sum F_y$ 的代数值代入上式，得合力作用线方程为

$$-2355 = x(-670.1) - y(232.9)$$

$$670.1x + 232.9y - 2355 = 0$$

### 2.5.3 平面任意力系平衡的情形

如果力系的主矢、主矩均等于零，即

$$\boldsymbol{F}_R' = 0, M_O = 0$$

则原力系平衡，这种情形将在下节详细讨论。

通过上述分析，平面任意力系向作用面内一点简化的结果，是下列三种情形之一：一个力、一个力偶、平衡。

## 自测题 10

自测题 10-1 某一平面平行力系各力的大小、方向和作用线如自测题 10-1 图所示，则该

力系简化的结果是_____。

自测题 10-2　自测题 10-2 图中正方形 $OABC$，边长为 $a$。已知某平面任意力系向 $A$ 点简化得一主矢（大小为 $F'_{RA}$）和主矩（大小、方向均未知）。又已知该力系向 $B$ 点简化得一合力，合力指向 $O$ 点。该力系向 $C$ 点简化的主矢和主矩分别是_____。

自测题 10-1 图　　　　　　　　自测题 10-2 图

自测题 10-3　某一平面内一非平衡汇交力系和一非平衡力偶系组成的力系其简化的最简形式可能是（　　）。
（A）合力；　　　　（B）合力偶；　　　　（C）平衡。

自测题 10-4　某平面力系向 $A$、$B$ 两点简化的主矩皆等于零，此力系简化的最后结果是_____。

## 2.6　平面任意力系的平衡条件和平衡方程

如果力系的主矢、主矩均等于零，即
$$F'_R = 0, M_O = 0 \tag{2-17}$$
则原力系平衡。

显然，主矢等于零，表明作用于简化中心 $O$ 的汇交力系为平衡力系；主矩等于零，表明附加力偶系也是平衡力系，所以原力系必为平衡力系。因此，式(2-17)为平面任意力系平衡的充分条件。

由上一节分析结果可知：若主矢和主矩有一个不等于零，则力系应简化为合力或合力偶；若主矢与主矩都不等于零时，可进一步简化为一个合力。上述情况下力系都不能平衡，只有当主矢和主矩都等于零时，力系才能平衡，因此，式(2-17)又是平面任意力系平衡的必要条件。

于是，平面任意力系平衡的必要和充分条件是：力系的主矢和对于任一点的主矩都等于零。由 $F'_R = 0$，可得 $\sum_{i=1}^{n} F_{xi} = 0$、$\sum_{i=1}^{n} F_{yi} = 0$，由 $M_O = 0$ 可得 $\sum_{i=1}^{n} M_O(F_i) = 0$。

因此，平面任意力系平衡方程为

$$\left.\begin{array}{l}\sum_{i=1}^{n} F_{xi} = 0 \\ \sum_{i=1}^{n} F_{yi} = 0 \\ \sum_{i=1}^{n} M_{O}(\boldsymbol{F}_i) = 0\end{array}\right\} \quad (2\text{-}18)$$

由此可得结论，平面任意力系平衡的解析条件是：所有各力在两个任选的直角坐标系轴上的投影的代数和分别等于零，以及各力对于任意一点的矩的代数和也等于零。式（2-18）称为平面任意力系的平衡方程。

平面任意力系平衡的三个平衡方程也可用两个力矩方程和一个投影方程，即

$$\left.\begin{array}{l}\sum_{i=1}^{n} M_A(\boldsymbol{F}_i) = 0 \\ \sum_{i=1}^{n} M_B(\boldsymbol{F}_i) = 0 \\ \sum_{i=1}^{n} F_{xi} = 0\end{array}\right\} \quad (2\text{-}19)$$

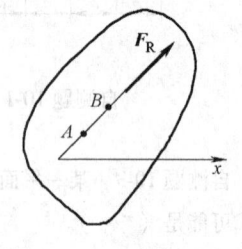

图 2-23 二矩式应用条件

其中，$x$ 轴不得垂直于 $A$、$B$ 两点的连线（图 2-23）。

同理，也可写出三个力矩式的平衡方程，即

$$\left.\begin{array}{l}\sum_{i=1}^{n} M_A(\boldsymbol{F}_i) = 0 \\ \sum_{i=1}^{n} M_B(\boldsymbol{F}_i) = 0 \\ \sum_{i=1}^{n} M_C(\boldsymbol{F}_i) = 0\end{array}\right\} \quad (2\text{-}20)$$

其中，$A$、$B$、$C$ 三点不得共线。

上述三组方程式（2-18）、式（2-19）、式（2-20）都可用来解决平面任意力系的平衡问题，究竟选用哪一组方程，须根据具体条件确定。对于受平面任意力系作用的单个刚体的平衡问题，只可以列出三个独立的平衡方程，求解三个未知量。任何第四个方程只是前三个方程的线性组合，因而不是独立的，可以利用这个方程来校核计算的结果。

【例 2-6】 起重机重 $W_1 = 15\text{kN}$，可绕铅直轴 $AB$ 转动；起重机的挂钩上挂一重为 $W_2 = 50\text{kN}$ 的重物，如图 2-24 所示。起重机的重心 $C$ 到转动轴的距离为 1.5m，其他尺寸如图 2-24 所示。试求止推轴承 $A$ 和向心轴承 $B$ 处的约束反力。

【解】 以起重机为研究对象，它所受的主动力有 $W_1$ 和 $W_2$，由于对称性，约束反力和主动力都位于同一平面之内，止推轴承 $A$ 处有两个约束反力 $F_{Ax}$、$F_{Ay}$，向心轴承 $B$ 处只有一个与转轴垂直的约束反力 $F_B$，约束反力方向如图 2-24 所示。取坐标系如图 2-24 所示，列平面任意力系的平衡方程，即

$\sum F_x = 0, \quad F_{Ax} + F_B = 0$

$\sum F_y = 0, \quad F_{Ay} - W_1 - W_2 = 0$

$\sum M_A(\boldsymbol{F}) = 0, \quad -F_B \times 5 - W_1 \times 1.5 - W_2 \times 3.5 = 0$

解上述方程，得

$F_{Ay} = W_1 + W_2 = 65\text{kN}$

$F_B = -0.3W_1 - 0.7W_2 = -39.5\text{kN}$

$F_{Ax} = -F_B = 39.5\text{kN}$

$F_B$ 为负值，说明它的方向与假设的方向相反，即应指向左。

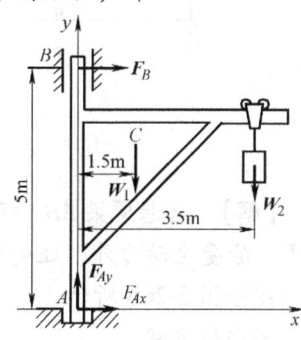

图 2-24 例 2-6 图

【例 2-7】 图 2-25 所示的水平横梁 $AB$，$A$ 端为固定铰链支座，$B$ 端为一滚动支座。梁的长度为 $4l$，梁重 $W$，作用在梁的中点 $C$。在梁的 $AC$ 段上受均布载荷 $q$ 作用，在梁的 $BC$ 段上受力偶作用，力偶矩 $M = Wl$。试求 $A$ 和 $B$ 处支座的约束反力。

【解】 选梁 $AB$ 为研究对象。它所受的主动力有：均布载荷 $q$、重力 $W$ 和矩为 $M$ 的力偶。它所受的约束反力有：铰链 $A$ 的两个分力 $F_{Ax}$ 和 $F_{Ay}$，滚动支座 $B$ 处竖直向上的约束反力 $F_B$。

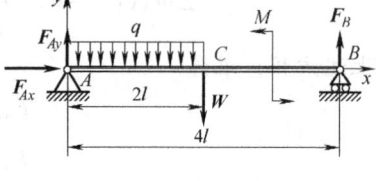

图 2-25 例 2-7 图

取坐标系如图 2-25 所示，列出平衡方程

$\sum M_A(\boldsymbol{F}) = 0, \quad F_B \times 4l + M - W \times 2l - q \times 2l \times l = 0$

$\sum F_x = 0, \quad F_{Ax} = 0$

$\sum F_y = 0, \quad F_B + F_{Ay} - q \times 2l - W = 0$

解上述方程，得

$F_B = \dfrac{W}{4} + \dfrac{1}{2}ql$

$F_{Ax} = 0$

$F_{Ay} = \dfrac{3}{4}W + \dfrac{3}{2}ql$

【例 2-8】 悬臂梁 $AB$ 受载荷如图 2-26a 所示。$F = 100\text{kN}$，$q = 10\text{kN/m}$，$a = 2\text{m}$，$\alpha = 30°$。试求固定端支座 $A$ 的约束反力。

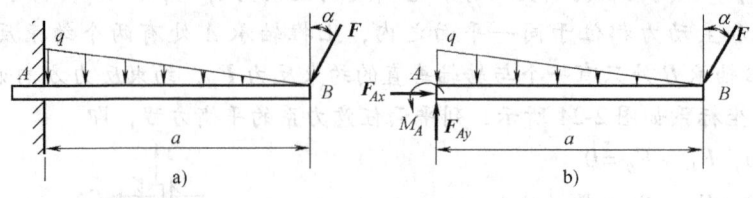

图 2-26 例 2-8 图

【解】 选悬臂梁 AB 为研究对象。其上所受的主动力有：均布载荷 q 和集中力 F。除受主动力外，还受有固定端 A 处的约束反力 $F_{Ax}$、$F_{Ay}$ 和约束反力偶 $M_A$。受力图如图 2-26b 所示。

列平衡方程：

$$\sum F_x = 0, \quad F_{Ax} - F\sin 30° = 0$$

$$\sum F_y = 0, \quad F_{Ay} - F\cos 30° - \frac{1}{2}qa = 0$$

$$\sum M_A(\boldsymbol{F}) = 0, \quad M_A - F\cos 30° \times a - \frac{1}{2}qa \times \frac{a}{3} = 0$$

解上述方程，求得

$$F_{Ax} = 50\text{kN}$$

$$F_{Ay} = 96.6\text{kN}$$

$$M_A = 179.9\text{kN} \cdot \text{m}$$

A 处约束反力的实际方向与图示方向相同。

当平面任意力系各作用线交于一点时，则此力系为平面汇交力系。平面汇交力系是平面任意力系的一种特殊情形，如图 2-27 所示。此时若选汇交点为矩心，则不论力系是否平衡，则 $\sum_{i=1}^{n} M_A(\boldsymbol{F}_i) = 0$ 式恒成立，此时独立方程为两个投影式 $\sum_{i=1}^{n} F_{xi} = 0, \sum_{i=1}^{n} F_{yi} = 0$，可求解两个未知数。

【例 2-9】 如图 2-28a 所示，重物 $W = 30\text{kN}$，用钢丝绳挂在支架的滑轮 B 上，钢丝绳的另一端缠绕在绞车 D 上。杆 AB 与 BC 铰接，并以铰链 A、C 与墙连接。如两杆和滑轮的自重不计，并忽略摩擦和滑轮的大小，试求平衡时杆 AB 和 BC 所受的力。

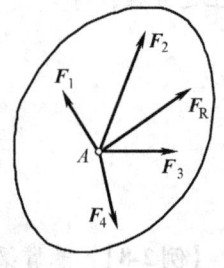

图 2-27 平面汇交力系

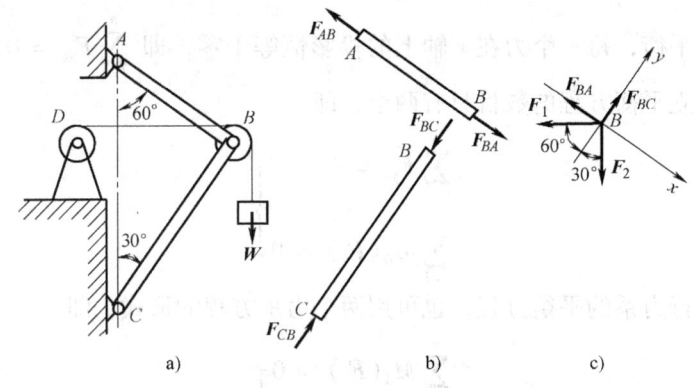

图 2-28  例 2-9 图

【解】（1）选取研究对象。由于 AB、BC 两杆都是二力杆，假设杆 AB 受拉力、杆 BC 受压力，如图 2-28b 所示。为了求出这两个未知力，可通过求两杆对滑轮的约束反力来解决。因此选取滑轮 B 为研究对象。

(2) 画受力图。滑轮受到钢丝绳的拉力 $F_1$ 和 $F_2$（已知 $F_1 = F_2 = W$）。此外，杆 AB 和 BC 对滑轮的约束反力为 $F_{BA}$ 和 $F_{BC}$。由于滑轮的大小可忽略不计，故这些力可看做是汇交力系，如图 2-28c 所示。

选取坐标轴如图 2-28c 所示。为使每个未知力只在一个轴上有投影，在另一轴上的投影为零，坐标轴应尽量取在与未知力作用线相垂直的方向。这样，在一个平衡方程中只有一个未知量，不必解联立方程，即：

$$\sum F_x = 0, \quad -F_{BA} - F_1\sin 60° - F_2\sin 30° = 0 \quad (ⓐ)$$

$$\sum F_y = 0, \quad F_{BC} - F_2\cos 30° - F_1\cos 60° = 0 \quad (ⓑ)$$

(3) 求解方程。

由式ⓐ得

$$F_{BA} = -0.366W = -10.98\text{kN}$$

由式ⓑ得

$$F_{BC} = 1.366W = 40.98\text{kN}$$

所求结果，$F_{BC}$ 为正值，表示这个力的假设方向与实际方向相同，即杆 BC 受压。$F_{BA}$ 为负值，表示这个力的假设方向与实际方向相反，即杆 AB 也受压力。

当平面任意力系各作用线平行时，则此力系为平面平行力系。平面平行力系是平面任意力系的一种特殊情形。

如图 2-29 所示，设物体受平面平行力系 $F_1$，$F_2$，…，$F_n$ 的作用。如选取 $x$ 轴与各力垂直，则不

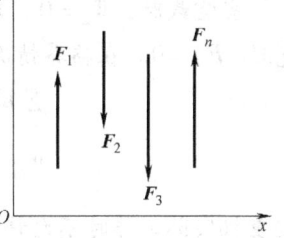

图 2-29  平行力系

论力系是否平衡，每一个力在 $x$ 轴上的投影恒等于零，即 $\sum\limits_{i=1}^{n} F_{xi} = 0$，于是，平行力系的独立平衡方程的数目只有两个，即

$$\left.\begin{array}{l}\sum\limits_{i=1}^{n} F_{yi} = 0 \\ \sum\limits_{i=1}^{n} M_O(\boldsymbol{F}_i) = 0\end{array}\right\} \quad (2-21)$$

平面平行力系的平衡方程，也可用两个力矩方程的形式，即

$$\left.\begin{array}{l}\sum\limits_{i=1}^{n} M_A(\boldsymbol{F}_i) = 0 \\ \sum\limits_{i=1}^{n} M_B(\boldsymbol{F}_i) = 0\end{array}\right\} \quad (2-22)$$

其中 $A$、$B$ 两点的连线不得与各力平行。

**【例 2-10】** 图 2-30 所示为行走式起重机。起重机自重 $W_1 = 500\text{kN}$，起吊重物最大重量 $W_2 = 250\text{kN}$，$a = 3\text{m}$，$b = 1.5\text{m}$，$c = 6\text{m}$，$l = 10\text{m}$。试求空载和满载时都不翻倒的平衡锤重量 $W_3$。

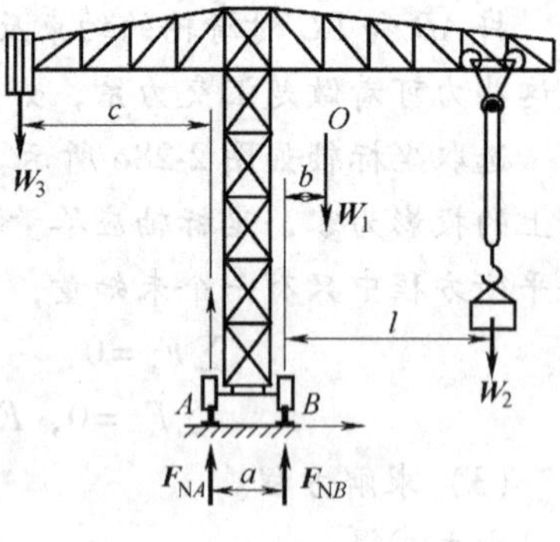

**【解】** 要使起重机不翻倒，应使作用在起重机上的所有力满足平衡条件。起重机所受的力有：起重机重力 $W_1$、起吊重物的重力 $W_2$、平衡荷重 $W_3$ 以及轨道的约束反力 $F_{NA}$ 和 $F_{NB}$。

当满载时，为使起重机不绕点 $B$ 翻倒，这些力必须满足平衡方程 $\sum M_B(\boldsymbol{F}) = 0$。在临界情况下，$F_{NA} = 0$。这时求出的 $W_3$ 值是所允许的最小值。

图 2-30 例 2-10 图

$$\sum M_B(\boldsymbol{F}) = 0, \quad W_{3\min}(c+a) - bW_1 - W_2 l = 0$$

$$W_{3\min} = \frac{W_1 b + W_2 l}{c+a} = 361\text{kN}$$

当空载时，$W_2 = 0$。为使起重机不绕点 $A$ 翻倒，所受的力必须满足平衡方程 $\sum M_A(\boldsymbol{F}) = 0$。在临界情况下，$F_{NB} = 0$，这时求出的 $W_3$ 值是所允许的最大值。

$$\sum M_A(\boldsymbol{F}) = 0, \quad W_{3\max} c - (b+a)W_1 = 0$$

$$W_{3\max} = \frac{W_1(a+b)}{c} = 375\text{kN}$$

起重机实际工作时不允许处于极限状态，要使起重机不会翻倒，平衡荷重应在这两者之间，即

$$361\text{kN} < W_3 < 375\text{kN}$$

当平面力系为平面力偶系时，如图 2-31 所示，则不论力系是否平衡，每一个力在 $x$、$y$ 轴上的投影恒等于零，即 $\sum_{i=1}^{n} F_{xi} \equiv 0$，$\sum_{i=1}^{n} F_{yi} \equiv 0$。于是，平面力偶系的独立平衡方程的数目只有一个，即 $\sum_{i=1}^{n} M_O(\boldsymbol{F}_i) = 0$。由于力系主矢为零，则此力系对任一点取矩都相同，为各力偶的代数和。因此，平面力偶系平衡的必要和充分条件是：所有各力偶矩的代数和等于零，即：

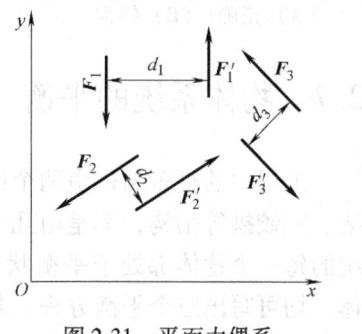

图 2-31 平面力偶系

$$\sum_{i=1}^{n} M_i = 0 \tag{2-23}$$

【例 2-11】 如图 2-32 所示，三铰拱右半部 BC 上作用一力偶 M，转向如图所示。试求铰 A 和 B 的约束反力。设各拱自重不计。

【解】 取整体为研究对象。由于 AC 杆为二力杆，所以 A 处的约束反力一定沿 AC 方向，而整个机构只受到力偶 M 的作用，所以 B 处的约束反力与 A 处的约束反力组成力偶与力偶 M 平衡，受力图如图 2-32 所示。

$$\sum M = 0,\quad F_A \times 2l\cos 45° - M = 0$$

解得

$$F_A = F_B = \frac{\sqrt{2}M}{2l}$$

力的方向如图 2-32 所示。

图 2-32 例 2-11 图

## 自测题 11

自测题 11-1  平面任意力系用两矩式平衡方程的应用条件是_____。三矩式平衡方程的应用条件是_____。提出这些条件的原因是_____。

自测题 11-2  平面汇交力系平衡方程为 $\sum F_x = 0$，$\sum F_y = 0$，在使用时一定要求 $x$、$y$ 轴相互垂直。这一说法（    ）。
（A）正确；（B）错误。

自测题 11-3  如自测题 11-3 图所示，刚体受三个平面力作用，$F_1 = F_2 = F_3$，该刚体一定平衡。这一说法（    ）。
（A）正确；（B）错误。

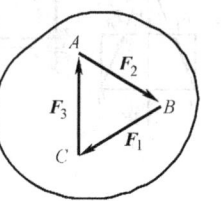

自测题 11-3 图

自测题 11-4　平面任意力系的三个独立的平衡方程不能全部采用投影方程。这一说法（　　）。
（A）正确；（B）错误。

## 2.7　物体系统的平衡　静定和静不定概念

工程中的很多结构由两个或两个以上的物体组成，构成物体系统。如组合构架、三铰拱等结构，都是由几个物体组成的系统。当物体系统平衡时，组成该系统的每一个物体都处于平衡状态，因此，对于每一个受平面任意力系作用的物体，均可写出三个平衡方程。若物体系统由 $n$ 个物体组成，则共有 $3n$ 个独立方程。若系统中有的物体受平面汇交力系或平面平行力系作用，则系统的平衡方程数目相应减少。当系统中的未知量数目等于独立平衡方程的数目时，则所有未知量都能由平衡方程求出，这样的问题称为静定问题。在工程实际中，有时为了提高结构的刚度和坚固性，常常增加多余的约束，如图 2-33 所示，因而使这些结构的未知量的数目多于平衡方程的数目，未知量就不能全部由平衡方程求出，这样的问题称为静不定问题或超静定问题。对于静不定问题，已超出刚体静力学的范围，须在材料力学和结构力学中研究。

下面举出一些静定和静不定问题的例子。

设用两根绳子悬挂一重物，如图 2-33a 上图所示，未知的约束反力有两个，而重物受平面汇交力系作用，共有两个独立的平衡方程，因此是静定的。如用三根绳子悬挂重物，且力线在平面内交于一点，如图 2-33a 下图所示，则未知的约束反力有三个，而独立的平衡方程只有两个，因此是静不定的。

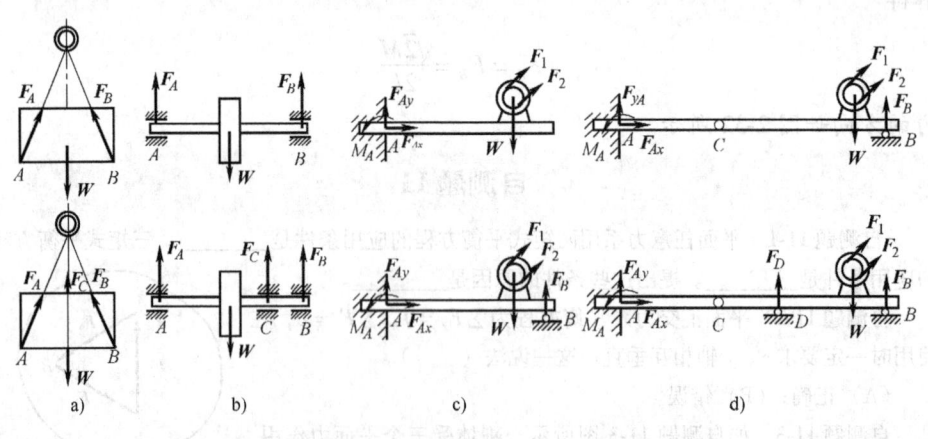

图 2-33　静定与静不定

设用两个轴承支承一根轴，如图 2-33b 上图所示，未知的约束反力有两个，因轴受平面平行力系作用，共有两个独立的平衡方程，因此是静定的。若用三个轴承支承，如图 2-34b 下图所示，则未知的约束反力有三个，而独立的平衡方程只有两个，因此是静不定的。

图 2-33c 所示的平面任意力系，有三个独立的平衡方程，图 2-33c 上图中有三个未知量，因此是静定的。而图 2-33c 下图中有四个未知量，因此是静不定的。图 2-33d 上图所示的梁由 $AC$、$BC$ 两部分铰接组成，每部分有三个独立的平衡方程，共有六个独立的平衡方程。未知量除了图中所画的 $A$ 处两个约束反力和一个约束反力偶外，还有 $B$ 处的一个约束反力和铰链 $C$ 处的两个约束反力，共计六个未知量。因此，系统是静定的。若在 $D$ 处增加一个滚动支座支承，如图 2-34d 下图所示，则系统共有七个未知量，因此系统是静不定的。

【例 2-12】 如图 2-34a 所示，多跨梁由 $AB$ 和 $BC$ 梁用中间铰 $B$ 连接而成，支承和受力情况如图所示。已知 $q=5\text{kN/m}$，$M=20\text{kN}\cdot\text{m}$，$l=1\text{m}$，$\alpha=30°$，试求支座 $A$、$C$ 和中间铰链 $B$ 的约束反力。

【解】 此系统由两个构件组成，三个约束共六个未知数，所以此系统是静定问题。本题可以取 $AB$ 和 $BC$ 梁为研究对象，或取 $AB$ 梁和整体为研究对象，或取 $BC$ 梁和整体为研究对象，都可以求解六个未知的约束反力。

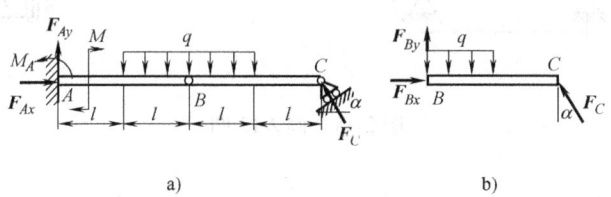

图 2-34 例 2-12 图

（1）取 $BC$ 梁为研究对象，主动作用力有分布载荷 $q$，长度 $l$，$C$ 端滚轴支座约束反力 $F_C$，$B$ 端中间铰链 $B$ 处约束反力为 $F_{Bx}$、$F_{By}$，受力图如图 2-34b 所示。

列平衡方程

$$\sum F_x = 0, \quad F_{Bx} - F_C \sin 30° = 0$$

$$\sum F_y = 0, \quad F_{By} + F_C \cos 30° - ql = 0$$

$$\sum M_B(F) = 0, \quad F_C \cos 30° \times 2l - ql \times \frac{l}{2} = 0$$

解得 $F_C = 1.44\text{kN}$ $\quad F_{Bx} = 0.72\text{kN}$ $\quad F_{By} = 3.75\text{kN}$

（2）取整体为研究对象，主动作用力有分布载荷 $q$，长度 $2l$ 和力偶 $M$，$C$ 端

滚轴支座约束反力 $F_C$，$A$ 端固定端的约束反力为 $F_{Ax}$、$F_{Ay}$、$M_A$，受力图如图 2-34a 所示。

列平衡方程

$$\sum F_x = 0, \quad F_{Ax} - F_C \sin 30° = 0$$

$$\sum F_y = 0, \quad F_{Ay} + F_C \cos 30° - 2ql = 0$$

$$\sum M_A(F) = 0, \quad F_C \cos 30° \times 4l - 2ql \times 2l + M_A - M = 0$$

解得　　　　$M_A = 35.01 \text{kN} \cdot \text{m}$　　$F_{Ax} = 0.72 \text{kN}$　　$F_{Ay} = 8.75 \text{kN}$

本题先取 BC 为研究对象，可先求出三个未知的约束，然后取 AB 或整体为研究对象，做到列一个方程解一个未知量，解题过程简洁。

【例 2-13】　桁架构架由杆 AC、BC 和 DH 组成，如图 3-35a 所示。杆 DH 上的销子 E 可在杆 BC 的光滑槽内滑动，不计各杆的重量。在水平杆 DH 的一端作用铅直力 $F$，试求铅直杆 AC 上铰链 A、C、D 和 B 所受的力。

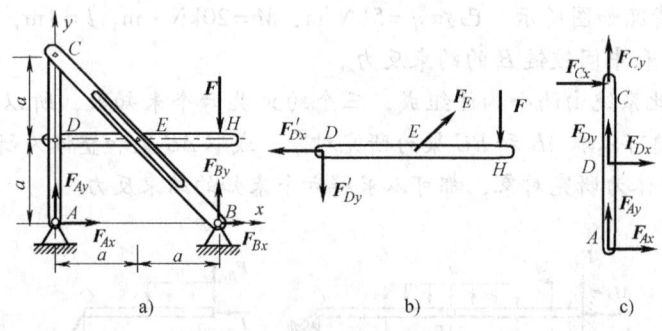

图 2-35　例 2-13 图

【解】　此系统由三根杆件组成，A、B 处两个固定铰支座约束，四个未知约束反力。分析 DH 杆，有三个未知约束反力。分析 BC 杆，有五个未知约束反力。分析 AB 杆，有六个未知约束反力。本题要取三次分离体，才能求出所要求的约束反力。像本题需求 A、B 两处的约束反力，可先取整体为研究对象，或取 DH 为研究对象，然后再取其他研究对象。

(1) 取整体为研究对象，主动作用力有载荷 $F$，A、B 处两个固定铰支座约束，四个未知约束反力 $F_{Ax}$、$F_{Ay}$、$F_{Bx}$、$F_{By}$。受力图如图 2-35a 所示。

列平衡方程

$$\sum M_A(F) = 0, \quad 2aF_{By} - 2aF = 0 \quad F_{By} = F$$

$$\sum F_y = 0, \quad F_{Ay} + F_{By} - F = 0 \quad F_{Ay} = 0$$

$$\sum F_x = 0, \quad F_{Ax} + F_{Bx} = 0 \tag{a}$$

(2) 取 DH 杆为研究对象，主动作用力有载荷 $F$，D 处中间铰链两个未知约

束反力 $F'_{Dx}$、$F'_{Dy}$ 和光滑接触面 $E$ 处一个未知约束反力 $F_E$。受力图如图 2-35b 所示。

列平衡方程

$$\sum M_E(F) = 0, \quad aF'_{Dy} - aF = 0 \qquad F'_{Dy} = F$$

$$\sum F_y = 0, \quad \frac{\sqrt{2}}{2}F_E - F'_{Dy} - F = 0 \quad F_E = 2\sqrt{2}F$$

$$\sum F_x = 0, \quad \frac{\sqrt{2}}{2}F_E - F'_{Dx} = 0 \qquad F'_{Dx} = 2F$$

（3）取 $ADC$ 杆为研究对象，$A$ 处固定铰支座两个未知约束反力 $F_{Ax}$、$F_{Ay}$。$D$ 处中间铰链两个约束反力 $F_{Dx}$、$F_{Dy}$，$C$ 处中间铰链两个未知约束反力 $F_{Cx}$、$F_{Cy}$。受力图如图 2-35c 所示。

列平衡方程

$\sum M_C(F) = 0, \quad 2aF_{Ax} + aF_{Dx} = 0 \quad F_{Ax} = -F$ 将之代入本题式 ⓐ 得 $F_{Bx} = F$

$\sum F_y = 0, \quad F_{Ay} + F_{Cy} + F_{Dy} = 0 \quad F_{Cy} = -F$

$\sum F_x = 0, \quad F_{Ax} + F_{Cx} + F_{Dx} = 0 \quad F_{Cx} = -F$

所以，$AC$ 杆上 $A$ 处的受力为 $F_{Ax} = -F$，实际受力方向为水平向左，与图示假设方向相反，$F_{Ay} = 0$。$D$ 处的受力为 $F_{Dx} = 2F$，$F_{Dy} = F$，实际受力方向与图示假设方向相同。$C$ 处的受力为 $F_{Cx} = -F$，$F_{Cy} = -F$，它们实际受力方向均与图示假设方向相反。$B$ 处的受力为 $F_{Bx} = F$，$F_{By} = F$，实际受力方向与图示假设方向相同。

在求解静定物体系统的平衡问题时，选择合适的研究对象是关键问题。可以选每个物体为研究对象，列出全部平衡方程，然后求解；也可先取整个系统为研究对象，列出平衡方程，解出部分或全部的未知量后，再从系统中选取某些物体（或物体组合）作为研究对象，列出另外的平衡方程，直至求出所有的未知量为止。在选择研究对象和列平衡方程时，应使每一个平衡方程中的未知个数尽可能少，最好是只含有一个未知量，以避免求解联立方程。

## 自测题 12

自测题 12-1 静不定问题产生的原因主要是_____。

自测题 12-2 静不定问题的特点是未知量的个数多于系统独立平衡方程的个数，所以未知量不能由平衡方程全部求出。这一说法（　　）。

（A）正确；（B）错误。

自测题 12-3 对静定物体系统平衡问题进行计算时如对各不同分离体列平衡方程，似乎方程的数目多于未知量的数目，这一现象的原因是_____。

自测题 12-4 判定自测题 12-4 图所示静不定结构的静不定次数。图 a _____ 次，图 b _____ 次。

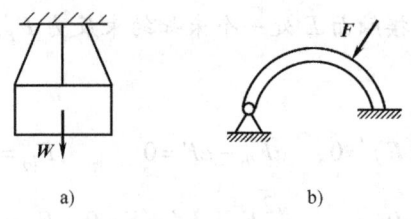

自测题 12-4 图

## 习 题 2

2-1 物体重 $W=20\text{kN}$，用绳子挂在支架的滑轮 $B$ 上，绳子的另一端接在铰车 $D$ 上，如习题 2-1 图所示。转动铰车，物体便能升起。设滑轮的大小、$AB$ 与 $CB$ 杆自重及摩擦略去不计，$A$、$B$、$C$ 三处均为铰链连接。当物体处于平衡状态时，试求拉杆 $AB$ 和支杆 $CB$ 所受的力。

2-2 如习题 2-2 图所示为一拔桩装置。在木桩的点 $A$ 上系一绳，将绳的另一端固定在点 $C$，在绳的点 $B$ 系另一绳 $BE$，将它的另一端固定在点 $E$。然后在绳的点 $D$ 用力向下拉，并使绳的 $BD$ 段水平、$AB$ 段铅直、$DE$ 段与水平线、$CB$ 段与铅直线间成等角 $\theta=0.1\text{rad}$（弧度）（当 $\theta$ 很小时，$\tan\theta\approx\theta$）。如向下的拉力 $F=800\text{N}$，试求绳 $AB$ 作用于桩上的拉力。

2-3 如习题 2-3 图所示，扳手上作用有力 $F$，尺寸如图所示，$\theta=45°$。试分别计算力 $F$ 对螺母的力矩。

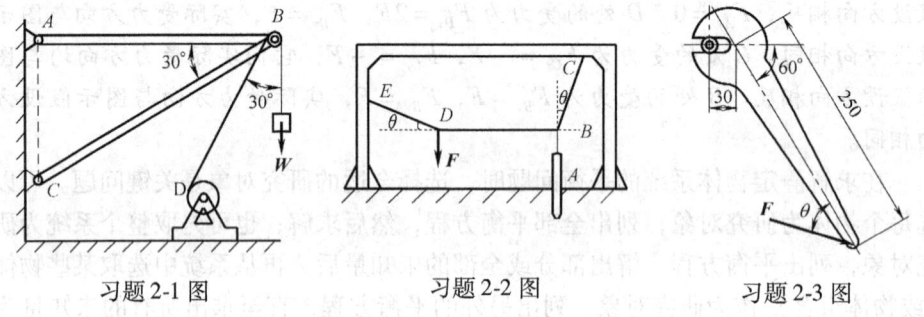

习题 2-1 图　　　习题 2-2 图　　　习题 2-3 图

2-4 试计算如习题 2-4 图所示各图中力 $F$ 对点 $O$ 的矩。

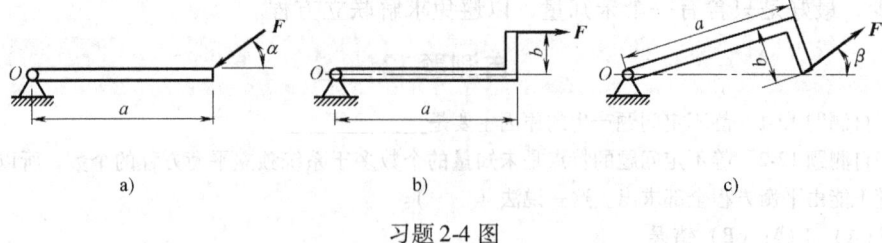

习题 2-4 图

2-5 如习题 2-5 图所示平面任意力系中 $F_1=40\sqrt{2}\text{N}$，$F_2=80\text{N}$，$F_3=40\text{N}$，$F_4=110\text{N}$，$M=2000\text{N}\cdot\text{mm}$。各力作用位置如图所示，图中尺寸的单位为 mm。试求：（1）力系向 $O$ 点简化的结果；（2）力系的合力的大小、方向及合力作用线方程。

2-6 如习题2-6图所示，两水池由闸门板分开，此板与水平面成60°角，板长2m，板的上部沿水平线 A-A 与池壁铰接。右池水面与 A-A 线相齐，左池无水。水压力垂直于板，合力 $F_R$ 作用于 C 点，大小为 16.97kN。如不计板重，试求能拉开闸门板的最小铅直力 F。

2-7 锻锤工作时，若已知作用于锤头上的力如习题2-7图所示，$F = F' = 1000$kN，偏心距 $e = 20$mm，锤头高度 $h = 200$mm，试求锤头加给两侧导轨的压力。

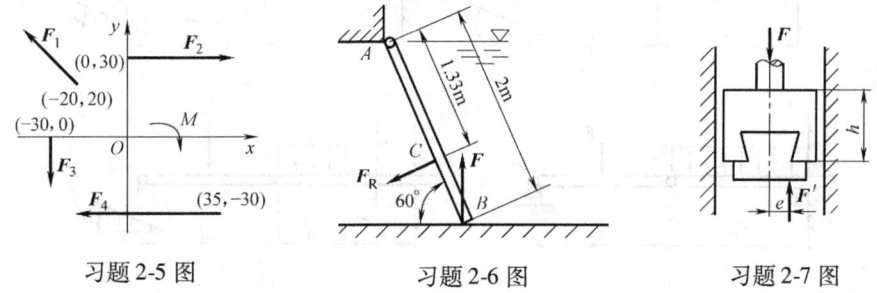

习题2-5图　　　习题2-6图　　　习题2-7图

2-8 无重水平梁的支承和载荷如习题2-8图所示。已知力 F、力偶矩为 M 的力偶和强度为 q 的均布载荷。试求支座 A 和 B 处的约束反力。

2-9 梁的支承和载荷如习题2-9图所示。$F = 3$kN，三角形分布载荷的最大值 $q = 1$kN/m。如不计梁重，试求支座 A、B 的约束反力。

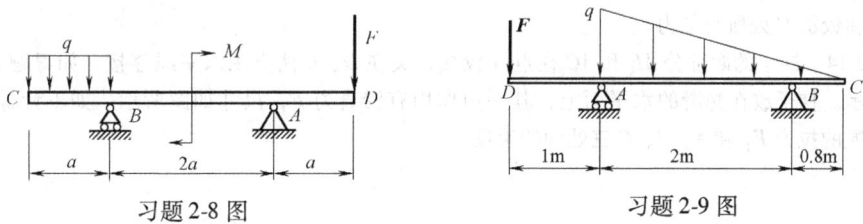

习题2-8图　　　　　习题2-9图

2-10 如习题2-10图所示，汽车停在长20m的水平桥上，前轮压力为10kN，后轮压力为20kN。汽车前后两轮间的距离等于2.5m。试问汽车后轮到支座 A 的距离 x 为多大时，方能使支座 A 与 B 所受的压力相等？

2-11 如习题2-11图所示，在均质梁 AB 上铺设有起重机轨道。起重机重50kN，其重心在铅直线 CD 上，重物的重量为 $W = 10$kN，梁重30kN。尺寸如图，试求当起重机的伸臂和梁 AB 在同一铅直面内时，支座 A 和 B 的约束反力。

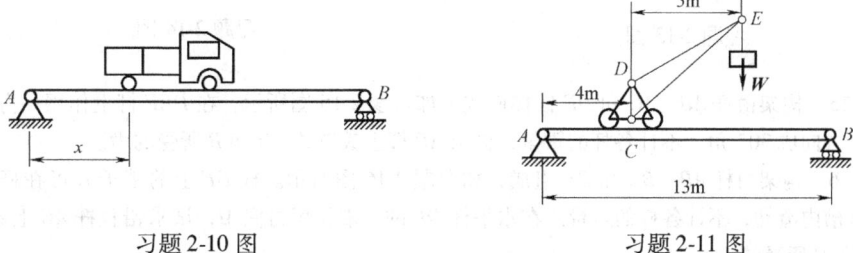

习题2-10图　　　　　习题2-11图

2-12 在习题 2-12 图所示 a、b、c、d 各组合梁中，已知 q、M、a 及 α，不计梁的自重，试求各组合梁在 A、B、C 三处的约束反力。

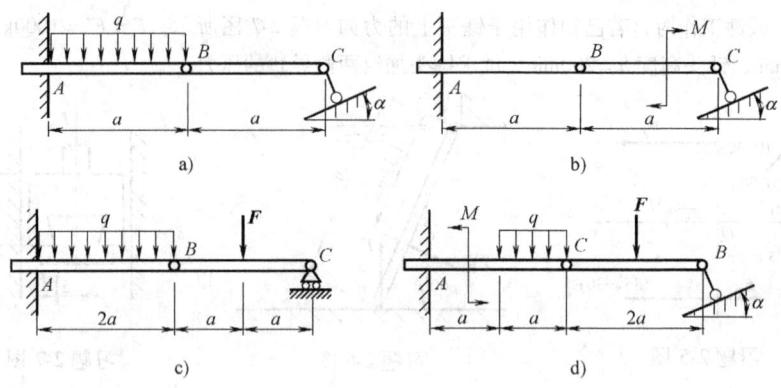

习题 2-12 图

2-13 由 AC 和 CD 构成的组合梁通过铰链 C 连接。它的支承和受力如习题 2-13 图所示。已知均布载荷强度 $q = 10\text{kN/m}$，力偶矩 $M = 40\text{kN}\cdot\text{m}$，不计梁重。试求支座 A、B、D 的约束反力和铰链 C 处所受的力。

2-14 梯子的两部分 AB 和 AC 在点 A 铰接，又在 D、E 两点用水平绳连接，如习题 2-14 图所示。梯子放在光滑的水平面上，其一边作用有铅直力 F，尺寸如图所示。如不计梯重，试求绳的拉力 $F_T$ 和 A、B、C 三处的约束反力。

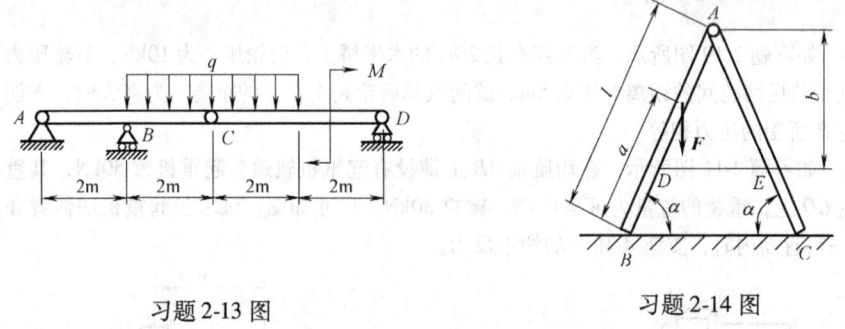

习题 2-13 图　　　　　　　　　习题 2-14 图

2-15 构架由杆 AB，AC 和 DF 铰接而成，如习题 2-15 图所示，在 DEF 杆上作用一力 F，与竖直方向成 30° 角。不计各杆的重量，试求 AB 杆上铰链 A、D 和 B 所受的力。

2-16 构架由杆 AB、BC 和 DF 组成，如习题 2-16 图所示。杆 DF 上的销子 E 可在杆 BC 的光滑槽内滑动，不计各杆的重量。在水平杆 DF 的一端作用力偶 M，试求铅直杆 AC 上铰链 A、D 和 C 所受的力。

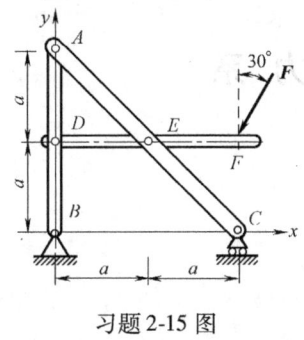

习题 2-15 图

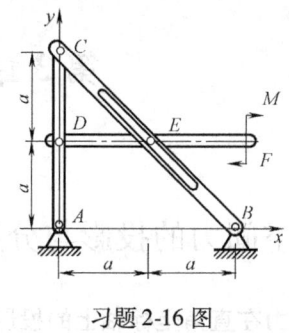

习题 2-16 图

2-17 在习题 2-17 图所示构架中，物体重量 $W=2000\text{N}$，由细绳跨过滑轮 $E$ 而水平系于墙上，尺寸如图。不计杆和滑轮的重量，试求支承 $A$ 和 $B$ 处的约束反力，以及杆 $BC$ 的内力 $F_{BC}$。

2-18 在习题 2-18 图所示构架中，$A$、$C$、$D$、$E$ 处为铰链连接，$BD$ 杆上的销钉 $B$ 置于 $AC$ 杆的光滑槽内，力 $F=200\text{N}$，力偶矩 $M=100\text{N}\cdot\text{m}$，不计各构件重量，各尺寸如图所示，试求 $A$、$B$、$C$ 处所受的力。

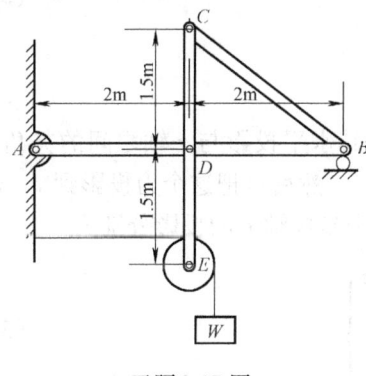

习题 2-17 图

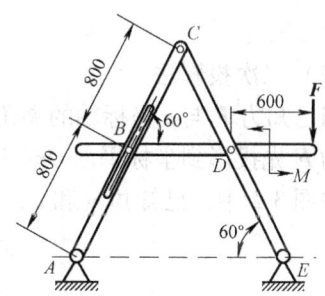

习题 2-18 图

# 第3章 空间力系

## 3.1 空间力的投影与分解

### 3.1.1 力在直角坐标轴上的投影

(1) 直接投影法

若已知力 $F$ 与直角坐标系 $Oxyz$ 三个坐标轴间的夹角分别为 $\alpha$、$\beta$、$\gamma$，如图 3-1 所示，则力在三个坐标轴上的投影等于力 $F$ 的大小乘以 $F$ 力与各坐标轴夹角的余弦，即

$$\left.\begin{array}{l} F_x = F\cos\alpha \\ F_y = F\cos\beta \\ F_z = F\cos\gamma \end{array}\right\} \tag{3-1}$$

(2) 二次投影法

当已知力 $F$ 与 $z$ 坐标轴的夹角，并且知道其水平投影与 $x$ 轴之间的夹角时，可把力 $F$ 先投影到坐标平面 $Oxy$ 上，得到力 $F_{xy}$，然后再把这个力投影到 $x$、$y$ 轴上。在图 3-2 中，已知角 $\gamma$ 和 $\varphi$，则力 $F$ 在三个坐标轴上的投影分别为

$$\left.\begin{array}{l} F_x = F\sin\gamma\cos\varphi \\ F_y = F\sin\gamma\sin\varphi \\ F_z = F\cos\gamma \end{array}\right\} \tag{3-2}$$

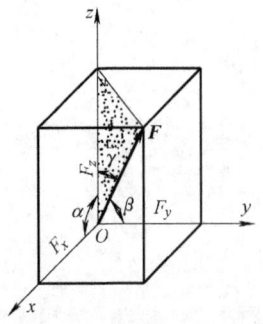
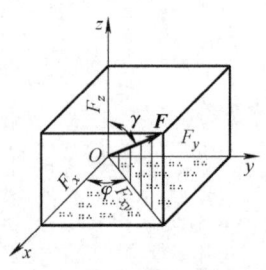

图 3-1　直接投影法　　　　　　　图 3-2　二次投影法

## 3.1.2 力沿直角坐标轴的分解

$F_x$、$F_y$、$F_z$ 表示力 $F$ 沿直角坐标轴 $x$、$y$、$z$ 的正交分量，$i$、$j$、$k$ 分别表示沿 $x$、$y$、$z$ 坐标轴方向的单位矢量，如图 3-3 所示，则

$$F = F_x + F_y + F_z = F_x i + F_y j + F_z k \qquad (3-3)$$

由此，力 $F$ 在坐标轴上的投影和力沿坐标轴的正交分矢量间的关系可表示为

$$F_x = F_x i, \quad F_y = F_y j, \quad F_z = F_z k \qquad (3-4)$$

如果已知力 $F$ 在直角坐标系 $Oxyz$ 的三个坐标投影，则力 $F$ 的大小和方向余弦为

$$\left. \begin{array}{l} F = \sqrt{F_x^2 + F_y^2 + F_z^2} \\ \cos(F, i) = \dfrac{F_x}{F} \\ \cos(F, j) = \dfrac{F_y}{F} \\ \cos(F, k) = \dfrac{F_z}{F} \end{array} \right\} \qquad (3-5)$$

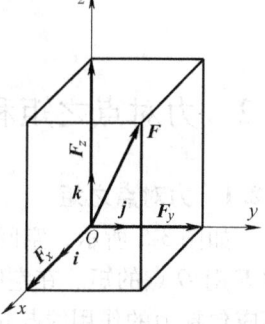

图 3-3 力沿坐标轴分解

**【例 3-1】** 如图 3-4 所示，$F_1 = 500\text{N}$，$F_2 = 1000\text{N}$，$F_3 = 1500\text{N}$。试求各力在坐标轴上的投影。

**【解】** 由于长方体的尺寸已知，所以可用直接投影法求 $F_1$、$F_2$、$F_3$ 在坐标轴上的投影。

$F_{x1} = 0 \qquad F_{y1} = 0 \qquad F_{z1} = -F_1 = -500\text{N}$

$F_{x2} = 0 \qquad F_{y2} = F_2 \dfrac{4}{\sqrt{2.5^2 + 4^2}} = 847.5\text{N}$

$F_{z2} = F_2 \dfrac{2.5}{\sqrt{2.5^2 + 4^2}} = 530\text{N}$

$F_{x3} = F_3 \dfrac{3}{\sqrt{2.5^2 + 4^2 + 3^2}} = 805\text{N}$

$F_{y3} = -F_3 \dfrac{4}{\sqrt{2.5^2 + 4^2 + 3^2}} = -1073\text{N}$

$F_{z3} = F_3 \dfrac{2.5}{\sqrt{2.5^2 + 4^2 + 3^2}} = 673\text{N}$

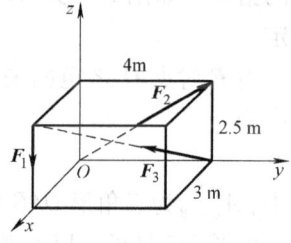

图 3-4 例 3-1 图

## 自测题 13

自测题 13-1 如自测题 13-1 图所示力 $F$ 在三个坐标轴 $x$、$y$、$z$ 上投影的大小为_____、_____、_____。该力 $F$ 表达的表达式为_____。立方体的边长为 $2a$。

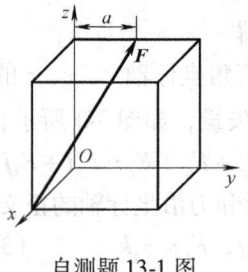

自测题 13-1 图

## 3.2 力对点之矩和力对轴之矩

### 3.2.1 力对点之矩

如图 3-5 所示，空间力 $F$，使刚体在 $OAB$ 平面内绕 $O$ 点转动，这便是空间力 $F$ 对 $O$ 点的矩。在空间，力对点之矩这个概念除了包括力矩的大小和转向外，还应包括力的作用线与矩心所组成的平面的方位。因此，可以用一个矢量来表示这三个因素。矢量的模等于力的大小与矩心到力作用线的垂直距离 $h$（力臂）的乘积；矢量的方位和该力与矩心组成的平面的法线的方位相同；矢量的指向按以下方法确定：伸出右手，四指顺着力所引起的物体转动的转向，大拇指所指的方向即为该矢量的指向，如图 3-5 所示，也可由右手螺旋法则来确定。

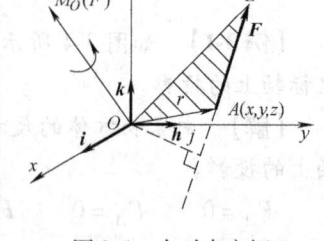

图 3-5 力对点之矩

力 $F$ 对点 $O$ 之矩的矢量记作 $M_O(F)$。力矩的大小为

$$|M_O(F)| = Fh = 2A_{\triangle OAB}$$

式中，$A_{\triangle OAB}$ 为三角形 $OAB$ 的面积。

由图 3-5 易见，以 $r$ 表示力作用点 $A$ 的矢径，则矢积 $r \times F$ 的模等于三角形 $OAB$ 面积的两倍，其方向与力矩矢 $M_O(F)$ 一致。因此可得

$$M_O(F) = r \times F \qquad (3-6)$$

上式为力对点之矩的矢积表达式，即：力对点之矩矢等于矩心到该力作用点的矢径与该力的矢量积。

以矩心 $O$ 为原点，建立空间直角坐标系 $Oxyz$，如图 3-5 所示，令 $i$、$j$、$k$ 分别为坐标轴 $x$、$y$、$z$ 方向的单位矢量。设力作用点 $A$ 的坐标为 $A(x, y, z)$，力在三个坐标轴上的投影分别为 $F_x$、$F_y$、$F_z$，则矢径 $r$ 和力 $F$ 分别为

$$r = xi + yj + zk$$
$$F = F_x i + F_y j + F_z k$$

代入式 (3-6)，并用行列式计算，得

$$M_O(F) = r \times F = \begin{vmatrix} i & j & k \\ x & y & z \\ F_x & F_y & F_z \end{vmatrix} = (yF_z - zF_y)i + (zF_x - xF_z)j + (xF_y - yF_x)k$$

(3-7)

力矩矢量 $M_O(F)$ 是定位矢量。

### 3.2.2 力对轴之矩

工程中经常有刚体绕定轴转动的情况，如齿轮绕主轴轴线的转动、门绕铰链的转动等。我们用力对轴之矩来度量力对绕定轴转动刚体的作用效果。如图 3-6a 所示，刚体上作用一力 $F$，使其绕固定轴 $z$ 转动。现将力 $F$ 分解为平行于 $z$ 轴的分力 $F_z$ 和垂直于 $z$ 轴的分力 $F_{xy}$（此力的大小即为力 $F$ 在垂直于 $z$ 轴的平面 $Oxy$ 上的投影）。分力 $F_z$ 不能使静止的刚体绕 $z$ 轴转动，故力 $F_z$ 对 $z$ 轴之矩为零。只有分力 $F_{xy}$ 才能使静止的刚体绕 $z$ 轴转动。现用符号 $M_z(F)$ 表示力 $F$ 对 $z$ 轴之矩，点 $O$ 为平面 $Oxy$ 与 $z$ 轴的交点，$h$ 为点 $O$ 到力 $F_{xy}$ 作用线的距离。因此，分力 $F_{xy}$ 对点 $O$ 的矩就是力 $F$ 对轴的矩，即

$$M_z(F) = M_O(F_{xy}) = \pm F_{xy} h = \pm 2A_{\triangle OAB}$$

(3-8)

所以，力对轴之矩的可定义如下：其绝对值等于该力在垂直于该轴的平面上的投影对于这个平面与该轴的交点之矩的大小，力对轴之矩是力使刚体绕该轴转动效果的度量，是一个代数量。其正负号如下确定：从轴正端来看，若力的这个投影使物体绕该轴按逆时针转向，则取正号，反之取负号。也可按右手螺旋法则确定其正负号，如图 3-6b 所示，拇指指向与 $z$ 轴一致为正，反之为负。

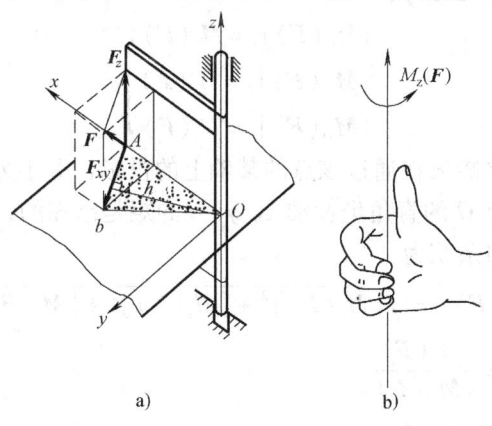

图 3-6 力对轴之矩

下列两种情形力对轴之矩等于零的：

(1) 当力与轴平行时；

(2) 当力与轴相交时。

即当力与轴在同一平面时,力对该轴之矩等于零。

力对轴之矩的单位为 N·m 或 kN·m。

力对轴之矩也可用解析式表示。设力 $F$ 在三个坐标轴上的投影分别为 $F_x$、$F_y$、$F_z$,力作用点 $A$ 的坐标为 $x$、$y$、$z$,如图3-7所示。根据合力矩定理,得

$$M_z(F) = M_O(F_{xy}) = M_O(F_x) + M_O(F_y)$$

即

$$M_z(F) = xF_y - yF_x$$

同理可得其余二式。将此三式合写为

$$\left.\begin{array}{l} M_x(F) = yF_z - zF_y \\ M_y(F) = zF_x - xF_z \\ M_z(F) = xF_y - yF_x \end{array}\right\} \quad (3-9)$$

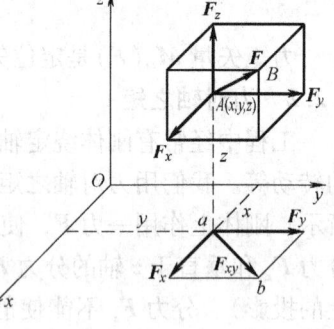

图3-7 力矩解析表达

以上三式是计算力对轴之矩的解析式。

### 3.2.3 力对点之矩与力对通过该点之轴的矩的关系

由式(3-7)力对点之矩计算式可知,其单位矢量 $i$、$j$、$k$ 前面的三个系数,应分别表示力对点之矩矢 $M_O(F)$ 在三个坐标轴上的投影,即

$$\left.\begin{array}{l} |M_O(F)|_x = yF_z - zF_y \\ |M_O(F)|_y = zF_x - xF_z \\ |M_O(F)|_z = xF_y - yF_x \end{array}\right\} \quad (3-10)$$

比较式(3-9)与式(3-10),可得

$$\left.\begin{array}{l} |M_O(F)|_x = M_x(F) \\ |M_O(F)|_y = M_y(F) \\ |M_O(F)|_z = M_z(F) \end{array}\right\} \quad (3-11)$$

上式说明:力对点之矩矢在通过该点的某轴上的投影,等于力对该轴之矩。

如果力对通过点 $O$ 的直角坐标轴 $x$、$y$、$z$ 的矩是已知的,则可求得该力对点 $O$ 之矩的大小和方向余弦为

$$\left.\begin{array}{l} |M_O(F)| = \sqrt{[M_x(F)]^2 + [M_y(F)]^2 + [M_z(F)]^2} \\ \cos\alpha = \dfrac{M_x(F)}{|M_O(F)|} \\ \cos\beta = \dfrac{M_y(F)}{|M_O(F)|} \\ \cos\gamma = \dfrac{M_z(F)}{|M_O(F)|} \end{array}\right\} \quad (3-12)$$

式中，$\alpha$、$\beta$、$\gamma$ 分别为力偶矩矢 $M_O(F)$ 与 $x$、$y$、$z$ 坐标轴间的夹角。

【例 3-2】 如图 3-8 所示的斜齿轮传动，$F=2$kN，压力角 $\alpha=20°$，螺旋角 $\beta=30°$，节圆直径 $d=166$mm，$l=1000$mm。试求力对各坐标轴之矩。

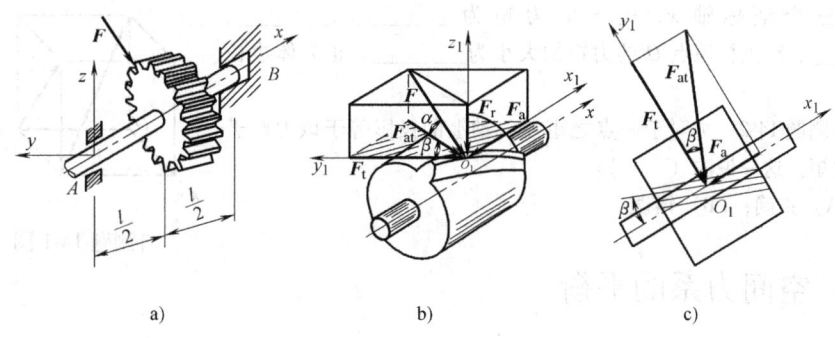

图 3-8 例 3-2 图

【解】 (1) 先计算力对点 $A$ 的矩，再应用力矩之间关系定理求力对各坐标轴之矩。

$$r = xi + yj + zk = \frac{l}{2}i + 83k = 500i + 83k$$

$$F = F_x i + F_y j + F_z k = -F\cos\alpha\sin\beta i - F\cos\alpha\cos\beta j - F\sin\alpha k$$
$$= -0.9397i - 1.627j - 0.6844k$$

$$M_A(F) = r \times F = \begin{vmatrix} i & j & k \\ 500 & 0 & 83 \\ -0.9397 & -1.627 & -0.6844 \end{vmatrix}$$
$$= (135.04i + 264.21j - 813.5k)\text{N} \cdot \text{m}$$

所以
$$M_x(F) = 135.04 \text{N} \cdot \text{m}$$
$$M_y(F) = 264.21 \text{N} \cdot \text{m}$$
$$M_z(F) = -813.5 \text{N} \cdot \text{m}$$

(2) 用合力矩定理直接计算力对轴之矩。

$$F_x = -0.9397\text{N}$$
$$F_y = -1.627\text{N}$$
$$F_z = -0.6844\text{N}$$
$$M_x(F) = 83|F_y| = 135.04\text{N} \cdot \text{m}$$
$$M_y(F) = 500|F_z| - 83|F_x| = 264.21\text{N} \cdot \text{m}$$
$$M_z(F) = -500|F_y| = -813.5\text{kN} \cdot \text{m}$$

## 自测题 14

**自测题 14-1** 如自测题 14-1 图所示，力 $F_1$ 对三个坐标轴 $x$、$y$、$z$ 的力矩为 _____、_____、_____，对坐标原点 $O$ 的力矩的大小为 _____。$F_2$ 对三个坐标轴 $x$、$y$、$z$ 的力矩为 _____、_____、_____，对坐标原点 $O$ 的力矩的大小为 _____。正方体边长为 $a$。

**自测题 14-2** 力对于一点之矩在一轴上的投影等于该力对于该轴之矩。这一说法（　　）。

（A）正确；（B）错误。

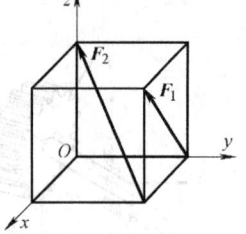

自测题 14-1 图

## 3.3 空间力系的平衡

### 3.3.1 空间任意力系向一点的简化　主矢和主矩

应用力的平移定理，将图 3-9a 空间任意力系向简化中心 $O$ 进行简化，依次将作用于刚体上的每个力平移到简化中心 $O$，同时附加一个相应的力偶。这样，就得到一个空间汇交力系和一个空间力偶系这两个简单力系，如图 3-9b 所示。其中：

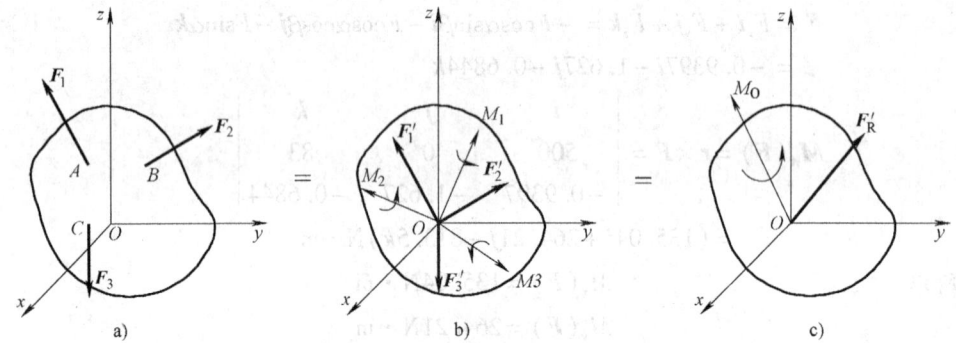

图 3-9　空间力系的简化

$$F_1' = F_1, \ F_2' = F_2, \ \cdots, \ F_n' = F_n$$
$$M_1 = M_O(F_1), \ M_2 = M_O(F_2), \ \cdots, \ M_n = M_O(F_n)$$

作用于点 $O$ 的空间汇交力系可合成一力 $F_R'$（图 3-9c），此力的作用线通过点 $O$，其大小和方向等于力系的主矢，即

$$F_R' = \sum_{i=1}^{n} F_i' = \sum_{i=1}^{n} F_i = \sum_{i=1}^{n} F_x i + \sum_{i=1}^{n} F_y j + \sum_{i=1}^{n} F_z k \tag{3-13}$$

空间分布的力偶系可合成为一力偶（图3-9c）。以$M_O$表示其力偶矩矢，它等于各附加力偶矩矢的矢量和，又等于各力对于点$O$之矩的矢量和，即原力系对点$O$的主矩：

$$M_O = \sum_{i=1}^{n} M_i = \sum_{i=1}^{n} M_O(F_i) = \sum_{i=1}^{n} (r_i \times F_i) \tag{3-14}$$

由力矩的解析表达式（3-7），有

$$M_O(F) = \sum_{i=1}^{n}(y_i F_{zi} - z_i F_{yi})i + \sum_{i=1}^{n}(z_i F_{xi} - x_i F_{zi})j + \sum_{i=1}^{n}(x_i F_{yi} - y_i F_{xi})k \tag{3-15}$$

于是可得结论如下：空间任意力系向任一点$O$简化，可得一力和一力偶。这个力的大小和方向等于该力系的主矢，作用线通过简化中心$O$；这个力偶的矩矢等于该力系对简化中心的主矩。主矢与简化中心的位置无关，主矩一般与简化中心的位置有关。

由式（3-13），此力系主矢的大小和方向余弦为

$$\left.\begin{aligned}
F_R' &= \sqrt{(\sum F_x)^2 + (\sum F_y)^2 + (\sum F_z)^2} \\
\cos(F_R', i) &= \frac{\sum F_x}{F_R'} \\
\cos(F_R', j) &= \frac{\sum F_y}{F_R'} \\
\cos(F_R', k) &= \frac{\sum F_z}{F_R'}
\end{aligned}\right\} \tag{3-16}$$

在式（3-15）中，单位矢量$i$、$j$、$k$前的系数，即主矩$M_O$沿$x$、$y$、$z$轴的投影，也等于力系各力对$x$、$y$、$z$轴之矩的代数和$\sum M_x(F)$、$\sum M_y(F)$、$\sum M_z(F)$。

此力系对点$O$的主矩的大小和方向余弦为

$$\left.\begin{aligned}
M_O(F) &= \sqrt{|\sum M_x(F)|^2 + |\sum M_y(F)|^2 + |\sum M_z(F)|^2} \\
\cos(M_O(F), i) &= \frac{\sum M_x(F)}{M_O(F)} \\
\cos(M_O(F), j) &= \frac{\sum M_y(F)}{M_O(F)} \\
\cos(M_O(F), k) &= \frac{\sum M_z(F)}{M_O(F)}
\end{aligned}\right\} \tag{3-17}$$

### 3.3.2 空间任意力系简化为平衡的情形

当空间任意力系向任一点简化时，若主矢$F_R' = 0$，主矩$M_O(F) = 0$，则此空

间任意力系处于平衡状态。空间任意力系处于平衡的必要和充分条件是：该力系的主矢和对于任一点的主矩都等于零，即

$$F_R' = 0$$
$$M_O(F) = 0$$

根据式（3-16）和式（3-17），可将上述条件写成空间任意力系的平衡方程：

$$\left.\begin{array}{l}\sum F_x = 0 \\ \sum F_y = 0 \\ \sum F_z = 0 \\ \sum M_x(F) = 0 \\ \sum M_y(F) = 0 \\ \sum M_z(F) = 0\end{array}\right\} \quad (3\text{-}18)$$

于是得出结论：空间任意力系平衡的必要和充分条件是，所有各力在三个坐标轴中每一个轴上的投影的代数和等于零，以及这些力对于每一个坐标轴的矩的代数和也等于零。

空间力系的平衡方程也有其他的形式，可写四至六个力矩式而少写或不写投影式。我们可以从空间任意力系的普遍平衡规律中导出特殊情况的平衡规律，如当空间任意力系各作用线交于一点时，则此力系为空间汇交力系，如图3-10所示。此时若选汇交点为矩心，则不论力系是否平衡，$\sum\limits_{i=1}^{n} M_O(F_i) = 0$ 式恒成立，即三个力矩式

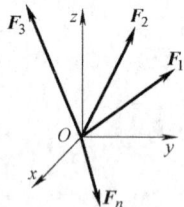

图3-10　空间汇交力系

$\sum M_x(F) = 0$、$\sum M_y(F) = 0$、$\sum M_z(F) = 0$ 恒成立，此时独立方程为三个投影式 $\sum F_x = 0$，$\sum F_y = 0$，$\sum F_z = 0$，可求解三个未知量。

如当空间任意力系各作用线相互平行时，则此力系为空间平行力系，如图3-11所示。此时若按图示坐标，则不论力系是否平衡，则 $\sum M_z(F) = 0$，$\sum F_x = 0$，$\sum F_y = 0$ 式恒成立，此时独立方程为 $\sum F_z = 0$，$\sum M_x(F) = 0$，$\sum M_y(F) = 0$，可求解三个未知量。

当空间力系为空间力偶系时，如图3-12所示，则不论力系是否平衡，每一个力在 $x$、$y$、$z$ 轴上的投影恒等于零，即 $\sum F_x = 0$，$\sum F_y = 0$，$\sum F_z = 0$。于是空间力系对任一点的力矩为零，即 $\sum\limits_{i=1}^{n} M_O(F_i) = 0$。将它写成力矩投影式，即 $\sum M_x(F) = 0$，$\sum M_y(F) = 0$，$\sum M_z(F) = 0$，此为三个独立的平衡方程，可求解三个未知量。

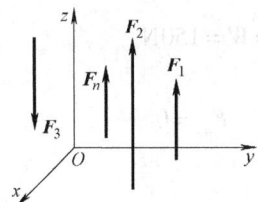
图 3-11 空间平行力系

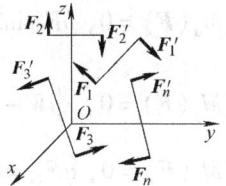
图 3-12 空间力偶系

### 3.3.3 空间约束

物体在空间有六个自由度,沿 $x$、$y$、$z$ 三坐标轴的移动和绕此三坐标轴的转动。当刚体受到空间约束时,在每个约束处,其约束反力的未知量可能有一个到六个。可以这样来确定空间约束反力的具体情况:观察物体哪个自由度(位移)被限制,则哪个方面产生约束力(力偶)。如沿 $x$ 轴的移动被限制,则产生沿 $x$ 轴方向的约束力 $F_x$;若绕 $x$ 轴的转动被限制,则产生绕 $x$ 轴方向的约束力偶 $M_x$;若空间六个自由度全被限制,则产生六个约束力(力偶),如图 3-13 所示。

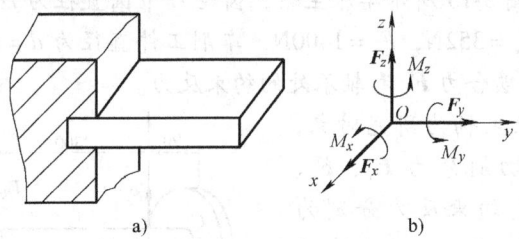

图 3-13 空间约束

分析实际约束时,要抓住主要因素,忽略一些次要因素,作一些合理的简化。

【例 3-3】 均质矩形薄板 $OABC$ 重 $W = 150N$,用光滑球铰 $O$ 和碟铰 $A$ 与墙壁连接,$B$ 处用绳子 $BD$ 拉住并在水平位置保持静止,如图 3-14 所示。已知 $OA = a = 300mm$,$AB = b = 400mm$,$\angle DBO = 30°$。试求绳子的拉力和铰 $O$、$A$ 的约束反力。

【解】 取矩形薄板 $OABC$ 为研究此对象,主动力板重 $W$,球铰 $O$ 处的有三个约束反力 $F_{Ox}$、$F_{Oy}$、$F_{Oz}$,碟铰 $A$ 处有两个约束反力 $F_{Ay}$、$F_{Az}$,$B$ 处绳子拉力为 $F_T$。受力分析如图 3-14 所示。此力系为空间力系,求六个未知量,可用六个独立方程求解。

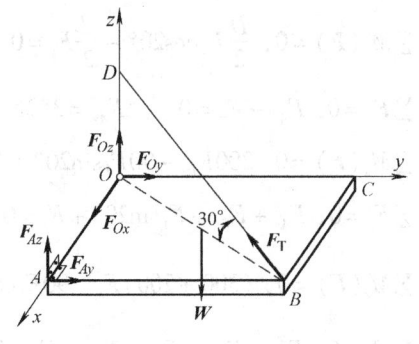

图 3-14 例 3-3 图

$$\sum M_x(\boldsymbol{F}) = 0, \ bF_T\sin30° - \frac{b}{2}W = 0 \quad F_T = W = 150\text{N}$$

$$\sum M_y(\boldsymbol{F}) = 0, \ \frac{a}{2}W - aF_{Az} - aF_T\sin30° = 0 \quad F_{Az} = 0$$

$$\sum M_z(\boldsymbol{F}) = 0, \ aF_{Ay} = 0 \quad F_{Ay} = 0$$

$$\sum F_x = 0, \ F_{Ox} - F_T\cos30°\frac{300}{\sqrt{300^2+400^2}} = 0 \quad F_{Ox} = 77.94\text{N}$$

$$\sum F_y = 0, \ F_{Ay} + F_{Oy} - F_T\cos30°\frac{400}{\sqrt{300^2+400^2}} = 0 \quad F_{Oy} = 103.92\text{N}$$

$$\sum F_z = 0, \ F_{Az} + F_{Oz} - W + F_T\sin30° = 0 \quad F_{Oz} = 75\text{N}$$

由上可知，碟铰 A 没有受力，球铰 O 三个方向的受力均为正值，表明实际受力方向与图示假设方向相同。本题在解题过程中，先列力矩式，然后列投影式，可以保证列一个方程解一个未知量，不解联列方程，解题过程简洁。

**【例 3-4】** 如图 3-15 所示车床主轴，齿轮 C 节圆直径为 $D = 200\text{mm}$，车刀切削力 $F_x = 466\text{N}$，$F_y = 352\text{N}$，$F_z = 1400\text{N}$，车削工件直径为 $d = 100\text{mm}$，主轴自重不计。试求齿轮 C 啮合力 $F_1$ 和轴承处的约束反力。

**【解】** 取车床主轴为研究对象，车刀刀尖处三个切削分力 $F_x$、$F_y$、$F_z$，轴承 A 处三个约束反力分别为 $F_{Ax}$、$F_{Ay}$、$F_{Az}$，轴承 B 处两个约束反力分别为 $F_{Bx}$、$F_{Bz}$，齿轮 C 处啮合力 $F_1$ 在齿轮 C 的正下方，与啮合点切线成 20° 夹角。受力分析如图 3-15 所示。此力系为空间力系，可用六个独立方程，求解六个未知量。

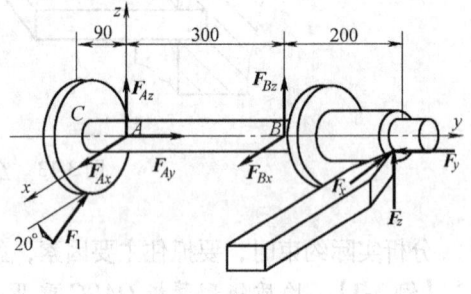

图 3-15　例 3-4 图

$$\sum M_y(\boldsymbol{F}) = 0, \ \frac{D}{2}F_1\cos20° - \frac{d}{2}F_z = 0 \quad F_1 = 745\text{N}$$

$$\sum F_y = 0, \ F_{Ay} - F_y = 0 \quad F_{Ay} = 352\text{N}$$

$$\sum M_x(\boldsymbol{F}) = 0, \ 300F_{Bz} - 90F_1\sin20° + (300+200)F_z = 0 \quad F_{Bz} = -2256.85\text{N}$$

$$\sum F_z = 0, \ F_{Az} + F_{Bz} + F_1\sin20° + F_z = 0 \quad F_{Az} = 601.91\text{N}$$

$$\sum M_z(\boldsymbol{F}) = 0, \ (300+200)F_x - 90F_1\cos20° - 300F_{Bx} - \frac{d}{2}F_y = 0 \quad F_{Bx} = 507.98\text{N}$$

$$\sum F_x = 0, \ F_{Ax} + F_{Bx} - F_1\cos20° - F_x = 0 \quad F_{Ax} = 658.10\text{N}$$

$B$ 处约束力 $F_{Bz}$ 为负值，表明实际受力方向与图示假设方向相反。其他各处约束力均为正值，表明实际受力方向与图示假设方向相同。同样，本题在解题过程中，先列力矩式，然后列投影式，不解联立方程，解题过程简洁。

## 自测题 15

**自测题 15-1**　根据力的平移定理，可以将一个力分解为另一个力和一个力偶，反之也成立。这一说法（　　）。
（A）正确；（B）错误。

**自测题 15-2**　空间任意力系总可以用两个力来平衡。这一说法（　　）。
（A）正确；（B）错误。

**自测题 15-3**　如图所示，正方形边长为 $a$，已知某力系向 $B$ 点简化得到一合力，向 $C'$ 点简化也得到一合力。问：
（a）力系向 $A$ 点简化和向 $A'$ 简化所得主矩相等。这一说法（　　）。
（A）正确；（B）错误。
（b）力系向 $A$ 点简化和向 $O'$ 简化所得主矩相等。这一说法（　　）。
（A）正确；（B）错误。

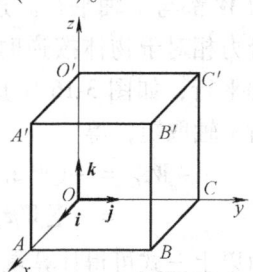

自测题 15-3 图

## 3.4　重心

### 3.4.1　重心的概念

在地球附近的物体都受到地球对它的吸引力，即物体的重力。重力作用于物体内每一微小部分，是一个分布力系。对于工程中一般的物体，这种分布的重力可视为空间平行力系。所谓重力，就是这个空间平行力系的合力。不变形的物体（刚体）在地球表面无论怎样放置，其平行分布重力的合力作用线，都通过此物体上一个确定的点，这一点称为物体的重心。

重心在工程实际中具有重要的意义。如重心的位置会影响物体的平衡和稳定，对于飞机和船舶尤为重要；高速转动的转子，如果转轴不通过重心，将会引起强烈的振动，甚至造成破坏。

### 3.4.2　重心的坐标计算公式

取直角坐标系 $Oxyz$，使重力及其合力与 $z$ 轴平行，如图 3-16 所示。如将物体分割成许多微小体积，每小块体积为 $\Delta V_i$，所受重力为 $W_i$。这些重力组成平行力系，其合力 $W$ 的大小就是整个物体的重量，即

$$W = \sum W_i \tag{3-19}$$

设任一微体的坐标为 $(x_i, y_i, z_i)$，重心 $C$ 的坐标为 $(x_C, y_C, z_C)$。根据

合力矩定理，对 $x$ 轴取矩，有

$$-Wy_C = -(W_1y_1 + W_2y_2 + \cdots + W_ny_n) = -\sum W_iy_i$$

再对 $y$ 轴取矩，有

$$Wx_C = (W_1x_1 + W_2x_2 + \cdots + W_nx_n) = \sum W_ix_i$$

为求坐标 $z_C$，由于重心在物体内占有确定的位置，可将物体连同坐标系 $Oxyz$ 一起绕 $x$ 轴顺时针转 $90°$，使 $y$ 轴向下，这样各重力 $W_i$ 及其合力 $W$ 都与 $y$ 轴平行。这也相当于将各重力及其合力相对于物体按逆时针方向转 $90°$，使之与 $y$ 轴平行，如图 3-16 中虚线箭头所示。这时，再对 $x$ 轴取矩，得

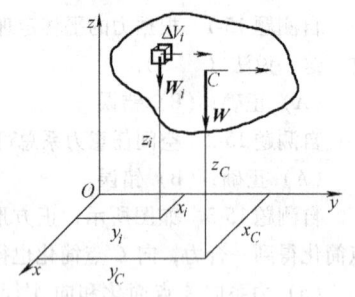

图 3-16 物体的重心

$$-Wz_C = -(W_1z_1 + W_2z_2 + \cdots + W_nz_n)$$
$$= -\sum W_iz_i$$

由以上三式可得计算重心坐标的公式，即

$$x_C = \frac{\sum_{i=1}^n W_ix_i}{\sum_{i=1}^n W_i} \quad y_C = \frac{\sum_{i=1}^n W_iy_i}{\sum_{i=1}^n W_i} \quad z_C = \frac{\sum_{i=1}^n W_iz_i}{\sum_{i=1}^n W_i} \tag{3-20}$$

物体分割得越多，即每一小块体积越小，则按式（3-20）计算的重心位置愈准确。在极限情况下可用积分计算。

如果物体是均质的，单位体积的重量 $\rho$ 为常量，以 $\Delta V_i$ 表示微小体积，物体总体积为 $V = \sum \Delta V_i$。将 $W_i = \rho \Delta V_i$ 代入式（3-20），得

$$\left.\begin{array}{l} x_C = \dfrac{\sum x_i \Delta V_i}{\sum \Delta V_i} = \dfrac{\sum x_i \Delta V_i}{V} \\[6pt] y_C = \dfrac{\sum y_i \Delta V_i}{\sum \Delta V_i} = \dfrac{\sum y_i \Delta V_i}{V} \\[6pt] z_C = \dfrac{\sum z_i \Delta V_i}{\sum \Delta V_i} = \dfrac{\sum z_i \Delta V_i}{V} \end{array}\right\} \tag{3-21}$$

上式的极限为

$$x_C = \frac{\int_V x \mathrm{d}V}{V}, \quad y_C = \frac{\int_V y \mathrm{d}V}{V}, \quad z_C = \frac{\int_V z \mathrm{d}V}{V} \tag{3-22}$$

可见，均质物体的重心与其单位体积的重量（比重）无关，仅决定于物体

的形状。这时的重心称为体积的形心。

工程中常采用薄壳结构,如图 3-17 所示。若薄壳是均质等厚的,则其重心公式为

$$\left.\begin{aligned} x_C &= \frac{\sum x_i \Delta A_i}{A} = \frac{\int_A x \mathrm{d}A}{A} \\ y_C &= \frac{\sum y_i \Delta A_i}{A} = \frac{\int_A y \mathrm{d}A}{A} \\ z_C &= \frac{\sum z_i \Delta A_i}{A} = \frac{\int_A z \mathrm{d}A}{A} \end{aligned}\right\} \quad (3\text{-}23)$$

这时的重心称为面积的形心。曲面的形心一般不在曲面上。

如果物体是均质等截面的细长线段,其截面尺寸与其长度 $l$ 相比是很小的,如图 3-18 所示。则其重心公式为

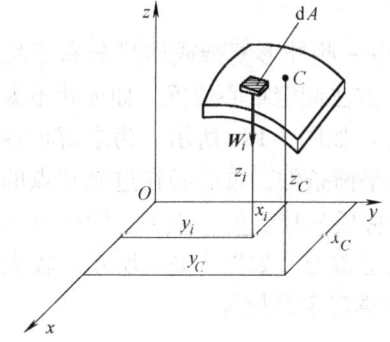

图 3-17 面积形心

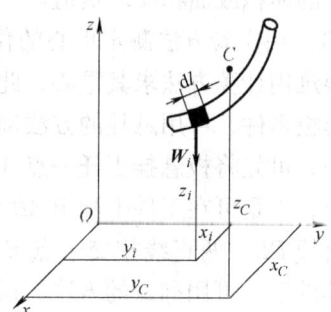

图 3-18 长度形心

$$\left.\begin{aligned} x_C &= \frac{\sum x_i \Delta l_i}{l} = \frac{\int_A x \mathrm{d}l}{l} \\ y_C &= \frac{\sum y_i \Delta l_i}{l} = \frac{\int_A y \mathrm{d}l}{l} \\ z_C &= \frac{\sum z_i \Delta l_i}{l} = \frac{\int_A z \mathrm{d}l}{l} \end{aligned}\right\} \quad (3\text{-}24)$$

这时的重心称为线段的形心,曲线的形心一般不在曲线上。

由式（3-22）、式（3-23）、式（3-24）可知，均质物体的重心就是几何中心，通常也称形心。

### 3.4.3 确定物体重心的方法

1. 简单几何形状物体的重心

如均质物体有对称中心，或对称轴、对称面。不难看出，该物体的重心必在这个对称中心上，或对称轴上、对称面上。例如，平行四边形的重心在其对角线的交点上；球体、椭球体或椭圆面的重心在其几何中心上；三角形的重心在其中线的交点上；等等。简单形状物体的重心可从工程手册上查到。工程中常用的型钢（如T字钢、角钢、槽钢等）的截面的形心，也可以从型钢表中查到。

2. 用组合法求重心

（1）分割法　若一个物体由几个简单形状的物体组合而成，而这些物体的重心是已知的，那么整个物体的重心即可用式（3-20）求出。

（2）负面积法（负体积法）　若在物体或薄板内切去一部分（例如有空穴或孔的物体），则这类物体的重心，仍可应用与分割法相同的公式来求得，只是切去部分的体积或面积应取负值。

（3）用实验方法测定重心的位置　工程中一些外形复杂或质量分布不均的物体很难用计算方法求其重心，此时可用实验方法测定重心位置。如形状不太规则的薄板零件，可用悬挂的方法确定零件重心。如图3-19a所示。为求薄板零件的重心，可先将板悬挂于任一点$A$，根据二力平衡条件，重心必在过悬挂点的铅垂线上，于是可在工件上画出$AB$线。然后再将板悬挂于另一点$D$，同样可画出另一直线$DE$。两直线相交于点$C$，这个点就是重心，如图3-19b所示。较大一些物体的重心可用称重的方法，通过适当的计算确定其位置。

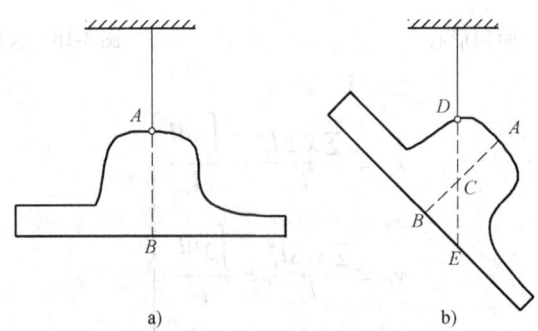

图3-19　实验法求重心

【例3-5】　试求门形截面形心的位置，其尺寸如图3-20所示。

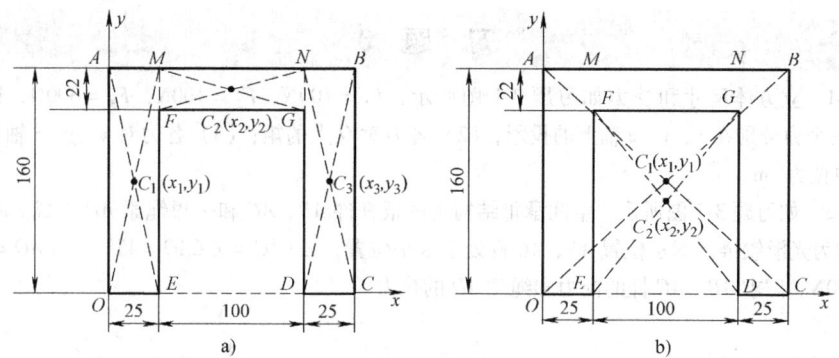

图 3-20 例 3-5 图

**【解】**（1）分割法

此门形截面由几块规则的矩形组成。建立如图 3-20a 所示的坐标轴，将该图形分割为三个矩形 OAME、MNGF、BCDN。以 $C_1$、$C_2$、$C_3$ 表示这些矩形的形心，以 $A_1$、$A_2$、$A_3$ 表示它们的面积。$x_1 = 12.5$mm，$y_1 = 80$mm，$A_1 = 4000$mm$^2$；$x_2 = 75$mm，$y_2 = 149$mm，$A_2 = 2200$mm$^2$；$x_3 = 137.5$mm，$y_3 = 80$mm，$A_3 = 4000$mm$^2$。

由图 3-23a 得

$$x_C = \frac{x_1 A_1 + x_2 A_2 + x_3 A_3}{A_1 + A_2 + A_3} = 75\text{mm}$$

$$y_C = \frac{y_1 A_1 + y_2 A_2 + y_3 A_3}{A_1 + A_2 + A_3} = 94.88\text{mm}$$

（2）负面积法（负体积法）

建立如图 3-20b 所示的坐标轴，将该图形看成由大矩形 OABC 挖去一个小矩形 DEFG 组成。以 $C_1$、$C_2$ 表示这些矩形的形心，以 $A_1$、$A_2$ 表示它们的面积。$x_1 = 75$mm，$y_1 = 80$mm，$A_1 = 24000$mm$^2$；$x_2 = 75$mm，$y_2 = 69$mm，$A_2 = -13800$mm$^2$。

由图 3-20b 得

$$x_C = \frac{x_1 A_1 + x_2 A_2}{A_1 + A_2} = 75\text{mm}$$

$$y_C = \frac{y_1 A_1 + y_2 A_2}{A_1 + A_2} = 94.88\text{mm}$$

## 自测题 16

自测题 16-1 重心的位置会因为坐标系的选取而改变。这一说法（　　）。
(A) 正确；(B) 错误。

自测题 16-2 物体的重心一定在物体内。这一说法（　　）。
(A) 正确；(B) 错误。

## 习 题 3

**3-1** 立方体尺寸和受力如习题 3-1 图所示,$F_1 = 100\text{N}$,$F_2 = 100\text{N}$,$F_3 = 300\text{N}$,试求:(1)三个力分别在 $x$、$y$、$z$ 轴上的投影;(2)各力对 $O$ 点的矩;(3)各力对 $x$、$y$、$z$ 轴的矩。长度单位为 cm。

**3-2** 如习题 3-2 图所示,空间承重结构由两根杆件 $AB$、$AC$ 和一根绳索 $AD$ 组成。$A$、$B$、$C$ 处均为光滑铰链。图示位置 $AB$、$AC$ 杆处于水平位置,$\angle BAO = \angle CAO = 45°$,$\angle DAO = 30°$,$W = 100\text{N}$。试求 $AB$、$AC$ 杆的内力和绳索 $AD$ 的拉力。

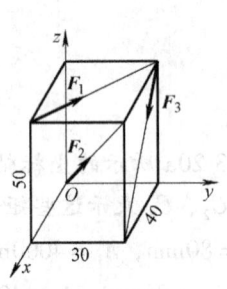

习题 3-1 图

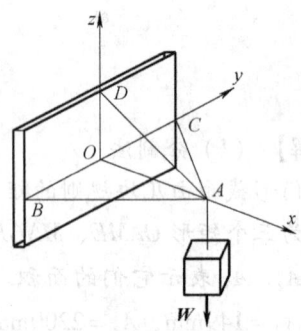

习题 3-2 图

**3-3** 脚踏式操纵装置如习题 3-3 图所示,已知脚踏力 $F_P = 300\text{N}$,求垂直操纵杆上产生的拉力 $F$ 及轴承 $A$、$B$ 处的约束反力。图中的长度单位为 mm。

**3-4** 如习题 3-4 图所示,在扭转试验机里扭矩的大小根据测力计 $B$ 的读数来确定。假定测力计所指示的力为 $F$,杆 $BC$ 与轴 $DE$ 平行。已知 $K$ 处为光滑接触,$BK = KC$,角 $\alpha = 90°$,$KL = a$,$LD = b$,$DE = c$,各构件的重量不计。试求扭矩 $M$ 的大小以及对轴承 $D$ 和 $E$ 的压力。

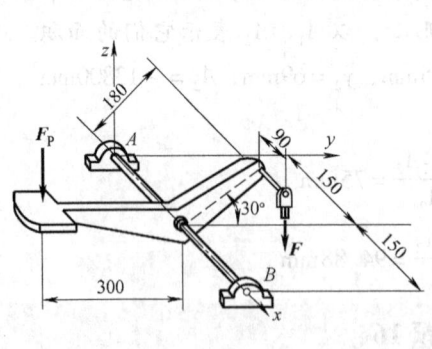

习题 3-3 图

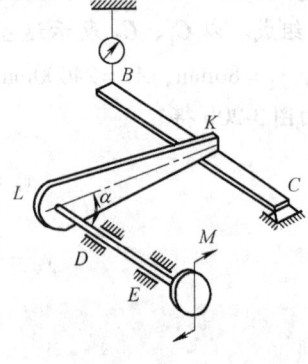

习题 3-4 图

**3-5** 如习题 3-5 图所示,已知车刀杆刀头上受切削力 $F_z = 500\text{N}$、径向力 $F_x = 150\text{N}$、轴向力 $F_y = 75\text{N}$,刀尖位于 $Oxy$ 平面内,工件直径为 150mm,刀尖距 $x$ 轴距离为 200mm。工件重

量不计。试求被切削工件左端 O 处的约束反力。

3-6 如习题3-6图所示，水平轴上装有两个带轮 C 和 D，轮的半径 $r_1 = 20\text{cm}$、$r_2 = 25\text{cm}$，轮 C 的胶带是水平的，其拉力 $F_1 = 2F_2 = 5000\text{N}$，轮 D 的胶带与铅垂线成 $30°$ 角，其拉力 $F_3 = 2F_4$，$a = b = 150\text{mm}$、$c = 300\text{mm}$，不计轮、轴的重量。试求在平衡状态下拉力 $F_3$、$F_4$ 的大小和轴承的约束反力。

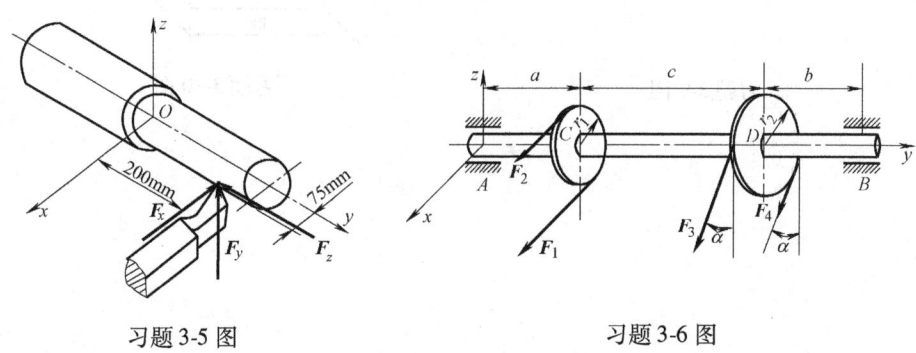

习题 3-5 图　　　　　　　　　　习题 3-6 图

3-7 无重曲杆 ABCD 有两个直角，且平面 ABC 与平面 BCD 垂直。杆的 D 端为球铰支座，另一 A 端受轴承支持，如习题3-7图所示。在曲杆的 AB、BC 和 CD 上作用三个力偶，力偶所在平面分别垂直于 AB、BC 和 CD 三线段。已知力偶矩 $M_2$ 和 $M_3$，试求使曲杆处于平衡的力偶矩 $M_1$ 和支座 D 和轴承 A 的约束反力。

3-8 如习题3-8图所示，已知抛物线方程为 $y^2 = \dfrac{b^2}{a}x$，$AB = a$，$OA = b$，试求面积 OAB 的重心坐标。

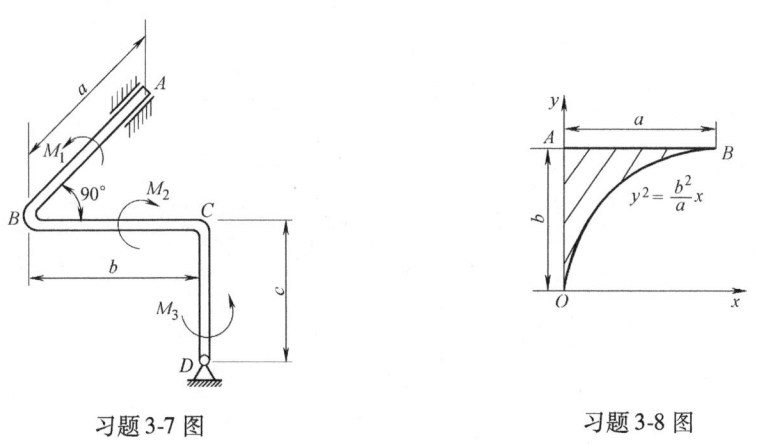

习题 3-7 图　　　　　　　　　　习题 3-8 图

3-9 工字钢截面尺寸如习题3-9图所示，试求此截面的几何中心。长度单位 mm。
3-10 均质块尺寸如习题3-10图所示，试求其重心的位置。长度单位 mm。

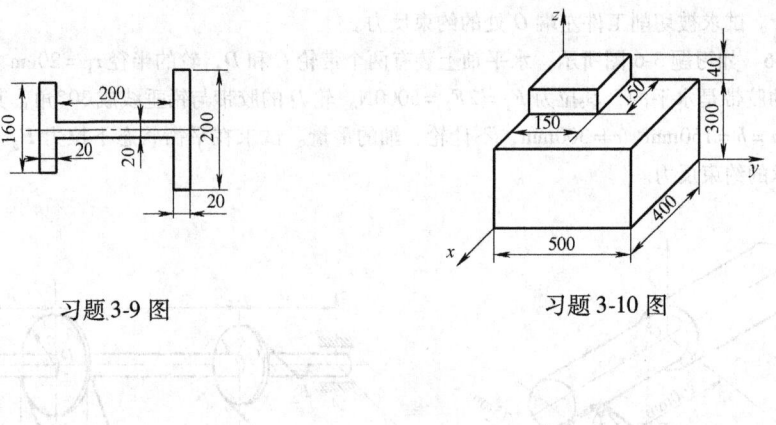

习题 3-9 图　　　　　习题 3-10 图

# 第2篇 材料力学

## 引 言

### 一、材料力学的研究内容和任务

材料力学是一门研究构件抗力性能的学科。构件是组成机械或结构物的部件。在使用时，每个构件都要受到从其他构件传递来的外力（即载荷）的作用。要保证机械或结构物的安全，就要使所有构件都安全。构件安全必须具备下列三方面的要求。

（1）强度要求 所谓强度是指构件抵抗破坏的能力。例如，冲床的曲轴在工作冲压力作用下不应折断；又如，储气罐或氧气瓶在规定压力下不应爆破。

（2）刚度要求 所谓刚度是指构件抵抗变形的能力。以机床的主轴为例，即使它有足够的强度，若变形过大，将使轴上的齿轮啮合不良，并引起轴承的不均匀磨损。

（3）稳定性要求 所谓稳定性是指构件保持原平衡状态的能力。有些细长杆，如内燃机中的挺杆、千斤顶中的螺杆等，在压力作用下有被压弯的可能。为了保证其正常工作，要求这类杆件始终保持直线形式，亦即要求原有的直线平衡形态保持不变。

若构件的截面尺寸过小，或截面形状不合理，或材料选用不当，在外力作用下都将不能满足上述要求，从而影响机械或结构物的正常工作。反之，若构件尺寸选得过大，材料质量选得过好，虽满足了上述要求，但构件的承载潜力得不到充分发挥。这样，既浪费了材料，又增加了成本。可见，安全性与经济性常常是一对矛盾。

材料力学的任务就是在满足强度、刚度和稳定性的要求下，为设计既安全又经济的构件提供必要的理论基础和计算方法。

构件的强度、刚度和稳定性问题都与所用材料的力学性能（材料在外力作用下表现出来的变形和破坏等方面的特性）有关。材料的力学性能需要通过实验来测定。材料力学中的一些理论分析方法，大多是在某些假设条件下得到的，是否可靠，还需要通过试验来验证。此外，有些问题尚无理论分析结果，也需借助试验的方法来解决。因此，材料力学是一门理论与试验相结合的学科。

## 二、变形固体的基本假设

组成构件的材料为可变形固体。为了研究方便，通常做出如下的基本假设。

(1) 连续性假设　认为组成固体的物质毫无空隙地充满了整个固体的体积。实际上，组成固体的微粒之间存在着空隙，并不连续，但这种空隙与构件的尺寸相比极其微小，在研究固体的宏观性能时可以忽略不计，可以认为固体材料在整个体积内连续分布。根据这个假设，某些力学量（如应力、应变和变形等）可看做是固体内点的坐标的连续函数，从而可以用高等数学的工具（如微分、积分等）对其进行分析计算。

(2) 均匀性假设　认为固体内各点处具有相同的力学性能。就使用最多的金属材料来说，组成金属材料的各晶格其力学性能并不完全相同，从宏观角度看，组成构件的金属材料的任一部分都包含大量晶粒，且无序地排列在整个体积之内，而固体的力学性能是各晶粒力学性能的统计平均值，所以可以认为固体内各点处具有相同的力学性能。根据这个假设，可以从构件中取出无限小的部分进行研究，然后将研究结果应用于整个构件；也可将由小尺寸试件测得的材料的力学性能应用于尺寸不同的构件或无限小的部分。

(3) 各向同性假设　认为固体材料在各个不同方向的力学性能相同。各种金属、塑料以及搅拌得很好的混凝土，一般都可以认为是各向同性的材料。木材顺着纹理比横跨纹理容易被劈开，所以木材的抗力性能在各个方向是不同的，它是各向异性材料。对各向异性体进行理论及试验的研究较复杂，但在工程实际上，大多数材料可以当作各向同性材料看待。

(4) 小变形假设　本书所讨论的材料力学问题局限于构件受力后变形的大小远远小于构件原始尺寸的情况，即小变形情况。因此，在研究构件的平衡时，就可忽略构件的变形，仍按变形前的原始尺寸进行分析计算。

试验结果表明，如外力不超过一定限度，绝大多数材料在外力作用下发生的变形，在外力解除后又可恢复原状，这种变形称为弹性变形。但如外力过大，超过一定限度，则外力解除后只能部分复原，而遗留下一部分不能消失的变形称为塑性变形，也称为残余变形或永久变形。一般情况下，要求构件只发生弹性变形，而不允许发生塑性变形。

## 三、杆件变形的基本形式

材料力学所研究的主要构件为杆件，且大多数为直杆。

杆件是纵向（长度方向）尺寸远大于横向（垂直于长度方向）尺寸的构件。

杆件的两个主要几何要素是横截面和轴线。横截面是指垂直于杆件长度方向的截面，轴线是所有横截面形心的连线，横截面和轴线总是相互垂直的。轴线为直线的杆件称为直杆。在材料力学中研究的大多是等截面的直杆，简称等直杆。

杆件变形的基本形式有四种，它们是：

（1）轴向拉伸与压缩　例如吊索、拉杆、柱等。
（2）剪切　例如螺栓、铆钉等。
（3）扭转　例如传动轴、扭杆、转向盘轴、钻头等。
（4）弯曲　弯曲变形的构件在机械和建筑物中用得最多，一般称为梁。
本书将按照上述顺序先分别研究各种基本变形，再研究它们的组合变形。

## 自测题 17

自测题 17-1　构件抵抗破坏的能力称为_____，构件抵抗变形的能力称为_____。

自测题 17-2　为保证机械或工程结构的正常工作，其中各构件一般应满足_____、_____和_____三方面的要求。

自测题 17-3　在材料力学中，根据材料的主要性能作三个假设，即_____假设、_____假设和_____假设。

自测题 17-4　认为固体在其整个几何空间毫无空隙地充满了物质，这样的假设称为_____假设。根据这一假设，构件的_____就可用坐标的连续函数表示。

自测题 17-5　根据均匀性假设，可认为构件的弹性常数在各点处都相同。这一说法（　　）。

（A）正确；（B）错误。

自测题 17-6　根据各向同性假设，可认为材料的弹性常数在各方向都相同。这一说法（　　）。

（A）正确；（B）错误。

自测题 17-7　固体材料在各个方向具有相同力学性能的假设，称为各向同性假设。所有工程材料都可应用这一假设。这一说法（　　）。

（A）正确）；（B）错误。

自测题 17-8　在小变形条件下，研究构件的应力和变形时，可用构件的原始尺寸代替其变形后的尺寸。这一说法（　　）。

（A）正确；（B）错误。

自测题 17-9　受外力作用而发生变形的构件，在外力解除够后具有消除变形的性质称为_____；而外力除去后具有保留变形的性质为_____。

自测题 17-10　杆件变形的基本形式有四种。分别为轴向拉伸与压缩、_____、_____和_____。

# 第4章 轴向拉伸与压缩

## 4.1 轴向拉伸与压缩的概念与实例

在工程实际中,经常会遇到承受轴向拉伸或压缩的直杆。比如图 4-1 中三角架 AC 杆发生轴向拉伸,AB 杆发生轴向压缩。实际中类似发生轴向拉伸与压缩的构件还有很多。例如,图 4-2a 中连杆机构的连杆,图 4-2b 中的紧固螺栓等。

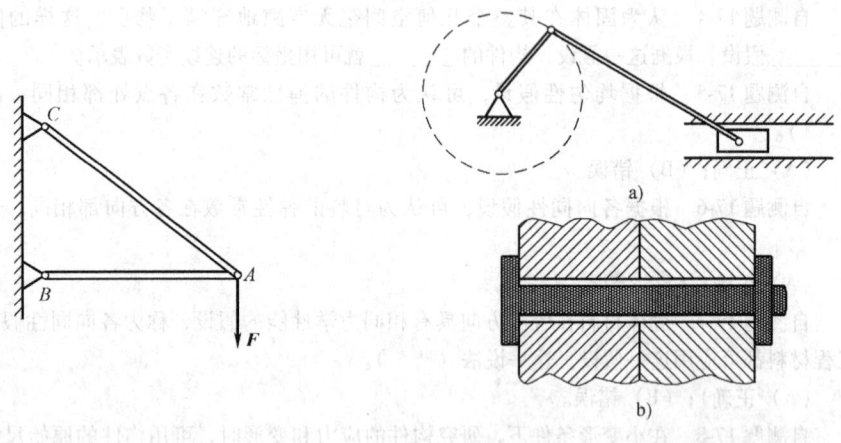

图 4-1 三角架　　　　图 4-2 拉伸与压缩构件实例

虽然这些杆件的形状、两端的连接方法和加载方式并不相同,但是若把这类杆件的形状和受力情况进行简化后,我们都可以用图 4-3 所示的计算简图来表示。其受力和变形特点如下所述。

受力特点:外力的合力作用线与杆件的轴线重合。图 4-3a 为轴向拉伸,图 4-3b 为轴向压缩。

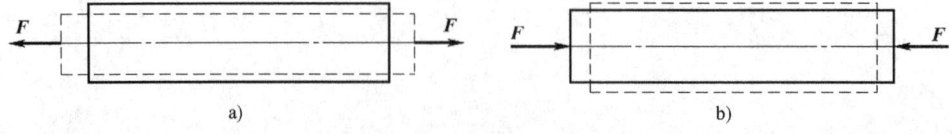

图 4-3 轴向拉伸与压缩

变形特点：杆件的主要变形是沿着轴线方向的伸长或缩短，同时杆件的横向（垂直于轴线方向）尺寸发生缩小或增大。

在工程实际中，通常将承受轴向拉伸的杆称为拉杆，承受轴向压缩的杆称为压杆。

### 自测题 18

自测题 18-1　拉压杆就是承受拉力或者压力的杆件。这一说法（　　）。
（A）正确；（B）错误。
自测题 18-2　自测题 18-2 图中的杆件 BC 段发生的变形是轴向拉伸。这一说法（　　）。
（A）正确；（B）错误。

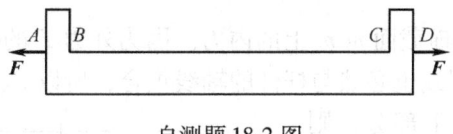

自测题 18-2 图

## 4.2　轴力和轴力图

### 4.2.1　内力

物体因受到外力作用而变形，其内部各部分之间因相对位置改变而引起的相互作用力就是内力。我们知道，即使不受外力作用，物体的各质点之间依然存在着相互作用力，即"分子内力"。而材料力学中的内力，是指在外力作用下物体内部各部分之间相互作用力的改变量，即"附加内力"，简称为内力。内力随外力的增加而增大，当到达某一限度时就会引起构件破坏，因而它与构件的强度密切相关。

根据可变形固体的假设，物体内部是均匀连续的，因此在物体内部相邻部分之间相互作用的内力，实际上是一个连续分布的内力系，而将分布内力系的合成（力或力偶）简称为内力。也就是说，内力是指由外力作用所引起物体内相邻部分之间分布内力系的合力。

### 4.2.2　截面法　轴力及轴力图

由于内力是物体内相邻部分之间的相互作用力。为了显示内力，可应用截面法，即假想用截面将杆件截成两部分，取截面的任意一侧作为研究对象，这样截面上的内力就转化为该部分的外力而显示出来，然后利用静力学平衡条件确定该截面的内力的大小和方向。下面以简例说明内力的求法。

设一等截面直杆在两端轴向拉力 $F$ 的作用下处于平衡，欲求杆件横截面 $m$-$m$ 上的内力，如图 4-4a 所示。为此，假想用一平面沿横截面 $m$-$m$ 将杆件截分为Ⅰ、Ⅱ两部分，任取一部分（如部分Ⅰ），弃去另一部分（如部分Ⅱ），并将弃去部分对留下部分的作用以截开面上的内力来代替。

对于留下部分 I 而言，截开面 $m$-$m$ 上的内力 $F_N$ 就成为了外力。由于整个杆件处于平衡状态，所以杆件的任一部分均应保持平衡。于是，杆件横截面 $m$-$m$ 上的内力必定是与其左端外力 $F$ 共线的轴向力 $F_N$，如图4-4b 所示。内力 $F_N$ 的数值可由平衡条件求得。

由平衡方程

$$\sum F_x = 0, \quad F_N - F = 0$$

得

$$F_N = F$$

式中，$F_N$ 为杆件任一横截面 $m$-$m$ 上的内力。因为外力 $F$ 的作用线与杆件的轴线重合，内力 $F_N$ 的作用线也必然与杆件的轴线重合，所以 $F_N$ 称为轴力。

若取部分 II 为留下部分，则由作用与反作用原理可知，部分 II 在截开面上的轴力与部分 I 上的轴力数值相等而指向相反，如图4-4c 所示。当然，这也可以由部分 II 的平衡条件求出。

同理，对于压杆，可通过上述过程求得其任一横截面 $m$-$m$ 上

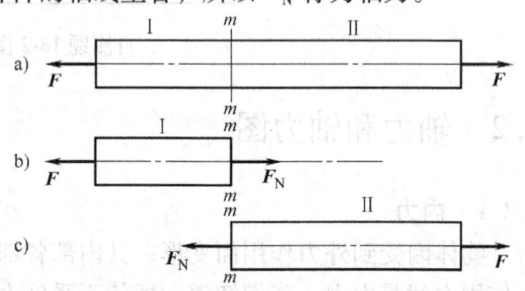

图4-4 截面法求拉杆轴力

的轴力，其指向如图4-5所示。为了使由部分 I 和部分 II 所得同一横截面 $m$-$m$ 上的轴力，不但大小相等，并且具有相同的正负号。根据杆件变形情况，对轴力正负规定如下：当轴力的指向与横截面的外法线方向一致时为拉力，取正号；当轴力的指向与横截面的外法线方向相反时为压力，取负号。按这样的符号规定，图4-4中 $m$-$m$ 截面上的轴力为正号，图 4-5 $m$-$m$ 截面上的轴力为负号。

上述分析轴力的方法即为截面

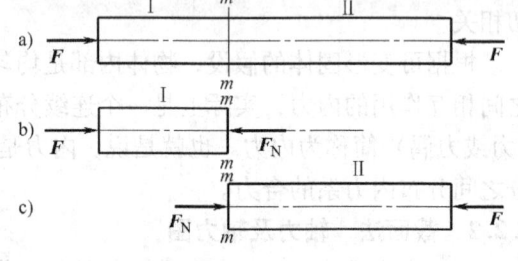

图4-5 截面法求压杆轴力

法。它是求解内力的一般方法。截面法包括以下三个步骤。

（1）截开：在需要求内力的截面处，假想地将杆截分为两部分；

（2）代替：将两部分中的任一部分留下，并将弃去部分对留下部分的作用代之以作用在截开面上的内力（力或力偶）；

（3）平衡：对留下部分建立平衡方程，根据已知外力来计算出杆在截开面

上的未知内力。应该注意,截开面上的内力对留下部分而言已属外力。

在工程上,有时杆件会受到多个沿着轴线作用的外力,这时在杆件不同横截面上将产生不同的轴力。为了直观地反映出杆件各横截面上的轴力随着横截面位置变化的情况,并找出最大轴力及其所在横截面的位置,通常需要画出轴力图。即用平行于杆轴线的坐标为横坐标,表示横截面的位置;用垂直于杆轴线的坐标为纵坐标,表示横截面上轴力的大小,从而绘出轴力与横截面位置关系的图线,称为轴力图。习惯上将正的轴力画在上侧,负的画在下侧。

**【例 4-1】** 一等截面直杆件受力情况如图 4-6a 所示,试画出其轴力图。

**【解】**（1）求支反力

对整个杆进行受力分析,如图 4-6b 所示。

由杆的平衡方程

$\sum F_x = 0$, $-F_R - F_1 + F_2 - F_3 + F_4 = 0$

得  $F_R = 10 \text{kN}$

（2）分段计算轴力

此杆承受五个轴向外力。计算轴力时,杆被外力分为四段:AB、BC、CD、DE。

AB 段：在 AB 段内任取一截面 1-1,应用截面法研究截开后左段杆的平衡。假定轴力 $F_{N1}$ 为拉力,如图 4-6c 所示,由平衡方程求得轴力 $F_{N1}$ 为

$-F_R + F_{N1} = 0$

解得  $F_{N1} = F_R = 10 \text{kN}$

BC 段：在 BC 段内任取一截面 2-2,应用截面法研究截开后左段杆的平衡。假定轴力 $F_{N2}$ 为拉力,如图 4-6d 所示,由平衡方程求得轴力 $F_{N2}$ 为

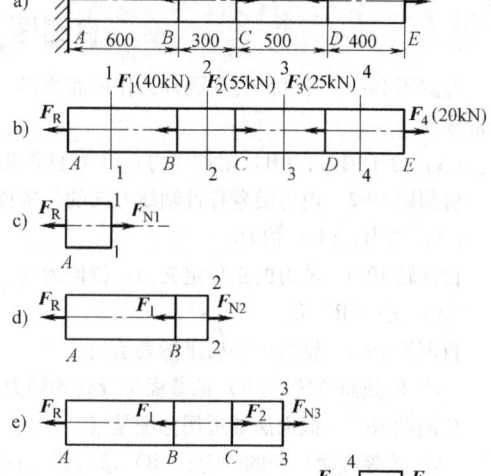

图 4-6  例题 4-1 图

$-F_R - F_1 + F_{N2} = 0$

解得  $F_{N2} = F_R + F_1 = 10\text{kN} + 40\text{kN} = 50\text{kN}$

CD 段：在 CD 段内任取一截面 3-3,应用截面法研究截开后左段杆的平衡。假定轴力 $F_{N3}$ 为拉力,如图 4-6e 所示,由平衡方程求得轴力 $F_{N3}$ 为

$-F_R - F_1 + F_2 + F_{N3} = 0$

解得  $F_{N3} = F_R + F_1 - F_2 = 10\text{kN} + 40\text{kN} - 55\text{kN} = -5\text{kN}$

轴力 $F_{N3}$ 为负值，说明 CD 段轴力的实际方向与所设方向相反，即应为压力。

DE 段：在 DE 段内任取一截面4-4，可应用截面法研究截开后右端杆的平衡（因为右段的外力较少）。假定轴力 $F_{N4}$ 为拉力，如图 4-6f 所示，由平衡方程求得轴力 $F_{N4}$ 为

$$-F_{N4} + F_4 = 0$$

解得

$$F_{N4} = F_4 = 20\text{kN}$$

（3）作轴力图

根据上述轴力值，画轴力图如图 4-6g 所示。可见，轴力的最大值发生在 BC 段内的任一截面上，其值为 50kN。

## 自测题 19

自测题 19-1　杆件因为受到外力作用而变形，导致其内部各部分之间的相互作用力的改变量称为（　　）。
(A) 分子内力；(B) 附加内力；(C) 杆件相互作用力。
自测题 19-2　内力沿着杆件轴线方向的分量称为（　　）。
(A) 内力；(B) 轴力。
自测题 19-3　轴力的正负定义为：拉伸为（　　），压缩为（　　）。
(A) 正；(B) 负。
自测题 19-4　轴力图的横坐标表示的是（　　），纵坐标表示的是（　　）。
(A) 横截面位置；(B) 该截面位置处的轴力。
自测题 19-5　截面法的适用范围是（　　）。
(A) 求等截面直杆的轴力；(B) 求等截面直杆的内力；
(C) 求任意杆件的轴力；　(D) 求任意杆件的内力。
自测题 19-6　关于轴力，有以下结论，其中（　　）是正确的。
(A) 轴力是作用于杆件轴线上的载荷；
(B) 轴力是杆件轴向拉伸或压缩时，杆件横截面上分布力系的合力；
(C) 轴力的大小与杆件的横截面面积有关；
(D) 轴力的大小与杆件的材料有关。

## 4.3　轴向拉压杆横截面上的应力

### 4.3.1　应力的概念

在确定了拉压杆的轴力之后，还不能判断杆是否会因强度不足而破坏，因为轴力只是杆横截面上分布内力系的合力，并不能描述截面上各点处受力的强弱。而实际的杆件总是从截面上内力集度最大处开始破坏的，因此要判断杆是否会破坏，除了要知道杆件的轴力，还必须进一步确定截面上内力的分布集度以及材料承受载荷的能力。为此，必须引入应力的概念。

应力是受力杆件某一截面上内力在一点处的分布集度。若研究杆件某一截面上（图4-7a）任一点 $M$ 处的应力，则可在 $M$ 点周围取一微小的面积 $\Delta A$，设 $\Delta A$ 面积上分布内力的合力为 $\Delta F$，于是，在面积 $\Delta A$ 上内力 $\Delta F$ 的平均集度为

$$p_m = \frac{\Delta F}{\Delta A}$$

式中，$p_m$ 称为面积 $\Delta A$ 上的平均应力。

一般而言，分布内力并不是均匀的，随着 $\Delta A$ 的逐渐缩小，$p_m$ 的大小和方向都将逐渐变化。为研究分布内力在 $M$ 点处的集度，令 $\Delta A$ 无限缩小而趋于零，则其极限值

$$p = \lim_{\Delta A \to 0} p_m = \lim_{\Delta A \to 0} \frac{\Delta F}{\Delta A} = \frac{dF}{dA} \tag{4-1}$$

此即为 $M$ 点处的内力集度，称为截面 $m\text{-}m$ 上 $M$ 点处的总应力。由于 $F$ 是矢量，因而总应力 $p$ 也是矢量，其方向一般既不与截面垂直，也不与截面相切。通常，将总应力 $p$ 分解为垂直于截面的分量 $\sigma$ 和相切于截面的分量 $\tau$，如图4-7b所示。$\sigma$ 称为正应力，$\tau$ 称为切应力。

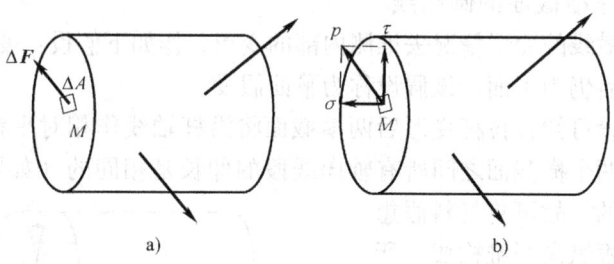

图 4-7　应力的图示

从应力的定义可见，应力具有如下特征。

（1）应力定义在受力物体的某一截面上的某一点处，因此，讨论应力必须明确是在哪一个截面上的哪一点处。

（2）应力是矢量。对于正应力分量，通常规定离开截面的正应力为正，反之为负，即拉应力为正，压应力为负；而对于切应力分量，通常规定其对截面内部一点产生顺时针转动力矩的切应力为正，反之为负（图4-7中表示的正应力和切应力均为正）。

（3）在国际单位制中，应力的单位为 $N/m^2$ 或 $Pa$。由于这个单位太小，使用不便，通常使用的是 $MPa$，其换算关系为 $1MPa = 1 \times 10^6 Pa$。

（4）截面上各点处的应力与微面积 $dA$ 的乘积在整个截面上的合成，即为该截面上的内力。

## 4.3.2 轴向拉压杆横截面上的应力

轴向拉压杆横截面上的内力是轴力。要进行强度计算，就必须知道杆横截面上各点应力的大小和性质，即需要知道杆横截面上的应力分布。应力的分布与杆件的变形情况有关，因此要研究杆横截面上的应力分布，就必须研究杆件的变形。过程如下：首先通过实验观察找出变形的规律，即变形的几何关系，然后利用杆变形和力之间的物理关系得到杆应力分布规律；最后由内力与应力的静力学关系得到杆横截面上正应力的计算公式。下面就从这三个方面进行分析。

取一根等截面直杆，在其侧面做相邻的两条横向线 $aa$ 和 $bb$，再在横向线之间作两条相邻的纵向线 $cc$ 和 $dd$，然后在杆两端施加一对轴向拉力 $F$ 使杆发生变形，变形前位置为实线，变形后位置为虚线，如图 4-8 所示。此时，可观察到该两横向线平移至 $a'a'$ 和 $b'b'$，两纵向线变为了 $c'c'$ 和 $d'd'$。由变形情况可见，横线仍垂直于轴线，纵线仍平行于轴线。横线可以看成是横截面的圆周线，

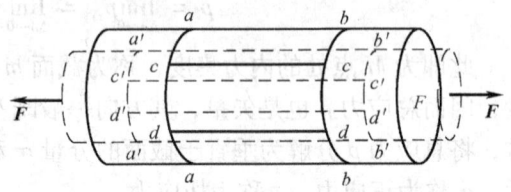

图 4-8　拉杆的变形几何关系

因此，可根据横线的变形情况去推测内部的变形，作如下假设：变形前为平面的横截面，变形后仍为平面。该假设称为平面假设。

由平面假设可知，拉杆变形后两横截面将沿杆轴线作相对平移，也就是说，拉杆在其任意两个横截面之间所有轴向线段的伸长是相同的（如图 4-9a 所示）。因材料是均匀的，故可将材料假想地看成由一根根纵向纤维构成，所有纵向纤维的力学性能相同。由它们的变形相等和力学性能相同，可以推想各纵向纤维的受力是一样的。所以，横截面上各点的正应力

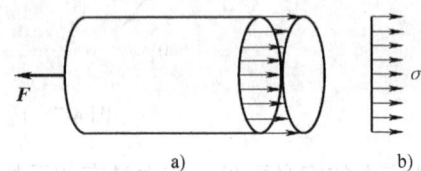

图 4-9　拉杆的平面假设和横截面应力分布

$\sigma$ 相等，即正应力均匀分布于横截面上，$\sigma$ 为常量。

于是由静力学求合力的方法，可得

$$F_N = \int_A \sigma dA = \sigma \int_A dA = \sigma A$$

由此，可得杆的横截面上任一点处正应力的计算公式为

$$\sigma = \frac{F_N}{A} \tag{4-2}$$

式中，$F_N$ 为轴力；$A$ 为杆的横截面面积。

对于轴向压缩的杆件，式 (4-2) 同样适用。由于已经定义了轴力的正负，

由公式可知，正应力的正负号与轴力的正负号相对应，即拉应力为正，压应力为负。

【例 4-2】 一直杆的受力情况如图 4-10a 所示，直杆的横截面面积为 $A = 1000\text{mm}^2$，试求 $AB$ 和 $BC$ 两段横截面上的正应力。

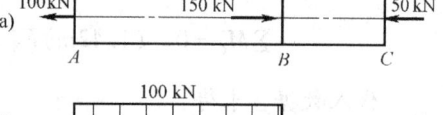

【解】（1）用截面法求出两段上的轴力为

$$F_{NAB} = 100\text{kN}$$
$$F_{NBC} = -50\text{kN}$$

（2）作轴力图如图 4-10b 所示。

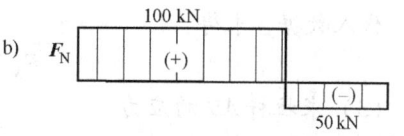

图 4-10 例题 4-2 图

（3）按公式计算各段的正应力值为

$$\sigma_{AB} = \frac{F_{NAB}}{A} = \frac{100 \times 10^3 \text{N}}{1000 \times 10^{-6}\text{m}^2} = 100 \times 10^6 \text{Pa} = 100\text{MPa}(拉应力)$$

$$\sigma_{BC} = \frac{F_{NBC}}{A} = \frac{-50 \times 10^3 \text{N}}{1000 \times 10^{-6}\text{m}^2} = -50 \times 10^6 \text{Pa} = -50\text{MPa}(压应力)$$

【例 4-3】 三铰屋架的主要尺寸如图 4-11a 所示，在 $l = 9.3\text{m}$ 的长度上承受的竖向均布载荷沿水平方向的集度为 $q = 4.2\text{kN/m}$。屋架中的钢拉杆直径 $d = 16\text{mm}$，试计算拉杆 $AB$ 的应力。

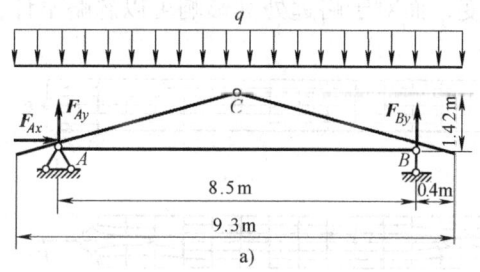 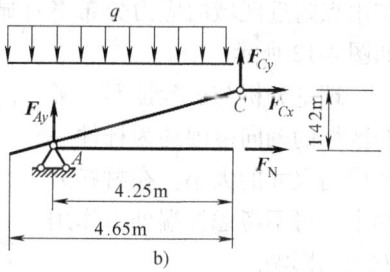

图 4-11 例题 4-3 图

【解】（1）求支反力

由屋架整体的平衡方程

$$\sum F_x = 0, \quad F_{Ax} = 0$$

$$\sum F_y = 0, \quad F_{Ay} + F_{By} - q(9.3\text{m}) = 0$$

$$\sum M_A = 0, \quad -q(9.3\text{m}) \cdot \frac{(8.5\text{m})}{2} + F_{By}(8.5\text{m}) = 0$$

代入数据得

$$F_{Ay} = F_{By} = \frac{1}{2}q(9.3\text{m}) = \frac{1}{2} \times (4.2 \times 10^3 \text{N/m}) \times (9.3\text{m}) = 19.5 \times 10^3 \text{N}$$

(2) 求拉杆 AB 的轴力

取左半个屋架为分离体（图4-11b），由平衡方程

$$\sum M_C = 0, \quad (1.42\text{m})F_N + \frac{(4.65\text{m})^2}{2}q - (4.25\text{m})F_{Ay} = 0$$

代入数据，求得

$$F_N = 26.3\text{kN}$$

(3) 求拉杆 AB 的应力

$$\sigma = \frac{F_N}{A} = \frac{26.3 \times 10^3 \text{N}}{\frac{\pi}{4} \times (16 \times 10^{-3}\text{m})^2} = 131 \times 10^6 \text{Pa} = 131\text{MPa}$$

#### 4.3.3 圣维南原理

必须指出，当杆端外力的作用方式不同时，其对横截面上应力分布的影响是不同的。但是，法国科学家圣维南（Saint Venant）指出，由于在杆端外力的作用方式不同，将会对杆端附近区域各截面的应力分布产生影响（造成其应力非均匀分布），而对远离杆端的各个截面则影响很小甚至根本没有影响。这一规律称为**圣维南原理**。圣维南原理已被许多计算结果和试验结果所证实。根据圣维南原理，对于弹性体某一局部区域的外力系，若用静力等效的力系来代替，则力的作用点附近区域的应力分布将有显著改变，而对于略远处其影响可以忽略不计，如图4-12所示。

理论分析与试验证明，影响区域的轴向范围约为杆件一个横向尺寸的大小。在材料力学中，可不考虑杆端外力作用方式的影响。

工程中杆件所受到的外力都是通过螺纹、销钉、铆钉、焊缝等进行传递的。力的作用点附近区域的应力分布相当复杂。但是，根据圣维南原理，不论用何种方式传递外力，只要外力的合力与杆轴线相重合，则除了力作用点附近的局部区域外，杆件其他部分的应力都是均匀分布的。

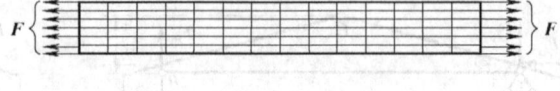
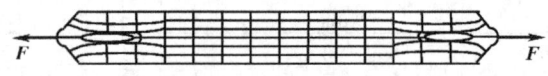

图4-12 圣维南原理示意图

#### 4.3.4 应力集中的概念

在工程实际中，由于结构或功能上的需要，构件常被制成阶梯形状、带有圆孔或切槽等，使构件截面尺寸或形状发生了突变。较精确的理论分析和试验表明，在外力作用下，在弹性体形状或截面尺寸发生突变的局部范围内，应力数值急剧增大，这种现象称为应力集中。

例如，图 4-13a 所示为一受轴向拉伸的直杆，在轴线上开一小圆孔。在横截面 1-1 上，应力分布不均匀，在靠近孔边的局部范围内，应力很大，在离开孔边稍远处，应力明显降低，如图 4-13b 所示。在离开圆孔较远的截面 2-2 上，应力仍为均匀分布，如图 4-13c 所示。

在杆件外形局部不规则处的最大局部应力 $\sigma_{max}$，必须借助于弹性理论、计算力学或实验应力分析的方法求得。在工程实际中，应力集中的程度用最大局部应力 $\sigma_{max}$ 与该截面视作均匀分布的平均应力 $\sigma_n$ 的比值 $K$ 来表示，称为理论应力集中因数，即

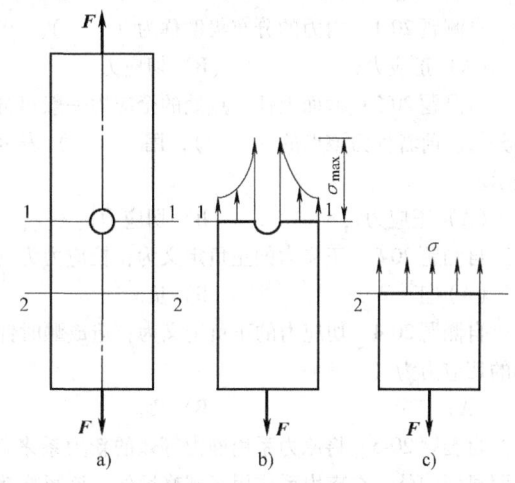

图 4-13　应力集中现象示意图

$$K = \frac{\sigma_{max}}{\sigma_n} \quad (4-3)$$

式中，$\sigma_n = \frac{F}{A_n}$；$A_n$ 为截面 1-1 处的净截面面积。$K$ 反映了应力集中的程度，是一个大于 1 的因数。实验表明：截面尺寸改变得越急剧、角越尖、孔越小，应力集中的程度就越严重。因此，工程中的零件一般应尽可能地避免带尖角的孔和槽，在阶梯轴的轴肩处要用圆弧过渡，而且应尽量使圆弧半径大一些。

各种材料对应力集中的敏感程度并不相同。塑性材料一般存在屈服阶段（见本章 4.5 节），当最大局部应力 $\sigma_{max}$ 达到材料的屈服强度 $\sigma_s$ 时，若继续增加载荷，则其应力不增加，应变继续增大，而所增加的载荷将由截面上尚未屈服的材料来承担，直至整个截面上各点处的应力都趋于屈服强度时，杆件才因屈服而丧失正常的工作能力。这就使得截面上的应力逐渐趋于平均，降低了应力不均匀程度，也限制了最大局部应力 $\sigma_{max}$ 的数值。因此，由塑性材料制成的零件，在静载荷作用下通常不考虑应力集中的影响。脆性材料没有屈服阶段，当静载荷增加时，应力集中处的最大局部应力 $\sigma_{max}$ 一直领先，首先达到强度极限 $\sigma_b$，该处将首先产生裂纹。所以对于脆性材料制成的零件，应力集中的危害性较严重，需要考虑应力集中的影响。但是，脆性材料中的铸铁由于其内部组织很不均匀，内部存在的气孔、杂质等缺陷成了引起应力集中的主要因素，而截面突变所引起的应力集中并不明显，可不予考虑。但在动载荷作用下，不论是用塑性材料还是用脆性材料制成的构件，应力集中的影响均不可忽略。

## 自测题 20

自测题 20-1　内力的分布集度称为（　　）。
(A) 正应力；　　　　(B) 切应力；　　　　(C) 应力。

自测题 20-2　截面上任一点处的全应力一般可分解为垂直于截面方向和相切于截面方向的分量。前者称为该点的（　　），用（　　）表示；后者称为该点的（　　），用（　　）表示。
(A) 正应力；　　(B) 切应力；　　(C) $\sigma$；　　(D) $\tau$。

自测题 20-3　正应力的正负定义为：拉应力为（　　），压应力为（　　）。
(A) 正；　　　　(B) 负。

自测题 20-4　切应力的正负定义为：造成顺时针转动的切应力为（　　），造成逆时针转动的切应力为（　　）。
(A) 正；　　　　(B) 负。

自测题 20-5　将原力系用静力等效的新力系来替代，除了对原力系作用附近的应力分布有明显影响外，在离力系作用区域略远处，该影响就非常微小。这一原理称为（　　）。
(A) 圣维南原理；　　(B) 应力集中。

自测题 20-6　弹性体形状或截面尺寸发生突变的局部范围内，应力数值急剧增大，这种现象称为（　　）。
(A) 圣维南原理；　　(B) 应力集中。

自测题 20-7　若轴向拉伸选用同种材料，三种不同的截面形状——圆形、矩形、空心圆。已知拉力相同，在保证相同的应力条件下，比较三种情况的材料用量，则（　　）。
(A) 矩形截面最省料；　　(B) 圆形截面最省料；
(C) 空心圆截面最省料；　(D) 三者用料相同。

## 4.4　轴向拉压杆的变形与胡克定律

### 4.4.1　轴向变形和胡克定律

设拉杆的原长为 $l$，承受一对轴向拉力 $F$ 的作用而伸长后，其长度增为 $l_1$，如图 4-14a 所示，则杆的轴向变形为

$$\Delta l = l_1 - l$$

轴向变形 $\Delta l$ 只反映杆的总变形量，而无法说明沿杆长度方向上各段的变形程度。其变形程度可以用每单位长度的轴向变形（即 $\Delta l/l$）来表示。故定义每单位长度的变形量（伸长或缩短），称为线应变，并用记号 $\varepsilon$ 表示。于是，拉杆的轴向线应变为

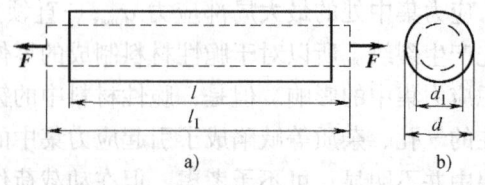

图 4-14　拉杆的变形

$$\varepsilon = \frac{\Delta l}{l} \tag{4-4}$$

由轴向变形计算公式可知，拉杆的轴向伸长 $\Delta l$ 为正，压杆的轴向缩短 $\Delta l$ 为负。因此，线应变在伸长时为正，缩短时为负。

拉压杆的变形量与其受力之间的关系与材料的性能有关，可以通过实验来获得。实验证明：对工程中常用的材料，当杆内的应力不超过材料的某一极限值，即比例极限（见本章 4.5 节）时，杆内的应力和应变成正比，即

$$\sigma \propto \varepsilon$$

引入比例常数 $E$，则有

$$\sigma = E\varepsilon \tag{4-5}$$

此关系式称为胡克定律。式中，比例常数 $E$ 称为弹性模量，量纲为 $ML^{-1}T^{-2}$，其单位为 Pa。$E$ 的数值随材料而异，是通过实验测定的。

由 $\sigma = F_N/A$，$\varepsilon = \Delta l/l$，代入整理可得

$$\Delta l = \frac{F_N l}{EA} \tag{4-6}$$

此关系式即为拉压杆轴向变形计算公式。该式表明：当应力不超过比例极限时，杆件的轴向变形量 $\Delta l$ 与轴力 $F_N$ 和杆件的原长 $l$ 成正比，与杆件横截面面积 $A$ 成反比。

由式（4-6）可以看出，在轴力、原长相等的情况下，$EA$ 越大，杆的轴向变形越小，所以称 $EA$ 为杆的拉压刚度。它反映了某种材料制成的一定横截面面积的杆件抵抗轴向拉伸（压缩）变形的能力。

对于变截面杆件或者杆上作用了多个轴向力的情况，可先分段计算出杆件的轴向变形量，并叠加。其公式为

$$\Delta l = \sum \frac{F_{Ni} l_i}{EA_i} \tag{4-7}$$

### 4.4.2 横向变形和泊松比

我们知道，拉杆在轴向伸长的同时，还造成了横向尺寸缩短。如图 4-14b 所示，设拉杆为圆截面杆，其原始直径为 $d$，变形后缩小为 $d_1$，则其横向变形为

$$\Delta d = d_1 - d$$

在均匀变形情况下，拉杆的横向线应变为

$$\varepsilon' = \frac{\Delta d}{d} \tag{4-8}$$

由式（4-8）可见，拉杆的横向线应变显然为负值，即与其轴向线应变的正负号相反。

对于横向线应变 $\varepsilon'$，实验结果指出，当拉压杆内的应力不超过材料的比例

极限时，它与轴向线应变 $\varepsilon$ 之比的绝对值为一常数。此比值称为泊松比，通常用 $\nu$ 表示，即

$$\nu = \left| \frac{\varepsilon'}{\varepsilon} \right| \tag{4-9}$$

泊松比 $\nu$ 是一无量纲量，其数值随材料而异，也是通过实验测定的。

考虑到轴向线应变与横向线应变的正负号恒相反，故有

$$\varepsilon' = -\nu \varepsilon \tag{4-10a}$$

若将 $\varepsilon$ 的值代入，则有

$$\varepsilon' = -\nu \frac{\sigma}{E} \tag{4-10b}$$

弹性模量 $E$ 和泊松比 $\nu$ 都是材料的弹性常数。表 4-1 给出了一些常见材料的 $E$ 和 $\nu$ 的约值。

表 4-1 常见材料弹性模量及泊松比的约值

| 材料名称 | 牌号 | $E$/GPa | $\nu$ |
|---|---|---|---|
| 低碳钢 | Q235 | 200~210 | 0.24~0.28 |
| 中碳钢 | 45 | 205 | |
| 低合金钢 | Q345(16Mn) | 200 | 0.25~0.30 |
| 合金钢 | 40CrNiMoA | 210 | |
| 灰铸铁 | | 60~162 | 0.23~0.27 |
| 球墨铸铁 | | 150~180 | |
| 铝合金 | LY12 | 71 | 0.33 |
| 混凝土 | | 15.2~36 | 0.16~0.18 |
| 木材(顺纹) | | 9~12 | |

【例 4-4】 一直杆的受力情况如图 4-15a 所示，已知杆的横截面面积 $A = 1000 \text{mm}^2$，材料的弹性模量 $E = 2 \times 10^5 \text{MPa}$，试求杆轴向各段的线应变及总变形量。

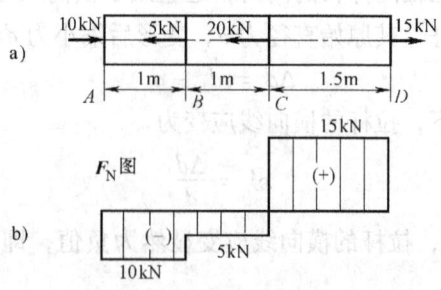

图 4-15 例题 4-4 图

**【解】** (1) 作出杆的轴力图

应用截面法，作出杆的轴力图如图 4-15b 所示。

(2) 根据轴向变形公式分别计算各段的轴向变形

$$\Delta l_{AB} = \frac{F_{NAB} l_{AB}}{EA} = \frac{-10 \times 10^3 \times 1}{2 \times 10^5 \times 10^6 \times 1000 \times 10^{-6}} \text{m} = -0.05 \text{mm}$$

$$\Delta l_{BC} = \frac{F_{NBC} l_{BC}}{EA} = \frac{-5 \times 10^3 \times 1}{2 \times 10^5 \times 10^6 \times 1000 \times 10^{-6}} \text{m} = -0.025 \text{mm}$$

$$\Delta l_{CD} = \frac{F_{NCD} l_{CD}}{EA} = \frac{15 \times 10^3 \times 1.5}{2 \times 10^5 \times 10^6 \times 1000 \times 10^{-6}} \text{m} = 0.113 \text{mm}$$

(3) 根据轴向线应变公式分别计算各段的轴向线应变

$$\varepsilon_{AB} = \frac{\Delta l_{AB}}{l_{AB}} = \frac{-0.05}{1 \times 10^3} = -5 \times 10^{-5}$$

$$\varepsilon_{BC} = \frac{\Delta l_{BC}}{l_{BC}} = \frac{-0.025}{1 \times 10^3} = -2.5 \times 10^{-5}$$

$$\varepsilon_{CD} = \frac{\Delta l_{CD}}{l_{CD}} = \frac{0.113}{1.5 \times 10^3} = 7.5 \times 10^{-5}$$

(4) 计算杆的轴向总变形

$$\Delta l = \Delta l_{AB} + \Delta l_{BC} + \Delta l_{CD} = (-0.05 - 0.025 + 0.113) \text{mm} = 0.038 \text{mm}$$

**【例 4-5】** 如图 4-16a 所示的桁架，在节点 $A$ 处承受铅垂载荷 $F$ 作用，试求该节点的位移。已知：杆 1 用钢制成，弹性模量 $E_1 = 200\text{GPa}$，横截面面积 $A_1 = 100\text{mm}^2$，杆长 $l_1 = 1\text{m}$；杆 2 用硬铝制成，弹性模量 $E_2 = 70\text{GPa}$，横截面面积 $A_2 = 250\text{mm}^2$，杆长 $l_2 = 0.707\text{m}$；载荷 $F = 10\text{kN}$。

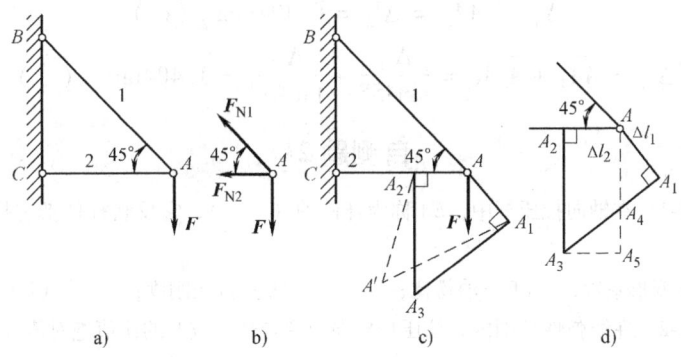

图 4-16　例题 4-5 图

**【解】** (1) 计算各杆的轴力

在微小变形情况下，计算各杆的轴力时可不考虑杆件的变形。假定各杆的轴力均为拉力，根据节点 $A$ 的平衡方程

$$\sum F_x = 0, \quad -F_{N1}\cos 45° - F_{N2} = 0$$
$$\sum F_y = 0, \quad F_{N1}\sin 45° - F = 0$$

解得各杆的轴力为

$$F_{N1} = \sqrt{2}F = 1.414 \times 10^4 \text{N}(拉力)$$
$$F_{N2} = -F = -1.0 \times 10^4 \text{N}(压力)$$

(2) 计算各杆的轴向变形

将各杆的轴力代入轴向变形计算公式得

$$\Delta l_1 = \frac{F_{N1}l_1}{E_1A_1} = \frac{(1.414 \times 10^4) \times (1)}{(200 \times 10^9) \times (100 \times 10^{-6})}\text{m} = 7.07 \times 10^{-4}\text{m} = 0.707\text{mm}(伸长)$$

$$\Delta l_2 = \frac{F_{N2}l_2}{E_2A_2} = \frac{(-1.0 \times 10^4) \times (0.707)}{(70 \times 10^9) \times (250 \times 10^{-6})}\text{m} = -4.04 \times 10^{-4}\text{m} = -0.404\text{mm}(缩短)$$

(3) 确定节点 A 位移后的位置

加载前,杆1和杆2在节点 A 相连;加载后,各杆的长度虽然改变,但仍连接在一起。因此,先假想地将两杆在 A 点处拆开,并沿两杆轴线分别发生变形(杆1伸长 $\Delta l_1$;杆2缩短 $\Delta l_2$)。由于变形后两杆仍应铰接在一起,即应满足变形的几何相容条件。于是,分别以 B、C 为圆心,以两杆变形后的长度 $\overline{BA_1}$ 和 $\overline{CA_2}$ 为半径作圆弧,其交点 A′ 即为 A 的实际新位置。但由于变形微小,故可分别作1、2杆的垂线以代替圆弧,两垂线交于 $A_3$,略去高阶微量,$A_3$ 可近似作为 A 点的新位置。

(4) 计算节点 A 的位移

由图 4-16d 可知,根据几何特征,节点 A 的水平和铅垂位移分别为

$$\Delta_{Ax} = \overline{AA_2} = \Delta l_2 = 0.404\text{mm} \quad (\leftarrow)$$

$$\Delta_{Ay} = \overline{AA_4} + \overline{A_4A_5} = \frac{\Delta l_1}{\sin 45°} + \frac{\Delta l_2}{\tan 45°} = 1.404\text{mm} \quad (\downarrow)$$

## 自测题 21

自测题 21-1  在轴向拉压杆中,EA 称为杆件的 (    ),它反映杆件抵抗拉压变形的能力。

(A) 横向变形系数;   (B) 泊松比;    (C) 拉压刚度;    (D) 弹性模量。

自测题 21-2  在线弹性范围内,拉压杆横向应变与轴向应变的比值绝对值称为 (    )。

(A) 应变比值;   (B) 泊松比;    (C) 拉压刚度;    (D) 弹性模量。

自测题 21-3  两根受轴向拉伸的杆均处在弹性范围内,一根为钢杆,$E_1 = 200\text{GPa}$,另一根为铸铁杆,$E_2 = 100\text{GPa}$。若两杆横截面上的正应力相同,则两者轴向应变比值 $\varepsilon_1/\varepsilon_2$ 为 (    ),若两杆轴向应变相同,则两者正应力的比值为 $\sigma_1/\sigma_2$ 为 (    )。

(A) 1:1;      (B) 2:1;       (C) 1:2;       (D) 不能确定。

自测题 21-4　受轴向拉、压的等截面直杆，若其总伸长量为零，以下结论正确的是：（　　）。
（A）杆内各处的应变必为零；
（B）杆内各点的位移必为零；
（C）杆内各点的正应力必为零；
（D）杆的轴力图面积代数和必为零。

## 4.5　材料在拉伸与压缩时的力学性能

　　构件的强度和变形不仅与构件所受到的外力有关，还与构件材料的力学性能有关。所谓材料的力学性能，主要是指材料在外力作用下在强度和变形方面表现出来的特性。材料的力学性能都需要通过试验来测定。材料的力学性能不仅取决于材料的成分和组织结构，而且还与受力状态、温度和加载方式等因素有关。低碳钢和铸铁是工程中广泛应用的材料，它们的力学性能比较典型。本节主要以这两种材料为例，研究其在室温、静载（缓慢、平稳加载）下拉伸与压缩时的力学性能。

### 4.5.1　试件与设备

　　为了便于比较不同材料的试验结果，应将试验材料按国家标准制成标准试样（GB/T 228—2002《金属材料室温拉伸试验方法》）。

　　对金属材料拉伸有两种标准试样。一种是圆截面试样，如图 4-17a 所示。在试样中部 $A$、$B$ 之间的长度 $l$ 称为标距，试验时测量该段的伸长。标距 $l$ 与标距内横截面直径 $d$ 的关系为 $l=10d$ 或 $l=5d$。另一种为矩形截面试样，如图 4-17b 所示，标距 $l$ 与标距内横截面面积 $A$ 的关系为 $l=11.3\sqrt{A}$ 或 $l=5.65\sqrt{A}$。

　　金属的压缩试样常为圆柱形和正方形截面的短柱体，为避免被压弯，柱体的高度为直径或边长的 1.5～3 倍，如图 4-18 所示。

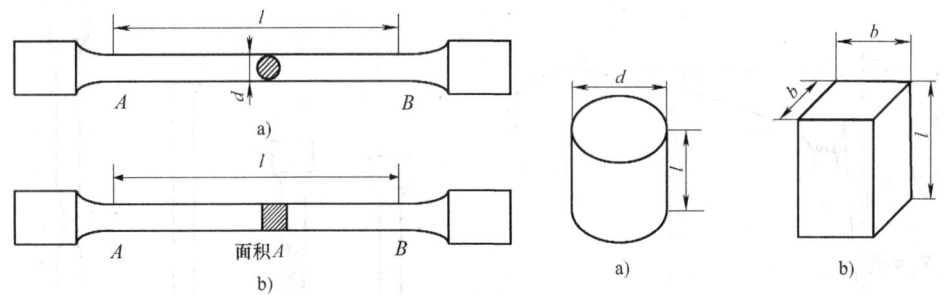

图 4-17　轴向拉伸的标准试样　　　　图 4-18　轴向压缩的标准试样

　　试验设备为材料万能试验机。试样在试验机上受到从零逐渐增加的轴向力 $F$ 作用，同时发生变形。外力缓慢增加，直至试样拉断。自动绘图装置将试验过程中的载荷 $F$ 和标距段的伸长 $\Delta l$ 之间的关系记录下来，画出如图 4-19a 所示的曲线,即为 $F$-$\Delta l$ 曲线,称为拉伸图。为了消除试样尺寸的影响,将载荷 $F$ 除以试样受力前的原始横截面面积 $A$,结果为标距段任一横截面上的应力 $\sigma$;伸长 $\Delta l$ 除以试样原始标距 $l$,结果为任一横截面上沿轴线方向的线应变 $\varepsilon$,这样便得到材料的 $\sigma$-$\varepsilon$ 曲线,称为应力-应变图,如图4-19b所示。因为试样的原始横截面面积 $A$ 和原始标距 $l$ 皆为常数,故得到的应力应变图形和拉伸图的图形相似。

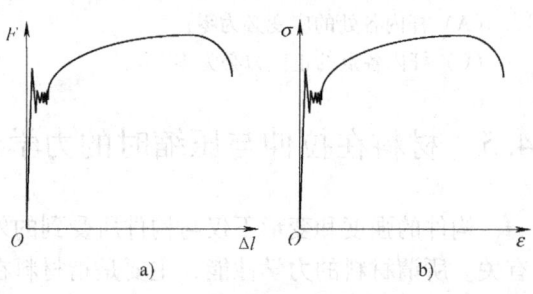

图4-19 拉伸图与应力应变图

### 4.5.2 低碳钢在拉伸时的力学性能

低碳钢是指含碳量较低(质量分数在0.25%以下)的普通碳素钢,如Q235钢,是工程上广泛使用的材料。图4-20所示即为低碳钢试样的应力应变图,图4-21所示为低碳钢试样的变形情况。由图可见,低碳钢在整个拉伸过程中,其标距段的应力 $\sigma$ 和应变 $\varepsilon$ 的关系大致可分为以下四个阶段。

**I 弹性阶段(OB段)**

在该阶段,试样的变形完全是弹性的,载荷全部卸去后,变形完全消失,试样将恢复其原长,如图4-21a所示,这一阶段称为弹性阶段。本阶段可分为两部分:斜直线 $OA$ 段和微弯段 $AB$ 段。斜直线 $OA$ 表示应力和应变成线性关系,即材料服从胡克定律。直线最高点 $A$ 的应力称为比例极限,用 $\sigma_p$ 表示。Q235钢的比例极限约为 $\sigma_p = 200\text{MPa}$。在比例极限范围内,斜直线的斜率即为材料的弹性模量 $E$,即

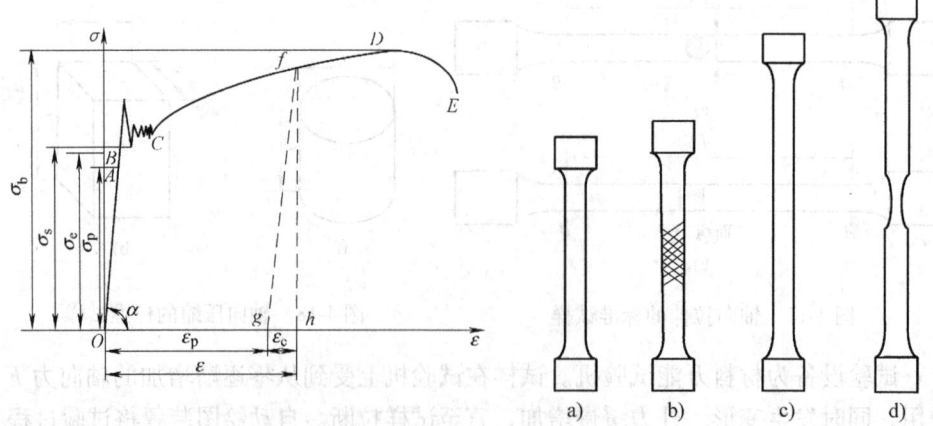

图4-20 低碳钢拉伸的应力应变图       图4-21 低碳钢拉伸的变形图

$$\tan\alpha = \frac{\sigma}{\varepsilon} = E$$

超过比例极限后，从 $A$ 点到 $B$ 点，应力和应变之间的关系不再是线性关系。但变形仍然是弹性变形，$B$ 点所对应的应力为弹性阶段的最高点，称为弹性极限，用 $\sigma_e$ 表示。

试验结果表明，材料的弹性极限和比例极限在数值上非常接近，故工程上对它们往往不加以严格区分。

Ⅱ 屈服阶段（$BC$ 段）

当增加载荷使应力超过弹性极限后，变形增加很快，而应力不增加或产生波动，在应力应变图上显示为接近水平线的小锯齿形波段，这种材料暂时失去抵抗变形能力的现象称为屈服，这一阶段称为屈服阶段。屈服阶段出现的变形，是不可恢复的塑性变形。若试样经过抛光，则在试样表面会出现与轴线大致呈45°角的条纹，这是由于材料沿试样的最大切应力面发生滑移引起的，称为滑移线，如图4-21b所示。在屈服阶段内最高点的应力和最低点的应力分别称为上屈服强度和下屈服强度。上屈服强度的数值与试样的形状、加载速度等因素有关，一般是不稳定的。下屈服强度则是比较稳定的数值，能够反映材料的性质。通常将屈服阶段的最小应力（下屈服强度）称为屈服强度或屈服极限，用 $\sigma_s$ 表示。Q235钢的 $\sigma_s$ 为216～235MPa。

在屈服阶段，如果完全卸载，试样不能恢复原长，会有较大的塑性变形，即材料产生了显著的塑性变形。在一般情况下，零件上的塑性变形将导致零件不能再按设计的要求正常工作，所以，一般取屈服极限 $\sigma_s$ 作为衡量材料强度的重要指标。

Ⅲ 强化阶段（$CD$ 段）

在屈服阶段以后，要使试样继续变形，必须增加拉力，即材料又恢复了抵抗变形的能力。这种现象称为强化，这一阶段称为强化阶段。在该阶段，变形的增加比弹性阶段快，试样的横向尺寸有明显的缩小，其变形主要是塑性变形，如图4-21c所示。强化阶段的最高点 $D$ 所对应的应力称为抗拉强度或强度极限，用 $\sigma_b$ 表示。强度极限 $\sigma_b$ 是材料断裂前所能承受的最大应力，也是衡量材料强度的另一重要指标。Q235钢的 $\sigma_b$ 为380～470MPa。

Ⅳ 局部变形阶段（$DE$ 段）

在强化阶段以后，在试样的某一局部范围内，横向尺寸突然急剧缩小，形成"颈缩"现象，如图4-21d所示，这一阶段称为局部变形阶段。由于在颈缩部分横截面面积迅速减小，使试样继续伸长所需要的拉力也相应减少。在应力应变图中，用横截面原始面积 $A$ 算出的应力随之减小，降到 $E$ 点，试样被拉断。

在拉伸试验过程中，如果加载至材料强化阶段中的任一点 $f$ 时，逐渐卸载，卸载过程中应力和应变之间沿着与 $OA$ 几乎平行的直线变化。由此可见，在强化阶段中，试样 $f$ 点的总应变 $\varepsilon$ 包括了 $gh$ 段的弹性应变 $\varepsilon_e$ 和 $og$ 段的塑性应变 $\varepsilon_p$。在完全卸载后，弹性应变 $\varepsilon_e$ 消失，只留下塑性应变 $\varepsilon_p$。

卸载后，如果立即再缓慢加载，则应力、应变之间基本上沿着卸载时的同一直线上升，直到 $f$ 点后仍沿着 $fDE$ 变化。在重新加载的过程中，直到 $f$ 点才开始出现塑性变形。可见，预拉伸过的试样，其比例极限得到了提高，但拉断后的塑性应变却有所降低。在常温下，将材料拉伸到强化阶段，卸载后重新加载，材料的比例极限提高而塑性降低的现象称为冷作硬化。工程中常用冷作硬化来提高材料的比例极限，扩大构件在弹性范围内的承载能力。例如，起重用的钢索和建筑用的钢筋等一般都采用预拉伸处理。

需要注意的是，由于冷作硬化使材料变脆、变硬，给进一步加工带来不便，且容易产生裂纹。这时可以通过退火处理来消除冷作硬化的效应。

试样被拉断后，弹性变形消失，而塑性变形依然保留了下来。工程中用试样拉断后的塑性变形来衡量材料的塑性性能。

断后伸长率

$$\delta = \frac{l_1 - l}{l} \times 100\% \qquad (4\text{-}11)$$

断面收缩率

$$\psi = \frac{A - A_1}{A} \times 100\% \qquad (4\text{-}12)$$

式中，$l$ 为试样原始标距；$A$ 为试样原始的横截面面积；$l_1$ 为拉断后试样标距的长度；$A_1$ 为试样拉断后断口处的最小横截面面积。Q235 钢的断后伸长率 $\delta$ 为 $20\% \sim 30\%$，断面收缩率 $\psi$ 约为 $60\%$。

断后伸长率 $\delta$ 和断面收缩率 $\psi$ 的数值越大，表明材料的塑性越好。工程上通常按断后伸长率的大小把材料分成两大类：将 $\delta \geqslant 5\%$ 的材料称为塑性材料，如碳钢、铝及铝合金等；而将 $\delta < 5\%$ 的材料称为脆性材料，如铸铁、陶瓷等。

### 4.5.3 其他材料在拉伸时的力学性能

与低碳钢在应力应变图上相似的材料，还有锰钢及另外一些高强度低合金钢。它们与低碳钢相比，屈服强度和抗拉强度均显著提高，而屈服阶段则稍短，且断后伸长率略低。

对于其他金属材料，应力应变图并不都类似低碳钢具备四个阶段。图 4-22a 综合给出了几种典型的金属材料在拉伸时的应力应变图。将这些曲线相互比较，可以看出：这些材料的断后伸长率都较大，因此都是塑性材料。但与低碳钢相比，这些材料都没有明显的屈服阶段。

对于没有明显屈服阶段的塑性材料，按国家标准规定，取产生 0.2% 塑性应变的应力值作为材料的屈服强度，称为规定非比例延伸强度（名义屈服极限），

用 $\sigma_{p0.2}$ 表示。确定方法如图 4-22b 所示，图中的直线 $CD$ 与弹性阶段内的直线部分相平行。

另外一类典型材料是脆性材料。这类材料的共同特点是断后伸长率 $\delta$ 均很小。图 4-23a 所示的就是脆性材料灰铸铁的拉伸 $\sigma$-$\varepsilon$ 曲线，它是一段微弯的线段。同时，铸铁拉伸时没有屈服阶段和颈缩现象，在较小的应力下即被拉断，如图 4-23b 所示。尽管铸铁拉伸的 $\sigma$-$\varepsilon$ 曲线没有明显的直线段，但也认为近似服从胡克定律，因此在工程计算中，通常取总应变为 0.1% 时的割线斜率作为材料的弹性模量，称为割线弹性模量。试样拉断时的应力作为其强度极限 $\sigma_b$，它是衡量脆性材料强度的唯一指标。

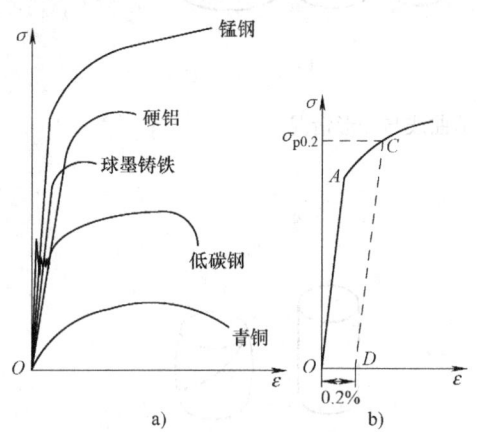

图 4-22 其他塑性材料的拉伸
应力应变图与名义屈服极限

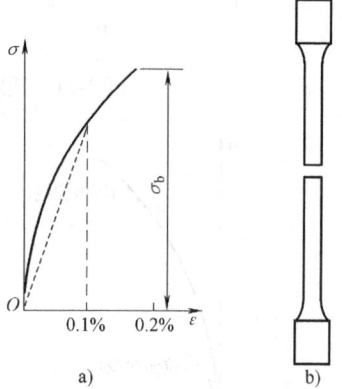

图 4-23 灰铸铁拉伸的应力-
应变曲线与变形情况

### 4.5.4 材料在压缩时的力学性能

塑性材料在压缩时的力学性能与拉伸时有一定的可比性。图 4-24a 所示为低碳钢拉伸与压缩时的 $\sigma$-$\varepsilon$ 曲线，图中实线为压缩时的 $\sigma$-$\varepsilon$ 曲线，虚线为拉伸时的 $\sigma$-$\varepsilon$ 曲线。由图可知：在屈服阶段以前，拉伸和压缩曲线基本重合，两者的弹性模量、比例极限、弹性极限和屈服强度基本相同。进入强化阶段后，试样发生明显的塑性变形，长度缩短、直径增大，如图 4-24b 所示。随着载荷的增加，计算应力时仍采用试样的原始面积，故应力不断增大，因而无法测得材料压缩时的强度极限。因此，低碳钢拉伸压缩性能相近，压缩时的一些性能指标可以通过拉伸试验获得，而不必进行压缩试验。

脆性材料在压缩时的力学性能与拉伸时区别较大。图 4-25 所示为灰铸铁拉伸与压缩时的 $\sigma$-$\varepsilon$ 曲线，图中实线为压缩时的 $\sigma$-$\varepsilon$ 曲线，虚线为拉伸时的 $\sigma$-$\varepsilon$ 曲线。由图可知：铸铁在压缩时的曲线形状与拉伸时相似，没有明显的直线部分，但压缩时的变形较大；压缩时的强度极限比拉伸时大得多，试样将沿与轴线大致成 35°～

39°倾角的斜截面发生错动而破坏，此时断面法线与轴线大致成55°~51°。

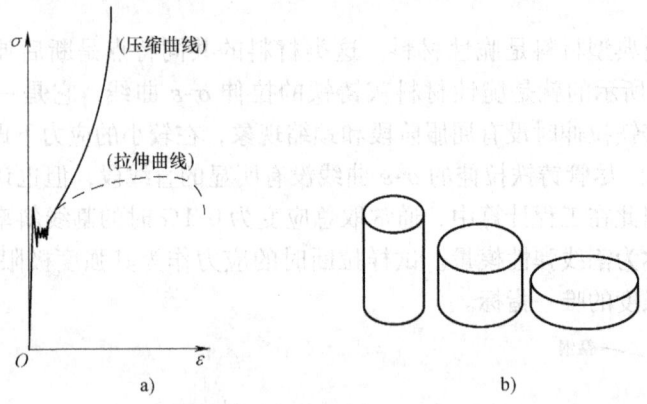

图 4-24　低碳钢的压缩曲线与变形情况

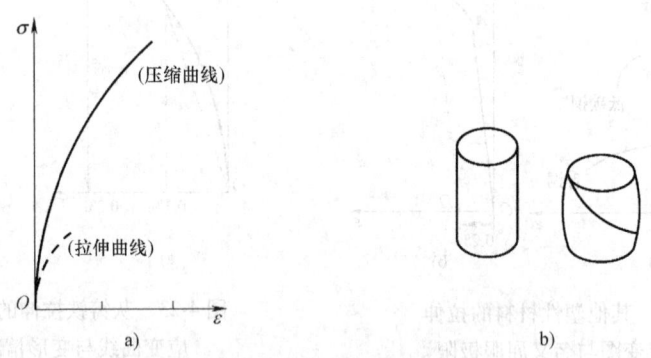

图 4-25　灰铸铁的压缩曲线与变形情况

通过以上试验可知，塑性材料和脆性材料在力学性能上有如下区别：塑性材料在断裂前的变形较大，塑性指标（断后伸长率和断面收缩率）较高，其常用的强度指标是屈服极限 $\sigma_s$ 或 $\sigma_{p0.2}$，拉压性能相近，一般作为受拉构件使用；脆性材料在断裂前的变形较小，塑性指标较低，其强度指标是强度极限 $\sigma_b$，而且其压缩强度极限 $\sigma_b^-$ 远大于其拉伸强度极限 $\sigma_b^+$，一般作为受压构件使用。

## 自测题 22

自测题 22-1　低碳钢试件在拉伸实验时呈现出的四个阶段依次为（　　）、（　　）、（　　）和（　　）。

（A）强化阶段；　　（B）屈服阶段；　　（C）弹性阶段；　　（D）局部变形阶段。

自测题 22-2　低碳钢试件的拉伸实验中，其屈服阶段呈现出应力（　　），应变（　　）的现象。

（A）持续增加；　　（B）基本不变。

自测题22-3  冷作硬化将使材料的比例极限（　　），而塑性变形（　　）。
(A) 提高；　　　　(B) 降低。

自测题22-4  工程中通常将（　　）的材料称为塑性材料，而将（　　）的材料称为脆性材料。
(A) $\delta<5\%$；　　(B) $\delta\geqslant5\%$。

自测题22-5  对于没有明显屈服点的塑性材料，规定以产生0.2%的塑性应变时的应力作为屈服指标，称为材料的（　　），用$\sigma_{p0.2}$表示。
(A) 名义屈服极限；(B) 割线弹性模量。

自测题22-6  衡量材料塑性的两个指标分别是断后伸长率和断面收缩率，其值越大，材料的塑性（　　）。
(A) 越好；　　　　(B) 越差。

自测题22-7  铸铁拉伸实验中，拉应力一般较低，认为近似服从胡克定律，以$\sigma$-$\varepsilon$曲线开始部分的割线代替曲线，以割线的斜率作为弹性模量，称为（　　）。
(A) 名义屈服极限；(B) 割线弹性模量。

自测题22-8  关于低碳钢试样拉伸至屈服时，以下结论正确的是（　　）。
(A) 应力和塑性变形很快增加，因而认为材料失效；
(B) 应力和塑性变形虽然很快增加，但不意味着材料失效；
(C) 应力不增加，塑性变形很快增加，因而认为材料失效；
(D) 应力不增加，塑性变形很快增加，但不意味着材料失效。

自测题22-9  现有钢和铸铁两种棒材，其直径相同，从承载能力和经济效益两方面考虑，自测题22-9图所示结构两杆的合理选材方案是（　　）。
(A) 1为钢，2为铸铁；(B) 两杆均为钢；
(C) 1为铸铁，2为钢；(D) 两杆均为铸铁。

自测题22-10  关于材料的弹性模量$E$有下列几种说法，正确的是（　　）。
(A) $E$的量纲与应力的量纲不相同；
(B) $E$表示材料弹性变形能力的大小；
(C) 各种牌号钢材的$E$值相差不大；
(D) 橡胶的$E$比钢材的$E$值要大。

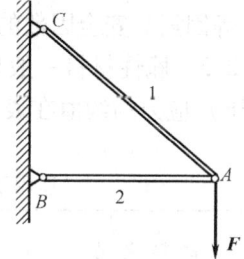

自测题22-9图

# 4.6　轴向拉压杆的强度计算

由式（4-2）可求出拉压杆横截面上的正应力，这个应力称为工作应力。但仅有工作应力并不能判断构件是否会因为强度不足而失效。只有将构件的最大工作应力与材料的强度指标相联系，才能做出判断。

## 4.6.1　许用应力和安全因数

首先研究极限应力$\sigma_u$的选取。所谓极限应力，即材料丧失正常工作能力时的应力。对于脆性材料，由于材料在破坏前都不会产生明显的塑性变形，只有当应力达到强度极限时，才会发生断裂而失去工作能力，所以取强度极限 $\sigma_b$ 作为 $\sigma_u$；而对于塑性材料，当其应力达到屈服极限时，材料将发生较大的塑性变形，使得构件的外形和尺寸发生了变化，不能按设计的要求正常工作而失去工作能力，所以取屈服极限 $\sigma_s$ 或 $\sigma_{p0.2}$ 作为 $\sigma_u$。

其次研究安全因数 $n$ 的选取。考虑到一些主观和客观存在的不利因素，例如，实际材料与标准试样材料之间的差异，可能会导致实际的极限应力小于试验所得的结果；计算载荷难以准确估计，或者实际结构与计算简图之间的差异，可能会使得构件实际的最大工作应力超过计算的数值；另外还需要给构件必要的强度储备。因此，设计时不允许构件的最大工作应力达到或接近极限应力 $\sigma_u$。因此，在实际的强度计算中取一个大于 1 的数，称为安全因数，用 $n$ 表示。用极限应力除以安全因数所得的应力称为许用应力，用 $[\sigma]$ 表示，即

$$[\sigma] = \frac{\sigma_u}{n} \tag{4-13}$$

对于脆性材料，$\sigma_u = \sigma_b$，$n = n_b$，则 $[\sigma] = \dfrac{\sigma_b}{n_b}$。

对于塑性材料，$\sigma_u = \sigma_s$ 或 $\sigma_{p0.2}$，$n = n_s$，则 $[\sigma] = \dfrac{\sigma_s}{n_s}$ 或 $[\sigma] = \dfrac{\sigma_{p0.2}}{n_s}$。

安全因数的选取不仅仅是个力学问题，同时还要考虑工程的重要性以及经济性等因素。安全因数的大致取值范围是：在静载荷下，塑性材料一般取为 1.25~2.5；脆性材料一般取为 2.5~3.0。工程上常用材料在一般情况下的许用拉（压）应力的约值在表 4-2 中给出。

表 4-2 常用材料的许用应力约值
（适用于常温、静荷载和一般工作条件下的拉杆和压杆）

| 材料名称 | 牌号 | 许用应力/MPa | |
|---|---|---|---|
| | | 轴向拉伸 | 轴向压缩 |
| 低碳钢 | Q235 | 170 | 170 |
| 低合金钢 | 16Mn | 230 | 230 |
| 灰铸铁 | | 34~54 | 160~200 |
| 混凝土 | C20 | 0.44 | 7 |
| 混凝土 | C30 | 0.6 | 10.3 |
| 红松（顺纹） | | 6.4 | 10 |

## 4.6.2 强度条件和强度计算

对于等截面直杆，轴力最大的横截面称为危险截面。危险截面上应力最大的点是危险点。对于轴向拉压杆，横截面上的正应力是均匀分布，故可将横截面任

一点视作危险点。拉压杆件危险点处的最大工作应力由式（4-2）计算，当该点的最大工作应力不超过材料的许用应力时，就能保证杆件安全正常地工作。

因此，为确保拉压杆不致因强度不足而破坏的强度条件为

$$\sigma_{\max} \leqslant [\sigma] \tag{4-14}$$

利用式（4-14）可以进行如下三个方面的强度计算。

（1）强度校核

当杆的横截面面积 $A$、材料的许用应力 $[\sigma]$ 及拉压杆件所受载荷为已知时，可由式（4-14）校核杆的最大工作应力是否满足强度条件的要求。若最大工作应力不超过许用应力，则构件的强度是足够的；若工作应力超过许用应力，则构件的强度不足。如果杆的最大工作应力略高于许用应力，工程上规定，只要不超过许用应力的 5%，也认为构件的强度满足要求。

（2）设计截面　当杆所受载荷及材料的许用应力 $[\sigma]$ 为已知时，可由式（4-14）设计杆所需的横截面面积，即

$$A \geqslant \frac{F_{N,\max}}{[\sigma]}$$

再根据不同的截面形状，确定截面的尺寸。

（3）确定许可载荷　当杆的横截面面积 $A$ 及材料的许用应力 $[\sigma]$ 为已知时，可由式（4-14）求出杆件所许可的最大轴力为

$$F_{N,\max} \leqslant A[\sigma]$$

再由此确定杆件的许可载荷。

【**例 4-6**】　一空心圆截面拉杆，外径 $D = 20\text{mm}$，内径 $d = 15\text{mm}$，承受轴向拉力 $F = 20\text{kN}$，材料的屈服应力 $\sigma_s = 235\text{MPa}$，安全因数 $n_s = 1.5$，试校核该杆的强度。

【**解**】　（1）计算杆件横截面上的正应力

$$\sigma = \frac{F}{A} = \frac{F}{\pi(D^2 - d^2)/4} = \frac{4 \times (20 \times 10^3)}{\pi \times (0.020^2 - 0.015^2)}\text{Pa}$$

$$= 1.445 \times 10^8 \text{Pa} = 145.5\text{MPa}$$

（2）计算材料的许用应力

$$[\sigma] = \frac{\sigma_s}{n_s} = \frac{235\text{MPa}}{1.5} = 156\text{MPa}$$

（3）校核

$$\sigma = 145.5\text{MPa} < [\sigma] = 156\text{MPa}$$

所以杆件的强度足够。

【**例 4-7**】　三角形吊架如图 4-26a 所示，其杆 AB 和 BC 均为等边角钢制成的钢杆。已知荷载 $F = 450\text{kN}$，许用应力 $[\sigma] = 160\text{MPa}$，试确定等边角钢型号。

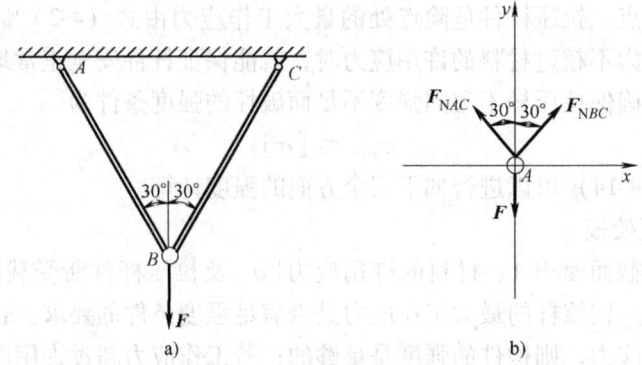

图 4-26 例题 4-7 图

【解】 (1) 确定各杆轴力
取节点 $B$ 为分离体,受力图如图 4-26b 所示。列出平衡方程
$$\sum F_x = 0, \quad -F_{NAB}\sin30° + F_{NBC}\sin30° = 0$$
$$\sum F_y = 0, \quad F_{NAB}\cos30° + F_{NBC}\cos30° - F = 0$$

解得各杆的轴力为
$$F_{NAB} = F_{NBC} = \frac{F}{2\cos30°} = \frac{450 \times 10^3}{2\cos30°}\text{N} = 259.8\text{kN}$$

(2) 根据强度条件确定截面尺寸
$$A \geq \frac{F_N}{[\sigma]}$$

$$A \geq \frac{F_N}{[\sigma]} = \frac{259.8 \times 10^3}{160 \times 10^6}\text{m}^2 = 1623.75 \times 10^{-6}\text{m}^2 = 16.24\text{cm}^2$$

查型钢表,No.9 角钢(90×90×9)面积为 15.566cm²,略小于所求面积,但与 A 最接近,验算后 $\sigma_{max}$ 不超过 $[\sigma]$ 5%。因此,选用两根 90×90×9 的等边角钢作为钢杆。

【例 4-8】 一钢木三角架如图 4-27a 所示,$AB$ 为木杆,其横截面面积 $A_{AB} = 10 \times 10^3\text{mm}^2$,许用压应力 $[\sigma]_{AB}^- = 7\text{MPa}$;$BC$ 为钢杆,其横截面面积 $A_{AC} = 600\text{mm}^2$,许用拉应力 $[\sigma]_{AC}^+ = 160\text{MPa}$。试求该结构的许用载荷 $[F]$。

【解】 (1) 确定各杆轴力和载荷的关系
假设各杆轴力为拉力,根据节点 A 的平衡方程
$$\sum F_x = 0, \quad -F_{NAC}\cos30° - F_{NAB} = 0$$
$$\sum F_y = 0, \quad F_{NAC}\sin30° - F = 0$$

解得各杆的轴力为
$$F_{NAB} = -\sqrt{3}F(\text{压力})$$
$$F_{NAC} = 2F(\text{拉力})$$

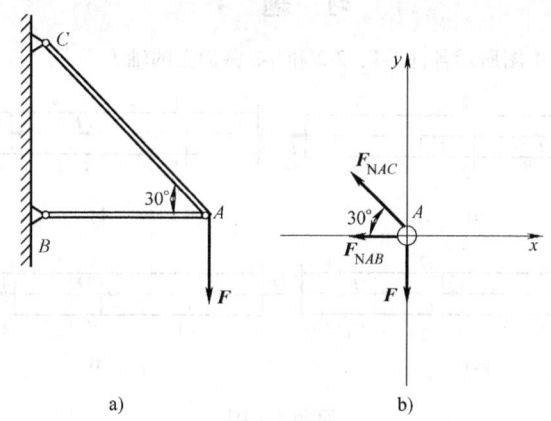

图 4-27 例题 4-8 图

（2）利用强度条件，求许用载荷

利用 $F_N \leq A[\sigma]$，可得木杆轴力为

$$|F_{NAB}| = \sqrt{3}F \leq A_{AB}[\sigma]_{AB}^-$$

保证木杆满足强度要求的载荷为

$$F \leq \frac{A_{AB}[\sigma]_{AB}^-}{\sqrt{3}} = \frac{10 \times 10^3 \times 10^{-6} \times 7 \times 10^6}{\sqrt{3}} \text{N} = 40416\text{N} = 40.4\text{kN}$$

钢杆轴力为

$$|F_{NBC}| = 2F \leq A_{AC}[\sigma]_{AC}^+$$

保证钢杆满足强度要求的载荷为

$$F \leq \frac{A_{AC}[\sigma]_{AC}^+}{2} = \frac{600 \times 10^{-6} \times 160 \times 10^6}{2}\text{N} = 48000\text{N} = 48.0\text{kN}$$

要保证整个结构安全，两杆都必须满足强度要求。因此，结构的许用载荷 $[F] = F_{\min} = 40.4\text{kN}$。

## 自测题 23

自测题 23-1　$\sigma_e$、$\sigma_p$、$\sigma_s$、$\sigma_b$ 分别代表弹性极限、比例极限、屈服极限和强度极限，许用应力 $[\sigma] = \dfrac{\sigma_u}{n}$，对于低碳钢，极限应力 $\sigma_u$ 应是（　　）。

(A) $\sigma_e$；　　　(B) $\sigma_p$；　　　(C) $\sigma_s$；　　　(D) $\sigma_b$。

自测题 23-2　对于铸铁，极限应力 $\sigma_u$ 应是（　　）。

(A) $\sigma_e$；　　　(B) $\sigma_p$；　　　(C) $\sigma_s$；　　　(D) $\sigma_b$。

## 习 题 4

**4-1** 试求习题 4-1 图所示各杆 1-1，2-2 和 3-3 截面上的轴力。

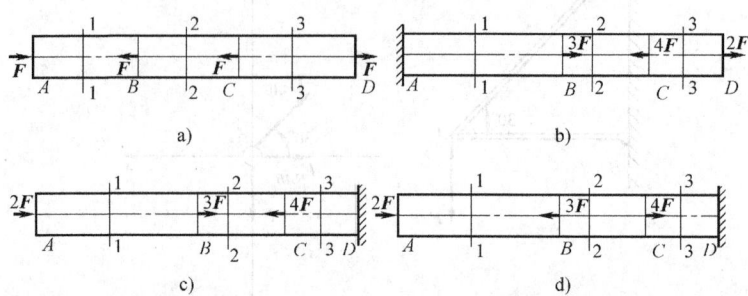

习题 4-1 图

**4-2** 试画出习题 4-1 图所示各杆的轴力图。

**4-3** 一空心圆截面杆，内径 $d=30\text{mm}$，外径 $D=40\text{mm}$，承受轴向拉力 $F=40\text{kN}$，试求横截面上的正应力。

**4-4** 试求习题 4-4 图所示阶梯状直杆横截面 1-1、2-2 和 3-3 上的轴力，并作轴力图。如果横截面面积 $A_1=400\text{mm}^2$，$A_2=300\text{mm}^2$，$A_3=200\text{mm}^2$，试求各指定横截面上的应力。

**4-5** 如习题 4-5 图所示，若已知 $F=40\text{kN}$，杆的横截面面积 $A=50\text{mm}^2$，试计算杆内的最大拉应力和最大压应力。

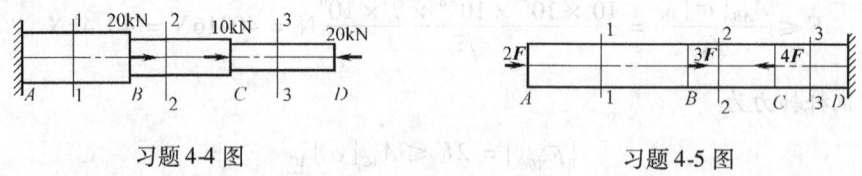

习题 4-4 图　　　　　　　　习题 4-5 图

**4-6** 如习题 4-6 图所示的阶梯形圆截面杆，承受轴向荷载 $F_1=50\text{kN}$ 和 $F_2$ 作用，$AB$ 与 $BC$ 段的直径分别为 $d_1=20\text{mm}$ 与 $d_2=30\text{mm}$，若欲使 $AB$ 与 $BC$ 段横截面上的正应力相同，试求载荷 $F_2$ 之值。

**4-7** 如习题 4-7 图所示，一块厚 10mm、宽 200mm 的钢板，其横截面被直径 $d=20\text{mm}$ 的圆孔所削弱，圆孔的排列对称于杆的轴线。钢板承受轴向拉力 $F=200\text{kN}$。试求钢板内的最大应力。

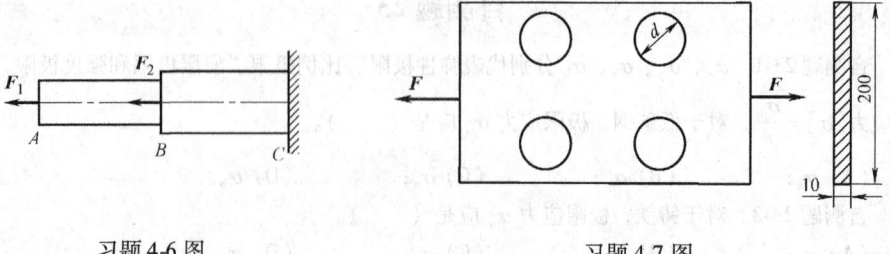

习题 4-6 图　　　　　　　　习题 4-7 图

4-8 一直径为 $d=10$mm 的圆截面杆,在轴向拉力 $F$ 作用下,直径减小 0.0025mm。如果材料的弹性模量 $E=210$GPa,泊松比 $\nu=0.3$。试求轴向拉力 $F$。

4-9 一根等截面直杆受力如习题 4-9 图所示,已知杆的横截面面积 $A$ 和材料的弹性模量 $E$,试作轴力图,并求端点 $D$ 的位移。

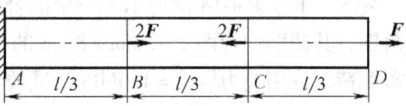

习题 4-9 图

4-10 一矩形截面铝试样,厚度 $\delta=2$mm,试验段板宽 $b=20$mm,标矩 $l=70$mm,在轴向拉力 $F=6$kN 的作用下,测得试验段伸长 0.15mm,板宽缩短 0.014mm,试计算铝的弹性模量 $E$ 与泊松比 $\nu$。

4-11 一空心圆截面钢杆,外直径 $D=120$mm,内直径 $d=60$mm,材料的泊松比 $\nu=0.3$。当其受轴向拉伸时,已知轴向线应变 $\varepsilon=0.001$,试求其变形后的壁厚 $\delta$。

4-12 一木桩受力如习题 4-12 图所示。木桩的横截面为边长 200mm 的正方形,材料符合胡克定律,其弹性模量 $E=10$GPa。不计木桩的自重,试求:(1)作轴力图;(2)各段木桩横截面上的应力;(3)各段木桩的轴向线应变;(4)木桩的总变形。

4-13 如习题 4-13 图所示,杆系由圆截面钢杆 1 和 2 组成,在节点 $A$ 处承受铅垂载荷 $F$ 作用,试求该节点的位移。已知:杆端铰接,两杆与铅垂线均成 $\alpha=30°$ 的角度,长度均为 $l=2$m,直径均为 $d=25$mm,钢的弹性模量为 $E=210$GPa,$F=100$kN。

4-14 如习题 4-14 图所示,设 $CG$ 为刚体($CG$ 的弯曲变形可以省略),$BC$ 为铜杆,长度为 $l_1$,面积为 $A_1$,弹性模量为 $E_1$;$DG$ 为钢杆,长度为 $l_2$,面积为 $A_2$,弹性模量为 $E_2$。如要求 $CG$ 始终保持为水平位置,试求 $x$。

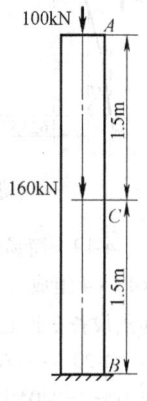

习题 4-12 图

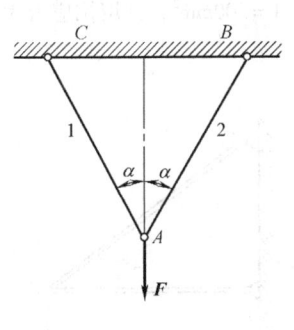

习题 4-13 图

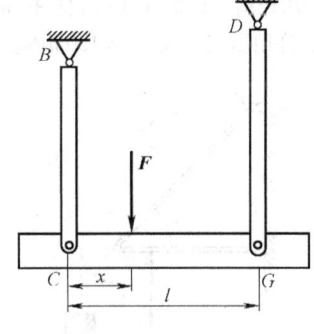

习题 4-14 图

4-15 一根直径 $d=16$mm、长 $l=3$m 的圆截面杆,承受轴向拉力 $F=30$kN,其伸长量 $\Delta l=2.2$mm。试求杆横截面上的应力与材料的弹性模量 $E$。

4-16 一直径为 $d=10$mm 的试样,标矩 $l_0=50$mm,拉伸断裂后,两标点间的长度 $l_1=63.2$mm,颈缩处的直径 $d_1=5.9$mm,试确定材料的延伸率与断面收缩率,并判断属于何种材料(脆性或塑性)。

4-17  习题 4-17 图是某种材料制成的拉伸试件的应力-应变曲线图。试由此图确定这种材料的（拉压）弹性模量 $E$。

4-18  如习题 4-18 图所示为一个混合屋架结构的计算简图。下面的拉杆和中间竖向撑杆用角钢，其截面均为两个 75mm×8mm 的等边角钢。已知屋面承受集度为 $q=20\mathrm{kN/m}$ 的竖向均布载荷，许用应力 $[\sigma]=160\mathrm{MPa}$。试校核拉杆 $EG$ 的强度。

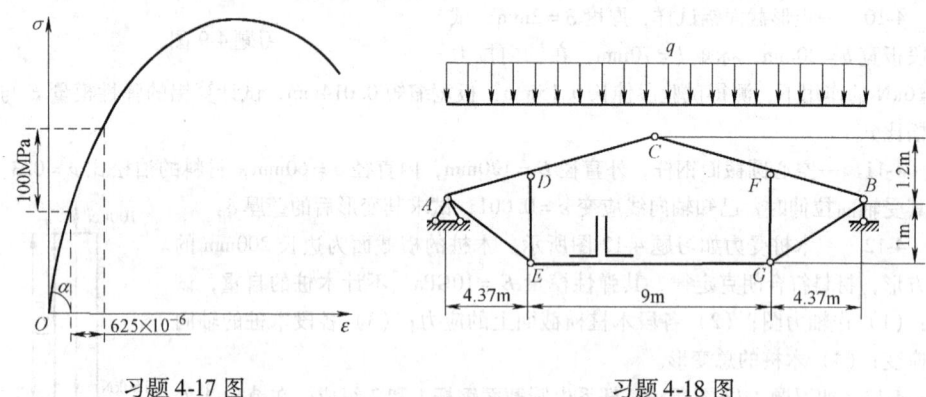

习题 4-17 图     习题 4-18 图

4-19  简易起重设备的计算简图如习题 4-19 图所示。已知斜杆 $AB$ 用两根不等边角钢 63×40×4 组成（每根角钢的截面积为 $A=4.058\mathrm{cm}^2$）。若钢的许用应力 $[\sigma]=170\mathrm{MPa}$，问这个起重设备在提起重量为 $W=15\mathrm{kN}$ 的重物时，斜杆 $AB$ 是否满足强度条件？

4-20  一空心圆截面杆，内径 $d=15\mathrm{mm}$，承受轴向压力 $F=20\mathrm{kN}$ 作用，已知材料的屈服应力 $\sigma_s=240\mathrm{MPa}$，安全因数 $n_s=1.6$。试确定杆的外径 $D$。

4-21  习题 4-21 图所示的杆系，由杆 $AB$ 与杆 $AC$ 组成，在节点 $A$ 承受集中载荷 $F$ 作用，试计算许用载荷。已知杆 $AB$ 与杆 $AC$ 的横截面面积均为 $A=200\mathrm{mm}^2$，许用拉应力为 $[\sigma]^+=200\mathrm{MPa}$，许用压应力 $[\sigma]^-=150\mathrm{MPa}$。

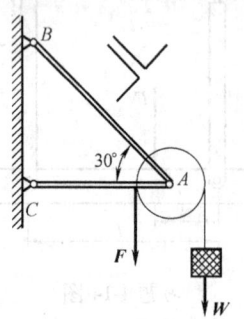
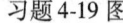
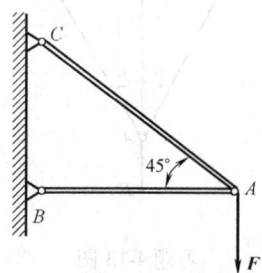

习题 4-19 图     习题 4-21 图

# 第 5 章 剪切与挤压的实用计算

## 5.1 剪切与挤压的概念与实例

在工程实际中,经常需要将构件相互连接。在连接部位,一般要有起连接作用的部件,这种部件称为连接件。

例如,图 5-1a 所示的铆接接头,是用一个铆钉将两块钢板以搭接形式连接成一个整体;图 5-2a 所示的键连接,是用一个键将机械中的轴与齿轮连接成了一个整体。

为了保证连接后的构件能够安全地工作,除构件整体需要满足强度、刚度、稳定性要求外,作为连接件的铆钉、键、销钉、螺栓等也应具有足够的强度。

这些连接接头的主要变形特点和破坏特点有如下形式:①如图 5-1b、图 5-2b 所示,连接件受到一对大小相等、方向相反、作用线很接近的分布外力系作用,在这样的外力系作用下,连接件将沿着两侧外力之间,并与外力作用线平行的截面发生相对错动。这种变形称为剪切变形,发生相对错动的截面称为剪切面。对于这些受剪的连接件,必须考虑其剪切强度问题。②如图 5-1c 所示,连接件在产生剪切变形

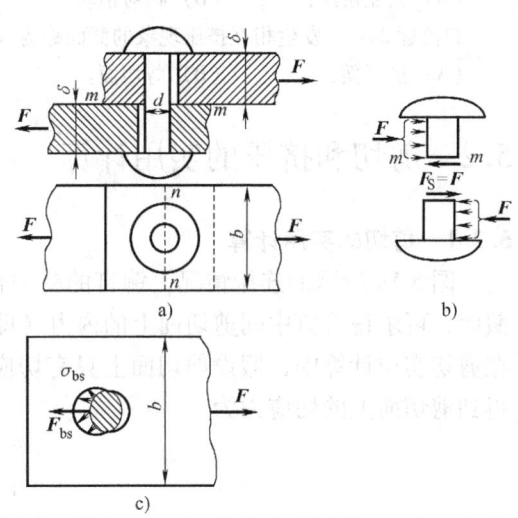

图 5-1 铆钉连接件

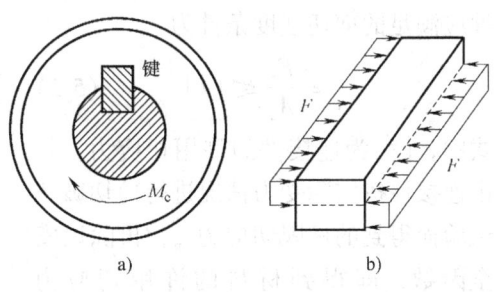

图 5-2 键连接件

的同时,连接件和被连接件在其相互接触的表面上,将发生彼此间的局部承压现象,这种变形称为挤压变形。发生相互挤压现象的截面称为挤压面。如果挤压力过大,会在两者接触面的局部区域产生过大的塑性变形,从而导致连接件失效。

### 自测题 24

**自测题 24-1** 连接件受到一对大小相等、方向相反、作用线很接近的分布外力系作用，使得连接件沿着两侧外力之间，并与外力作用线平行的截面发生相对错动。这种变形称为（　　）。

(A) 剪切变形；　　(B) 挤压变形；　　(C) 拉伸变形；　　(D) 压缩变形。

**自测题 24-2** 连接件和被连接件在其相互接触的表面上，将发生彼此间的局部承压现象，这种变形称为（　　）。

(A) 剪切变形；　　(B) 挤压变形；　　(C) 拉伸变形；　　(D) 压缩变形。

**自测题 24-3** 剪切面是构件的两部分发生（　　）的平面。

(A) 相互挤压；　　(B) 相对错动。

**自测题 24-4** 发生相互挤压现象的截面称为（　　）。

(A) 挤压面；　　(B) 剪切面。

## 5.2 剪切和挤压的实用计算

### 5.2.1 剪切的实用计算

图 5-1a 所示的连接情况，铆钉的受力情况如图所示，应用截面法切开 $m$-$m$ 截面，可求得铆钉中间剪切面上的内力（即剪力），用 $F_S$ 表示，如图 5-1b 所示。在剪切实用计算中，假设剪切面上只有切应力，且各点处的切应力相等，于是，得到剪切面上的切应力为

$$\tau = \frac{F_S}{A_s} \tag{5-1}$$

式中，$F_S$ 为剪切面上的剪力；$A_s$ 为剪切面的面积。

为使连接件不发生剪切破坏，连接件应满足的剪切强度条件为

$$\tau = \frac{F_S}{A_s} \leqslant [\tau] \tag{5-2}$$

式中，$[\tau]$ 为连接件的许用切应力，是由连接件按实际受力情况进行剪切破坏试验而得到的极限切应力 $\tau_u$，再除以安全因数，即得到材料的许用切应力 $[\tau]$。

注意，有些连接件的剪切面不只一个，例如图 5-3a 中的铆钉，每个铆钉都有两个剪切面，如图 5-3b、c 所示。

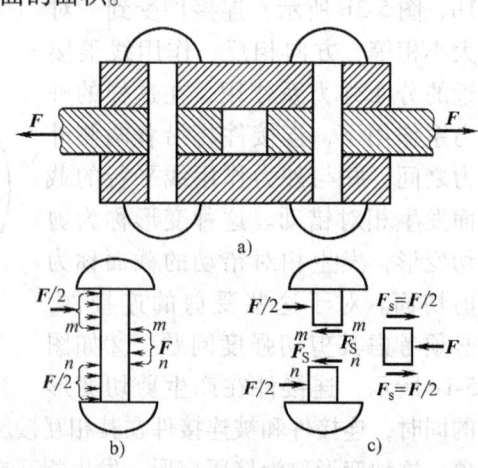

图 5-3 多个剪切面的连接件

在实际计算中，这类问题都需要认真分析，得出连接件准确的剪切面数目，并确定出正确的剪力。

### 5.2.2 挤压的实用计算

挤压接触面上的应力分布也是比较复杂的。图 5-1a 所示的铆钉，接触面上的压力，称为挤压力，用 $F_{bs}$ 表示。挤压力可以根据连接件的外力，由静力平衡条件求得。在挤压实用计算中，挤压应力为

$$\sigma_{bs} = \frac{F_{bs}}{A_{bs}} \tag{5-3}$$

式中，$F_{bs}$ 为接触面上的挤压力；$A_{bs}$ 为计算挤压面面积。

所谓计算挤压面面积是指挤压接触面在垂直于挤压方向的投影面积。当接触面为圆柱面（如铆钉连接中铆钉与钢板的接触面）时，计算挤压面面积 $A_{bs}$ 取为实际接触面在直径平面上的投影面积，如图 5-4a 所示。当连接件的接触面为平面（如平键与轴的连接）时，其计算挤压面面积就是实际接触面的面积，如图 5-4b 所示。

为使连接件不发生挤压破坏，连接件应满足的挤压强度条件为

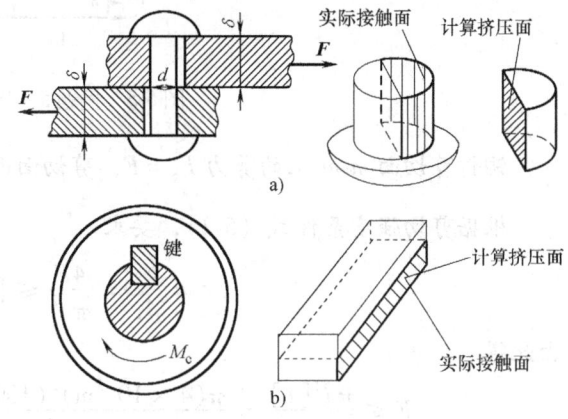

图 5-4 计算挤压面的选取

$$\sigma_{bs} = \frac{F_{bs}}{A_{bs}} \leq [\sigma_{bs}] \tag{5-4}$$

式中，$[\sigma_{bs}]$ 为许用挤压应力，是通过直接试验，按挤压应力公式得到材料的极限挤压应力，再除以安全因数确定的。

为保证连接部分的强度，应同时满足强度条件式（5-2）和式（5-4），根据这两个强度条件式可校核连接件的强度、设计连接件尺寸和计算许可载荷。

【例 5-1】 如图 5-5 所示的铆接接头，承受轴向拉力作用，试求该拉力的许用值。已知板厚 $\delta = 2\text{mm}$，板宽 $b = 15\text{mm}$，铆钉直径 $d = 4\text{mm}$，许用切应力 $[\tau] = 100\text{MPa}$，许用挤压应力 $[\sigma_{bs}] = 300\text{MPa}$，许用拉应力 $[\sigma]^+ = 160\text{MPa}$。

【解】（1）接头破坏形式分析

铆接接头的破坏形式可能有以下三种：铆钉沿截面 m-m 被剪断；铆钉与钢板孔壁互相挤压，铆钉产生显著塑性变形；板沿截面 n-n 被拉断。

（2）剪切强度分析

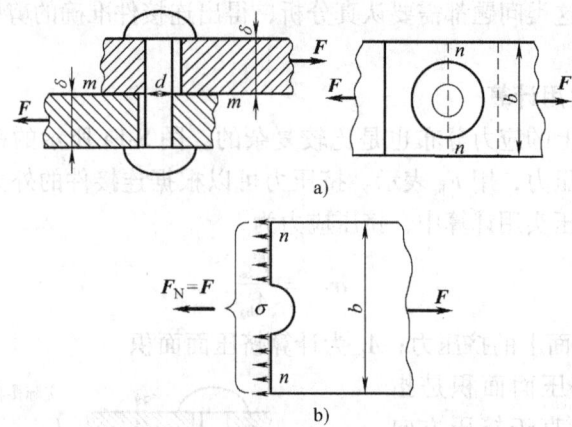

图 5-5 例题 5-1 图

铆钉剪切面 m-m 上的剪力 $F_S = F$，剪切面面积 $A_s = \dfrac{\pi d^2}{4}$。

根据剪切强度条件式 (5-2)，要求

$$\tau = \dfrac{F_S}{A_s} = \dfrac{4F}{\pi d^2} \leqslant [\tau]$$

由此得

$$F \leqslant \dfrac{\pi d^2 [\tau]}{4} = \dfrac{\pi (4 \times 10^{-3} \text{m})^2 (100 \times 10^6 \text{Pa})}{4} = 1257 \text{N}$$

(3) 挤压强度分析

铆钉所受的挤压力 $F_{bs} = F$，剪切面面积 $A_{bs} = d\delta$。

根据挤压强度条件式 (5-4)，要求

$$\sigma_{bs} = \dfrac{F_{bs}}{A_{bs}} = \dfrac{F}{d\delta} \leqslant [\sigma_{bs}]$$

由此得

$$F \leqslant d\delta [\sigma_{bs}] = (4 \times 10^{-3} \text{m})(2 \times 10^{-3} \text{m})(300 \times 10^6 \text{Pa}) = 2400 \text{N}$$

(4) 拉伸强度分析

由于连接件削弱了连接板的横截面，使得连接板的抗拉强度受到影响，并以连接件直径处的横截面面积为最小，故该截面为板的危险截面。假想将图 5-5a 所示的连接板沿 n-n 截面截开，横截面面积和受力情况如图 5-5b 所示。在连接板的实用计算中，假设截面上的正应力均匀分布，因此可计算出该截面的名义拉应力为

$$\sigma^+ = \dfrac{F_N}{A_j}$$

式中，$F_N$ 为连接板该处的轴力；$\sigma^+$ 为该处的拉应力；$A_j$ 为被削弱截面的净截面面积。

连接板的 n-n 截面上的轴力 $F_N = F$，截面 n-n 上的净面积 $A_j = (b-d)\delta$。

根据拉伸强度条件，要求

$$\sigma^+ = \frac{F_N}{A_j} = \frac{F}{(b-d)\delta} \leq [\sigma]^+$$

由此得

$$F \leq (b-d)\delta[\sigma]^+ = (15 \times 10^{-3}\text{m} - 4 \times 10^{-3}\text{m})(2 \times 10^{-3}\text{m})(160 \times 10^6 \text{Pa})$$
$$= 3520\text{N}$$

综合考虑以上三个方面，可知接头的许用拉力为 1257N。

【例 5-2】 如图 5-6a 所示，已知钢板厚度 $\delta = 10\text{mm}$，其剪切极限应力为 $\tau_u = 300\text{MPa}$。若用冲床将钢板冲出直径 $d = 25\text{mm}$ 的孔，问需要多大的冲剪力 $F$？

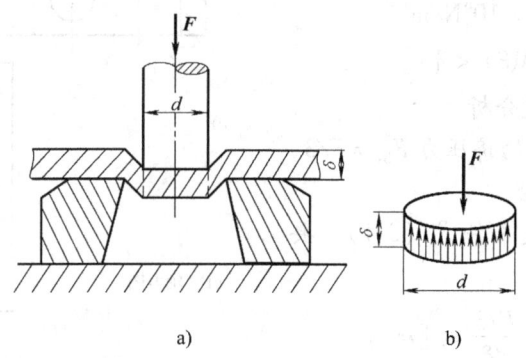

图 5-6 例题 5-2 图

【解】 剪切面是钢板被冲头冲出的圆饼体的柱形侧面，如图 5-6b 所示。其面积为

$$A = \pi d \delta = \pi(25 \times 10^{-3}\text{m})(10 \times 10^{-3}\text{m}) = 785 \times 10^{-6}\text{m}^2$$

冲孔所需要的冲剪力应为

$$F \geq A\tau_u = (785 \times 10^{-6}\text{m}^2)(300 \times 10^6 \text{Pa}) = 236 \times 10^3 \text{N} = 236\text{kN}$$

【例 5-3】 如图 5-7 所示为一铆接头。每边有 3 个铆钉，受轴向拉力 $F = 130\text{kN}$ 作用。已知主板及盖板宽 $b = 110\text{mm}$，主板厚 $\delta = 10\text{mm}$，盖板厚 $\delta = 10\text{mm}$，铆钉直径 $d = 17\text{mm}$。材料的许用应力分别为 $[\tau] = 120\text{MPa}$，$[\sigma]^+ = 170\text{MPa}$，$[\sigma_{bs}] = 300\text{MPa}$。试校核铆接头的强度。

【解】 (1) 接头破坏形式分析

由于每块主板所受外力 $F$ 通过铆钉群中心，所以每个铆钉受力相等，均为 $F/3$，如图 5-7b 所示。铆接接头的破坏形式可能有以下三种：铆钉在剪切面上发生剪切破坏；铆钉与钢板孔壁互相挤压，铆钉产生显著塑性变形，发生挤压破坏；主板在截面削弱处发生拉断破坏。

(2) 剪切强度分析

由于铆钉受到的是两个截面上的剪切，故铆钉每个剪切面上的剪力 $F_S = F/6$，剪切面面积 $A_s = \dfrac{\pi d^2}{4}$。

根据剪切强度条件式 (5-2)，要求

$$\tau = \dfrac{F_S}{A_s} = \dfrac{F/6}{\pi d^2/4} \leqslant [\tau]$$

将已知数据代入得

$$\tau = \dfrac{130 \times 10^3 \text{N}/6}{\pi (0.017)^2 \text{m}^2/4}$$

$$= 95.5 \times 10^6 \text{N/m}^2$$

$$= 95.5 \text{MPa} < [\tau]$$

(3) 挤压强度分析

每个铆钉所受的挤压力 $F_{bs} = F/3$，剪切面面积 $A_{bs} = d\delta$。

根据挤压强度条件式 (5-4)，要求

$$\sigma_{bs} = \dfrac{F_{bs}}{A_{bs}} = \dfrac{F/3}{d\delta} \leqslant [\sigma_{bs}]$$

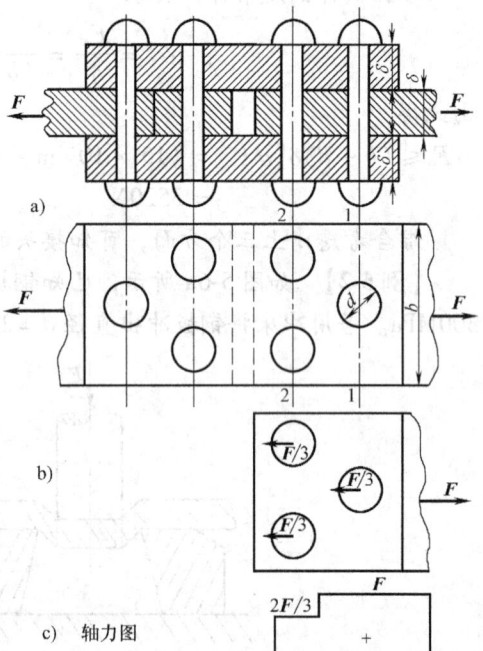

图 5-7　例题 5-3 图

将已知数据代入得

$$\sigma_{bs} = \dfrac{130 \times 10^3 \text{N}/3}{0.01\text{m} \times 0.017\text{m}} = 254.9 \times 10^6 \text{N/m}^2 = 254.9 \text{MPa} < [\sigma_{bs}]$$

(4) 拉伸强度分析

首先作主板的轴力图，如图 5-7c 所示。由图可见，在 1-1 截面上，轴力 $F_{N1} = F$，主板只被一个铆钉孔削弱，$A_{j1} = (b - d)\delta$；在 2-2 截面上，轴力 $F_{N2} = 2F/3$，主板被两个铆钉孔削弱，$A_{j2} = (b - 2d)\delta$。无法直观判断哪一个是危险截面，故应对两个截面都按式 (5-3) 进行拉伸强度校核。

根据拉伸强度条件式 (5-3)，要求

$$\sigma^+ = \dfrac{F_N}{A_j} \leqslant [\sigma]^+$$

将已知数据代入得

$$\sigma_1^+ = \dfrac{F_{N1}}{A_{j1}} = \dfrac{130 \times 10^3 \text{N}}{(0.11\text{m} - 0.017\text{m}) \times 0.01\text{m}}$$

$$= 139.8 \times 10^6 \text{N/m}^2 = 139.8 \text{MPa} < [\sigma]^+$$

$$\sigma_2^+ = \frac{F_{N2}}{A_{j2}} = \frac{2 \times 130 \times 10^3 \text{N}/3}{(0.11\text{m} - 2 \times 0.017\text{m}) \times 0.01\text{m}}$$

$$= 114.0 \times 10^6 \text{N/m}^2 = 114.0 \text{MPa} < [\sigma]^+$$

综合考虑以上三个方面，铆接头满足强度条件。

## 自测题 25

自测题 25-1 在铆钉的挤压实用计算中，挤压面积应取为（    ）。
(A) 实际的挤压面积；
(B) 实际的接触面积；
(C) 接触面在垂直于挤压力的平面上的投影面积；
(D) 挤压力分布的面积。

自测题 25-2 挤压强度条件是，挤压应力不得超过材料的（    ）。
(A) 许用挤压应力；        (B) 极限挤压应力；
(C) 最大挤压应力；        (D) 破坏挤压应力。

自测题 25-3 在剪切实用计算中，假定切应力在剪切面上是（    ）。
(A) 均匀分布；            (B) 不均匀分布。

自测题 25-4 在挤压实用计算中，假定挤压应力在挤压面上是（    ）。
(A) 均匀分布；            (B) 不均匀分布。

## 习 题 5

5-1 习题 5-1 图所示为连接件装置，试根据标注尺寸写出剪切面积、受拉面积、挤压面积的表达式。

5-2 如习题 5-2 图所示，直径为 30mm 的圆轴上安装着一个手摇柄，杆与轴之间有一个键 K。键长×宽×高为 36mm×8mm×8mm，已知键的许用切应力是 56MPa，在距轴心 700mm 处所加的力 $F = 300$N，试校核键的强度。

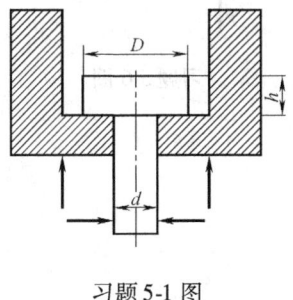

习题 5-1 图

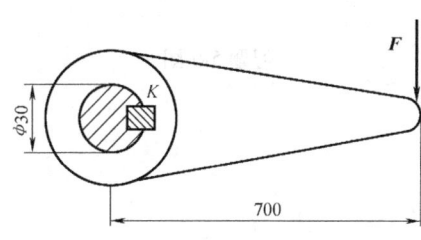

习题 5-2 图

5-3 两块木板连接如习题 5-3 图所示，已知 $b = 100$mm，外力 $F = 50$kN，木板的许用切应力 $[\tau] = 2$MPa，许用挤压应力 $[\sigma_{bs}] = 10$MPa。试求尺寸 $a$ 和 $c$。

5-4 如习题 5-4 图所示为一螺栓接头。已知 $F = 40$kN，螺栓的许用切应力 $[\tau] = 130$MPa，许用挤压应力$[\sigma_{bs}] = 300\text{MPa}$，上下两板厚度为$\delta_1 = 10\text{mm}$，中板厚度$\delta_2 = 20\text{mm}$。试计算螺栓所需的直径$d$。

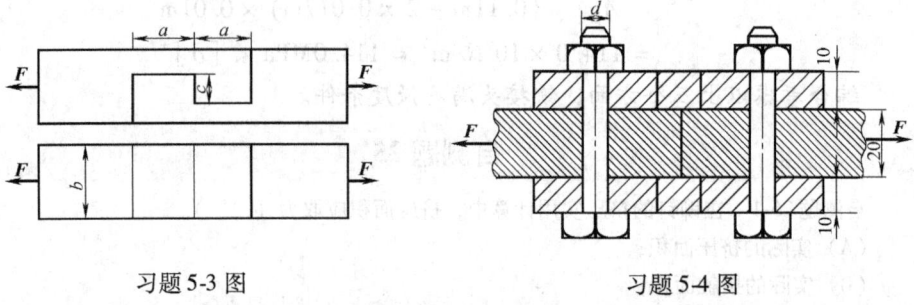

习题 5-3 图　　　　　　　　习题 5-4 图

5-5　如习题 5-5 图所示，切料装置用刀刃把插进切料模中的 $\phi 16$ 棒材切断，棒材为 20 钢，剪切强度极限$\tau_b = 320\text{MPa}$，试计算切断力 $F$。

5-6　两块钢板搭接，铆钉直径为 $d = 25\text{mm}$，排列如习题 5-6 图所示。已知$[\tau] = 100\text{MPa}$，$[\sigma_{bs}] = 280\text{MPa}$，板 1 和板 2 的许用拉应力$[\sigma]^+ = 160\text{MPa}$，板厚$\delta = 12\text{mm}$，板 1 宽 $b_1 = 200\text{mm}$，板 2 宽 $b_2 = 160\text{mm}$，试求拉力 $F$ 的许可值。

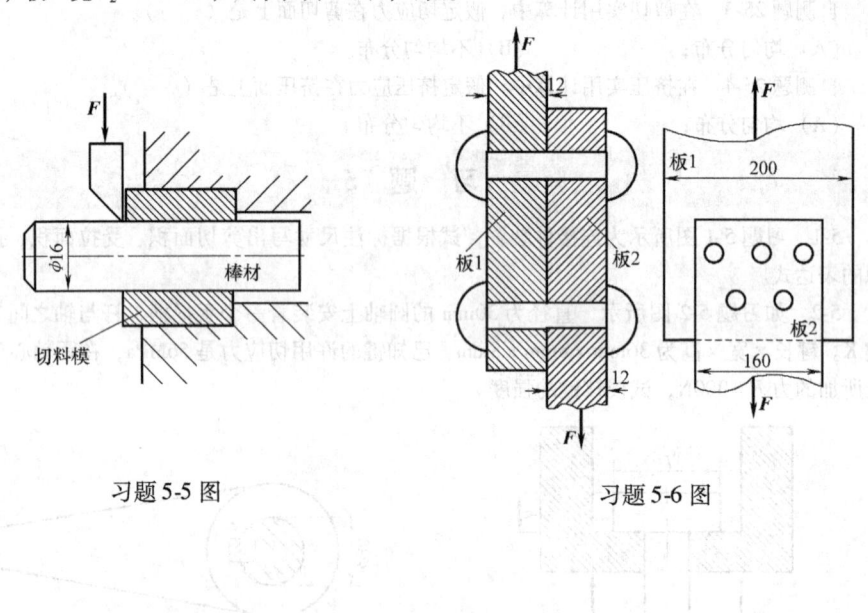

习题 5-5 图　　　　　　　　习题 5-6 图

# 第6章 圆轴扭转时的强度和刚度计算

## 6.1 圆轴扭转的概念和实例

工程实际及日常生活中经常会遇到受力后发生扭转变形的杆件，例如汽车转向盘操纵杆（图6-1a），杆的上端受到经由转向盘传来的力偶作用，下端则受到来自转向器的阻抗力偶作用。再如钻探机的钻杆（图6-1b）、车床的光杆、旋具（图6-1c）等，这些杆件都在两端受到大小相等、方向相反、作用面垂直于杆轴的力偶，致使杆件的任意两个横截面之间发生绕轴线的相对转动，这种变形称为扭转变形。

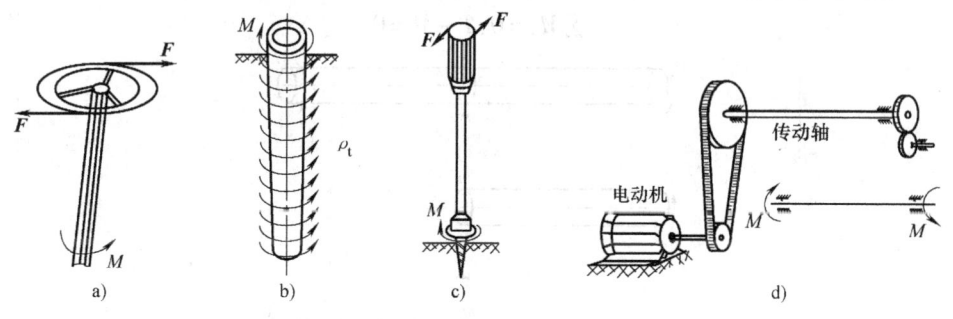

图 6-1 圆轴扭转的实例

工程实际中有很多杆件的变形以扭转变形为主，如机器中的传动轴（图6-1d）、电动机主轴等，它们不仅仅发生扭转变形，还伴有弯曲变形，属于组合变形。工程中把以扭转为主要变形的杆件称为轴，截面为圆形的轴称为圆轴。工程中经常遇到的是圆轴，故本章主要分析圆轴扭转时的强度和刚度问题。

### 自测题26

自测题26-1 杆件发生扭转变形时，两端受到_____、_____的力偶，其作用面_____杆轴。

自测题26-2 扭转变形的变形特征是_____。

## 6.2 外力偶矩的计算和扭矩

### 6.2.1 外力偶矩的计算

如图 6-1d 所示的传动机构中，通常作用在轴上的外力偶矩 $M$ 不是直接给出的，给出的是轴所传送的功率 $P$ 和轴的转速 $n$。通过下列关系计算得到外力偶矩：

$$M = 9550 \frac{P}{n} \tag{6-1}$$

其中，$P$ 的单位为千瓦（kW）；$n$ 的单位为转/分（r/min）；$M$ 的单位为牛顿·米（N·m）。

### 6.2.2 扭矩

作用在圆轴上的外力偶矩 $M$ 确定后，即可研究轴的内力，求横截面上的内力的方法仍为截面法。如图 6-2a 所示的圆轴，求任一 m-m 横截面上的内力。假想地将轴沿 m-m 横截面截开，取左半段为研究对象（图 6-2b），为了保持平衡，m-m 截面上必定存在一个内力偶 $T$ 与外力偶 $M$ 相互平衡。由平衡条件

$$\sum M_x = 0, T - M = 0$$

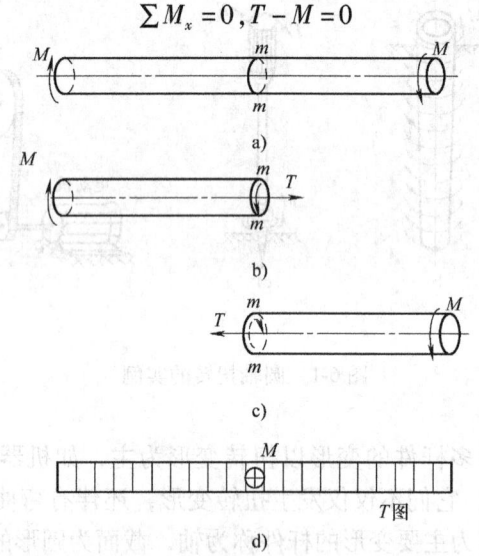

图 6-2 截面法求扭矩及扭矩图

可得这个内力偶矩的大小为

$$T = M$$

称它为该横截面上的扭矩，其常用单位为牛·米(N·m)或者千牛·米(kN·m)。

同样，如果取右半段为研究对象（图6-2c），也可求得 $m$-$m$ 横截面上的扭矩，其值仍等于 $M$，但转向与左半段中的扭矩相反。

为了使无论取哪一部分为研究对象时，所求得同一横截面上的扭矩正负号相同，对扭矩 $T$ 的符号作如下规定：把扭矩表示为矢量，按右手螺旋法则，四指代表扭矩的转向，若此时大拇指的指向离开截面时，扭矩为正；反之为负（图6-3）。按此规定，图6-2a 中任一 $m$-$m$ 横截面上的扭矩 $T$ 无论取哪段为研究对象，均为正。在计算扭矩时，通常把未知扭矩假设为正。

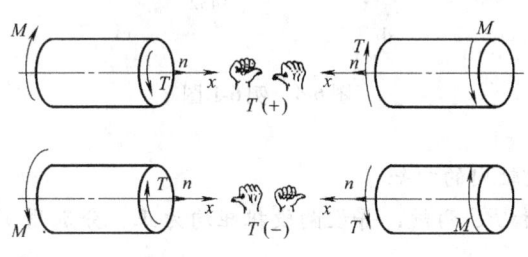

图6-3　扭矩符号规定

### 6.2.3　扭矩图

一般情况下，作用于轴上的外力偶矩多于两个，则轴内各横截面上的扭矩也不尽相同。为了清楚地表示各横截面上的扭矩沿轴线的变化情况，通常用图线表示。画图时，以横坐标表示横截面的位置，纵坐标表示相应截面上的扭矩大小，从而得到扭矩随横截面位置而变化的图线，称为扭矩图。例如，图6-2a 所示轴的扭矩图如图6-2d 所示。正值的扭矩画在上侧，负值的扭矩画在下侧。

下面举例说明扭矩的计算和扭矩图的绘制。

**【例6-1】**　如图6-4a 所示的传动轴，已知转速 $n$ 为 400r/min，$B$ 轮为主动轮，输入功率 $P_B = 150$kW，$A$、$C$ 轮为从动轮，输出功率分别为 $P_A = 60$kW 和 $P_C = 90$kW，试计算轴的扭矩，并画扭矩图。

**【解】**　（1）计算外力偶矩

由式（6-1）可知，作用在轮 $A$、轮 $B$、轮 $C$ 上的外力偶矩分别为

$$M_A = 9550 \times \frac{P_A}{n} = 9550 \times \frac{60}{400} \text{N} \cdot \text{m} = 1432 \text{N} \cdot \text{m}$$

$$M_B = 9550 \times \frac{P_B}{n} = 9550 \times \frac{150}{400} \text{N} \cdot \text{m} = 3581 \text{N} \cdot \text{m}$$

$$M_C = 9550 \times \frac{P_C}{n} = 9550 \times \frac{90}{400} \text{N} \cdot \text{m} = 2149 \text{N} \cdot \text{m}$$

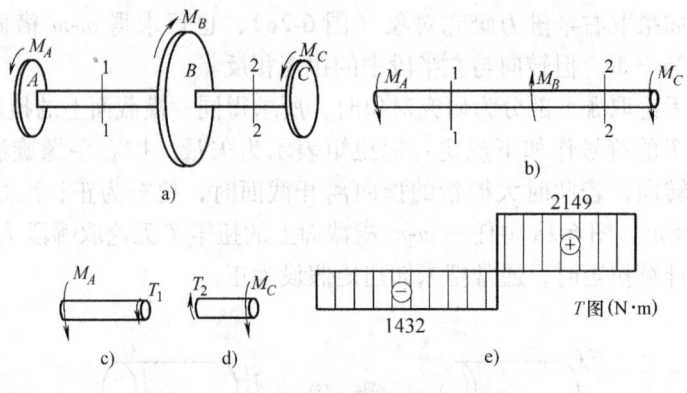

图 6-4 例 6-1 图

（2）计算各段轴内的扭矩

将轴分为 AB 和 BC 两段，并设两段扭矩均为正，分别用 $T_1$、$T_2$ 表示，则由图 6-4c 与 d 可知

$$T_1 = -M_A = -1432 \text{N·m}$$
$$T_2 = M_C = 2149 \text{N·m}$$

（3）绘制扭矩图

根据上述分析，作扭矩图如图 6-4e 所示，扭矩的最大绝对值为

$$|T|_{\max} = |T_2| = 2149 \text{N·m}$$

## 自测题 27

自测题 27-1　变速箱中高速轴一般较细，低速轴较粗，这是因为＿＿＿＿＿＿＿＿。

自测题 27-2　当轴传递的功率一定时，轴的转速越小，则轴受到的外力偶矩越＿＿＿＿＿；当外力偶矩一定时，传递的功率越大，则轴的转速越＿＿＿＿＿。

自测题 27-3　扭矩的符号按＿＿＿＿＿＿规定，四指代表扭矩的转向，若大拇指的指向离开截面，扭矩为＿＿＿＿＿。

自测题 27-4　图示等截面圆轴上装有四个轮子，如何合理安排（　　）。
(A) 将轮 C 与轮 D 对调；　　　(B) 将轮 B 与轮 D 对调；
(C) 将轮 B 与轮 C 对调；　　　(D) 将轮 B 与轮 D 对调，然后再将轮 B 与轮 C 对调。

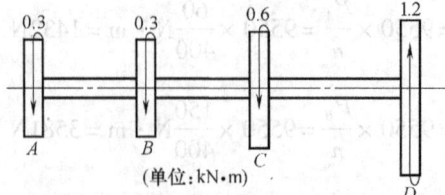

自测题 27-4 图

## 6.3 切应力互等定理与剪切胡克定律

### 6.3.1 薄壁圆筒扭转切应力

图 6-5a 为一等厚薄壁圆筒,其厚度 $t$ 与平均半径 $r$ 之比 $t/r < 10$。在外表面画上相互平行的纵向直线和横向圆周线,分成许多小方格。施加外力偶 $M$ 使薄壁圆筒发生扭转变形,如图 6-5b 所示,$p$ 和 $q$ 两横截面绕轴线相对转动,纵向线均倾斜一微小角度 $\gamma$,但圆筒沿轴线及周线的长度不变,且纵向线之间及圆周线之间的距离不变。从而使小方格左右两边发生相对错动变成菱形,说明薄壁圆筒横截面和包含轴线的纵向截面上都无正应力,横截面上只有切于截面垂直于半径方向的切应力 $\tau$,如图 6-5c 所示。因为圆筒壁很薄,近似认为沿圆筒厚度方向切应力 $\tau$ 不变。根据圆截面的轴对称性,横截面上的切应力 $\tau$ 值沿圆环处处相等,方向垂直于半径。

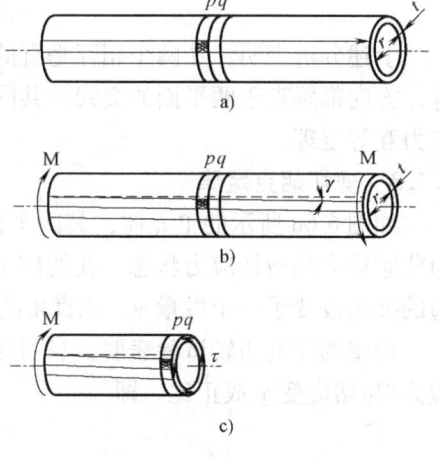

图 6-5 薄壁圆筒扭转变形及切应力

$q$ 截面上的切应力 $\tau$ 对薄壁圆筒的轴线取矩,有 $2\pi rt\,\tau\,r$,再以 $q$ 截面以左部分为研究对象,列平衡方程,则 $2\pi rt\,\tau\,r = M$,由此求得

$$\tau = \frac{M}{2\pi r^2 t} \tag{6-2}$$

此即薄壁圆筒扭转切应力计算公式。

### 6.3.2 切应力互等定理

在图 6-5a 中,用相邻两个横截面和两个纵向面沿薄壁圆筒厚度方向取出边长分别为 $dx$、$dy$ 和 $t$ 的单元体(如图 6-6a)。

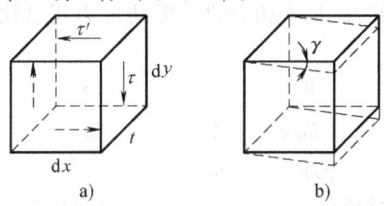

图 6-6 单元体上的切应力

由以上分析可知,在单元体的左右两侧面上,分别作用有由切应力 $\tau$ 构成的

剪力 $\tau\,tdy$，它们的方向相反，构成一矩为 $\tau\,tdydx$ 的力偶。为保持单元体的平衡，其上下两侧面上必然同时存在一对切应力 $\tau'$（由 $\sum F_x = 0$ 知，$\tau'$ 大小相等、方向相反），并组成力偶矩为 $\tau'tdxdy$ 的反向力偶。由平衡方程

$$\tau'tdxdy = \tau\,tdydx$$

得到

$$\tau' = \tau \tag{6-3}$$

上述分析表明：在两个相互垂直的平面上，切应力必然成对存在，且数值相等，方向都垂直于两平面的交线，共同指向或共同背离这一交线。此规律称为切应力互等定理。

### 6.3.3 剪切胡克定律

如图 6-6a 所示的单元体，其四个侧面上仅存在切应力而无正应力，这种应力状态称为纯剪切应力状态。在切应力 $\tau$ 作用下，单元体原来相互垂直的两个棱边的夹角改变了一个微量 $\gamma$，此直角的改变量 $\gamma$ 称为切应变，如图 6-6b 所示。

薄壁圆筒的扭转试验表明，当切应力 $\tau$ 不超过材料的剪切比例极限 $\tau_p$ 时，切应力 $\tau$ 与切应变 $\gamma$ 成正比，即

$$\tau = G\gamma \tag{6-4}$$

上式称为剪切胡克定律。其中比例常数 $G$ 称为材料的切变模量，单位为 GPa，其值随材料而异，由试验测得。例如，钢的切变模量 $G = 75 \sim 80$ GPa。

对于各向同性材料，弹性模量 $E$、泊松比 $\nu$ 与切变模量 $G$ 三者之间有如下关系：

$$G = \frac{E}{2(1+\nu)} \tag{6-5}$$

因此，当已知任意两个弹性常数后，由上述关系可以确定第三个弹性常数。

## 自测题 28

自测题 28-1　在两个相互垂直的平面上，切应力必然成对存在，且数值相等，方向都垂直于两平面的交线，共同指向或共同背离这一交线，此规律称为_____。

自测题 28-2　圆轴扭转时满足平衡条件，但切应力超过比例极限，有下列四种结论（　　）。

|  | A | B | C | D |
|---|---|---|---|---|
| 切应力互等定理： | 成立 | 不成立 | 不成立 | 成立 |
| 剪切胡克定律： | 成立 | 不成立 | 成立 | 不成立 |

自测题 28-3　各向同性材料有_____个弹性常数，它们分别是_____、_____和_____，它们之间的关系是_____，因此，各向同性材料独立的弹性常数是_____个。

自测题 28-4　微元体 ABCD 如自测题 28-4 图所示，已知切应力 $\tau = 50$ MPa，切变模量 $G =$

80GPa，则该单元体在 A 点处的切应变 γ = ＿＿＿＿＿＿，直角＿＿＿＿＿＿。

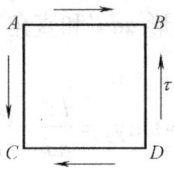

自测题 28-4 图

## 6.4 圆轴扭转时横截面上的应力与强度计算

### 6.4.1 横截面上的切应力

推导圆轴扭转时横截面的应力分布及计算公式需要从试验入手，观察试验现象，找出圆轴的变形特征，提出关于变形的假设，并利用应力应变关系和静力学条件，从几何、物理与静力学三方面进行综合分析。

1. 几何方面

试验发现，圆轴扭转时的表面变形与薄壁圆筒扭转时的变形情况相似（图 6-5），即：(1) 各圆周线都不同程度地绕杆轴转了一个角度，且形状、大小均没有改变，间距也没有变；(2) 所有纵向线都倾斜了同一个角度 γ，圆轴表面上的小矩形变成了平行四边形。

根据上述现象，对轴内变形作如下假设：圆轴发生扭转变形后，其横截面仍保持为平面，且像刚性平面一样，绕轴转过一角度。此假设称为圆轴扭转的平面假设。

为了确定横截面上各点处的应力，需要了解轴内各点处的变形。为此，从圆轴上切取微段 $dx$，如图 6-7a 所示，再从微段中切取一楔形体 $O_1ABCD\,O_2$（图 6-7b）来分析。表层的矩形 $ABCD$ 变为平行四边形 $ABC'D'$；与轴线相距为 $\rho$ 的矩形 $abcd$ 变为平行四边形 $abc'd'$，即均在垂直于半径的平面内产生剪切变形。

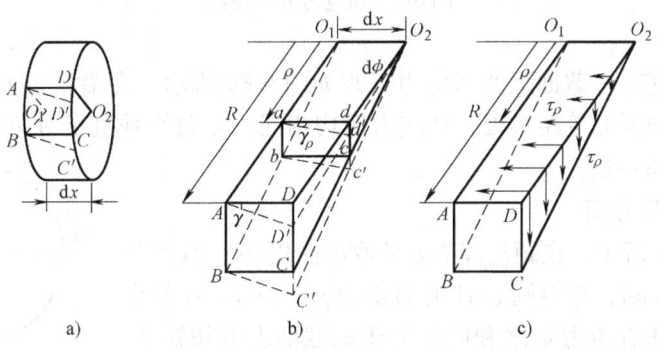

图 6-7 圆轴扭转变形及切应力

如图 6-7b 所示，矩形 abcd 的切应变为 $\gamma_\rho$，楔形体 $O_1abcdO_2$ 左右两端横截面的相对扭转角为 $\mathrm{d}\phi$，直角三角形 $add'$ 和直角三角形 $O_2dd'$ 有公共边 $dd'$，由几何关系可知

$$\gamma_\rho \approx \tan\gamma_\rho = \frac{dd'}{ad} = \frac{\rho \mathrm{d}\phi}{\mathrm{d}x}$$

即

$$\gamma_\rho = \rho \frac{\mathrm{d}\phi}{\mathrm{d}x} \qquad \text{ⓐ}$$

式中，$\dfrac{\mathrm{d}\phi}{\mathrm{d}x}$ 称为圆轴单位长度相对扭转角，对于同一横截面，其值为一常数。可见，切应变 $\gamma_\rho$ 与 $\rho$ 成正比，即沿圆轴半径按直线规律变化。

2. 物理方面

由剪切胡克定律可知，在线弹性范围内，切应力与切应变成正比，即 $\tau = G\gamma$，将式ⓐ代入上式，则横截面上半径为 $\rho$ 处的切应力为

$$\tau_\rho = G\rho \frac{\mathrm{d}\phi}{\mathrm{d}x} \qquad \text{ⓑ}$$

方向垂直于该点处的半径。应用切应力互等定理，则在纵向截面和横截面上，沿半径切应力的分布如图 6-7c 所示。

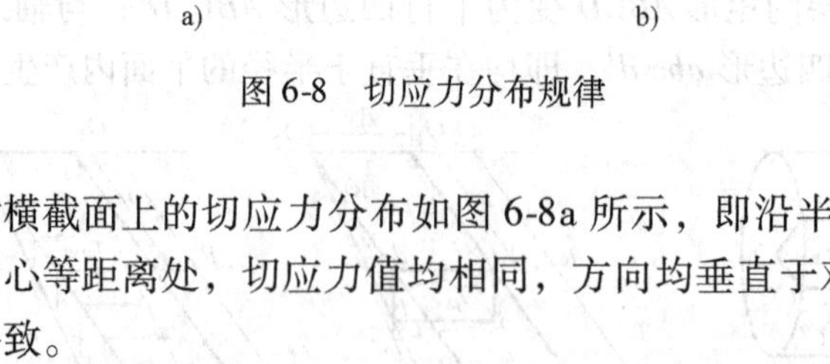

图 6-8 切应力分布规律

圆轴扭转时横截面上的切应力分布如图 6-8a 所示，即沿半径方向切应力线性分布，在与圆心等距离处，切应力值均相同，方向均垂直于对应点处的半径，并与扭矩方向一致。

3. 静力学方面

如图 6-9 所示，在距离圆心 $\rho$ 处取微面积 $\mathrm{d}A$，其上作用有微剪力 $\tau_\rho \mathrm{d}A$，它对圆心 $O$ 的力矩为 $\rho \cdot \tau_\rho \mathrm{d}A$。在整个横截面上，所有微力矩之和应该等于该截面上的扭矩 $T$，即

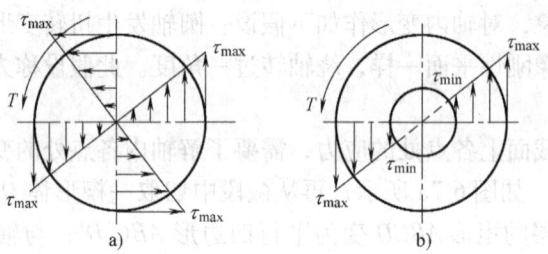

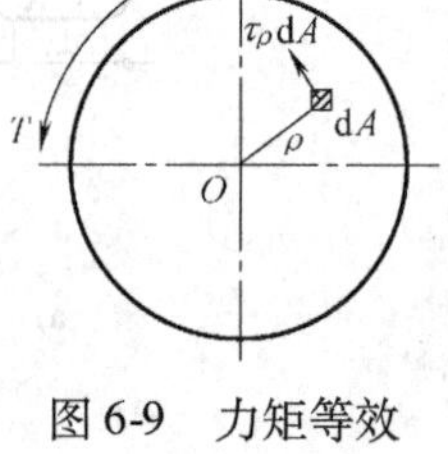

图 6-9 力矩等效

$$\int_A \rho \tau_\rho dA = T$$

将式ⓑ代入上式，得

$$G\frac{d\phi}{dx}\int_A \rho^2 dA = T \qquad ⓒ$$

式中，令

$$I_P = \int_A \rho^2 dA \tag{6-6}$$

$I_P$ 只与截面形状和尺寸有关，称为截面的极惯性矩，单位为 $m^4$ 或 $mm^4$。于是式ⓒ可写为

$$\frac{d\phi}{dx} = \frac{T}{GI_P} \tag{6-7}$$

此为圆轴扭转变形时单位长度扭转角的计算公式。

将式 (6-7) 代入式ⓑ，则得到

$$\tau_\rho = \frac{T\rho}{I_P} \tag{6-8}$$

这就是圆轴扭转变形时横截面上的切应力计算公式。式中，$T$ 为横截面上的扭矩值；$I_P$ 为圆截面对圆心的极惯性矩；$\rho$ 为所求应力点至圆心的距离。

以上就实心圆轴扭转得到的切应力计算公式对于空心圆轴同样适用，只是极惯性矩不同。空心圆轴扭转时横截面上的切应力分布情况如图 6-8b 所示。

### 6.4.2 最大扭转切应力

由式 (6-8) 可知，在 $\rho = R$ 即圆截面边缘处各点，切应力最大，其值为

$$\tau_{max} = \frac{TR}{I_P} = \frac{T}{I_P/R}$$

式中，令

$$W_P = \frac{I_P}{R} \tag{6-9}$$

$W_P$ 也是一个只与截面形状和尺寸有关的量，称为圆截面的抗扭截面系数（或称抗扭截面模数），单位为 $m^3$ 或 $mm^3$。

则圆轴扭转时最大切应力为

$$\tau_{max} = \frac{T}{W_P} \tag{6-10}$$

### 6.4.3 极惯性矩与抗扭截面系数

要运用以上公式计算切应力，必须已知截面的极惯性矩 $I_P$ 和抗扭截面系数 $W_P$。如图 6-10a 所示一直径为 $D$ 的实心圆截面，取微面积 $dA = \rho d\theta d\rho$ 代入式 (6-6) 和 (6-9) 可得

$$I_P = \int_A \rho^2 dA = \int_0^{2\pi} \int_0^{\frac{D}{2}} \rho^3 d\rho d\theta = \frac{\pi D^4}{32} \quad (6\text{-}11)$$

$$W_P = \frac{I_P}{D/2} = \frac{\pi D^3}{16} \quad (6\text{-}12)$$

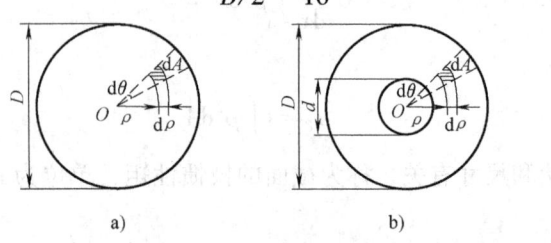

图 6-10 圆截面的几何性质

如果圆轴为空心圆截面（图 6-10b），该截面的外径为 $D$，内径为 $d$，则有

$$I_P = \int_A \rho^2 dA = \int_0^{2\pi} \int_{d/2}^{D/2} \rho^3 d\rho d\theta = \frac{\pi}{32}(D^4 - d^4) = \frac{\pi D^4}{32}(1 - \alpha^4) \quad (6\text{-}13)$$

$$W_P = \frac{I_P}{D/2} = \frac{\pi D^3}{16}(1 - \alpha^4) \quad (6\text{-}14)$$

式中，$\alpha = d/D$ 为截面内外径之比。

**【例 6-2】** 一实心圆轴，直径 $D = 50\text{mm}$，某横截面上的扭矩 $T = 2\text{kN} \cdot \text{m}$，试计算距离圆心 $\rho = 15\text{mm}$ 处 $h$ 点的切应力及横截面上的最大切应力。

**【解】** 横截面的极惯性矩和抗扭截面系数分别为

$$I_P = \frac{\pi D^4}{32} = \frac{3.14 \times 50^4 \times 10^{-12} \text{m}^4}{32} = 61.4 \times 10^{-8} \text{m}^4$$

$$W_P = \frac{\pi D^3}{16} = 24.5 \times 10^{-6}(\text{m}^3)$$

由式（6-8）得 $h$ 点处的切应力

$$\tau_\rho = \frac{T\rho}{I_P} = \frac{2 \times 10^3 \text{N} \cdot \text{m} \times 0.015\text{m}}{61.4 \times 10^{-8} \text{m}^4} = 48.8\text{MPa}$$

由式（6-10）得最大切应力

$$\tau_{\max} = \frac{T}{W_P} = \frac{2 \times 10^3 \text{N} \cdot \text{m}}{24.5 \times 10^{-6} \text{m}^3} = 81.6\text{MPa}$$

### 6.4.4 强度计算

为了保证圆轴在扭转变形时不致因强度不足而破坏，应使轴内最大工作切应力不超过材料的许用切应力。故圆轴扭转变形时的强度条件为

$$\tau_{\max} \leq [\tau] \quad (6\text{-}15)$$

对于等截面直圆轴，$W_P$ 为常数，圆轴的 $\tau_{max}$ 一定发生在 $T_{max}$ 横截面上的最外边缘各点，此时，式 (6-15) 可写成

$$\tau_{max} = \frac{T_{max}}{W_P} \leq [\tau] \tag{6-16}$$

对于变截面轴（如阶梯轴），由于 $W_P$ 不是常数，所以圆轴的 $\tau_{max}$ 不一定发生在 $T_{max}$ 横截面。而需综合考虑 $T$ 和 $W_P$，比较后确定出 $\tau_{max}$。

试验表明，材料的许用切应力 $[\tau]$ 可由材料的许用正应力 $[\sigma]$ 按下列关系确定：

塑性材料  $\qquad [\tau] = (0.5 \sim 0.6)[\sigma]$

脆性材料  $\qquad [\tau] = (0.8 \sim 1.0)[\sigma]^+$

式中，$[\sigma]^+$ 代表许用拉应力。

根据强度条件可以解决强度计算中的三类问题，即校核强度、选择截面及计算许可载荷。

**【例6-3】** 某汽车的传动轴用优质钢管制成，钢管外径 $D = 76\text{mm}$，内径 $d = 71\text{mm}$，轴传递的扭转力偶矩 $M_e = 1.98\text{kN} \cdot \text{m}$，材料的许用切应力 $[\tau] = 100\text{MPa}$。试校核轴的扭转强度并计算轴内最小切应力。

**【解】** （1）校核空心轴的强度

空心截面的极惯性矩和抗扭截面系数

$$\alpha = \frac{d}{D} = \frac{71}{76} = 0.934$$

$$I_P = \frac{\pi D^4}{32}(1 - \alpha^4) = \frac{3.14 \times 76^4 \times 10^{-12} \text{m}^4}{32}(1 - 0.934^4) = 78.2 \times 10^{-8} \text{m}^4$$

$$W_P = \frac{\pi D^3}{16}(1 - \alpha^4) = 20.6 \times 10^{-6} \text{m}^3$$

传动轴的扭矩 $\qquad T = M_e = 1.98\text{kN} \cdot \text{m}$

于是 $\qquad \tau_{max} = \dfrac{T}{W_P} = \dfrac{1.98 \times 10^3 \text{N} \cdot \text{m}}{20.6 \times 10^{-6} \text{m}^3} = 96.1\text{MPa}$

由强度条件知 $\qquad \tau_{max} < [\tau] = 100\text{MPa}$

所以该空心轴满足强度条件。

（2）计算最小切应力

最小切应力发生在传动轴内边缘各点，即 $\rho = d/2$，则

$$\tau_{min} = \frac{Td}{2I_P} = \frac{1.98 \times 10^3 \text{N} \cdot \text{m} \times 71 \times 10^{-3} \text{m}}{2 \times 78.2 \times 10^{-8} \text{m}^4} = 89.9\text{MPa}$$

**【例6-4】** 若将例6-3中的空心钢管改为材料相同的实心轴，且使两种情况下传动轴的强度相同，试设计实心轴轴径，并比较两种传动轴重量。

**【解】** (1) 设计实心轴的轴径

传动轴改为实心轴时强度相同，则$\tau_{\max}$相同，得

$$\tau_{\max} = \frac{T}{W_P} = \frac{1.98 \times 10^3}{\frac{\pi D_1^3}{16}} = 96.1 \text{MPa}$$

则有

$$D_1 = 0.0471 \text{m} = 47.1 \text{mm}$$

(2) 比较两轴的重量

因为两种轴的材料、长度相同，故两轴重量之比即为两轴横截面面积之比：

$$\frac{A_{实}}{A_{空}} = \frac{\frac{\pi}{4}D_1^2}{\frac{\pi}{4}(D^2 - d^2)} = \frac{47.1^2}{76^2 - 71^2} = 3.02$$

可见，在载荷相同的条件下，实心轴的重量是空心轴的 3 倍。采用实心轴不仅笨重而且浪费材料。这是因为横截面上切应力沿半径按直线规律分布，圆心附近的应力很小，材料没有充分发挥作用。

## 自测题 29

自测题 29-1　推导圆轴扭转切应力公式$\tau_\rho = T\rho/I_P$时，"平面假设"的作用是（　　）。

(A) "平面假设"给出了横截面上内力与应力的关系$T = \int_A \tau_\rho \rho \mathrm{d}A$；

(B) "平面假设"给出了圆轴扭转时的变形规律；

(C) "平面假设"使物理方程得到简化；

(D) "平面假设"是建立切应力互等定理的基础。

自测题 29-2　一内外径之比为$\alpha = d/D$的空心圆轴，当两端承受扭转力偶时，若横截面上的最大切应力为$\tau$，则内圆周处的切应力为（　　）。

(A) $\tau$；　　　(B) $\alpha\tau$；　　　(C) $(1-\alpha^3)\tau$；　　　(D) $(1-\alpha^4)\tau$。

自测题 29-3　$T$为截面上的扭矩，空心圆轴横截面上切应力分布应是自测题 29-3 图中的（　　）。

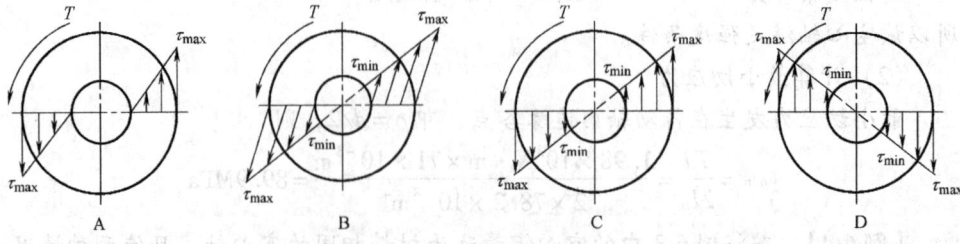

自测题 29-3 图

自测题 29-4　内外径分别为 $d$ 和 $D$ 的一空心圆轴，其抗扭截面系数 $W_P = W_{P1} - W_{P2} = \dfrac{\pi D^3}{16} - \dfrac{\pi d^3}{16}$。这一结论（　　）。

　　(A) 正确；　　　　　　　　　　(B) 错误。

自测题 29-5　内外直径分别为 $d$ 和 $D$ 的空心圆轴，则横截面的极惯性矩 $I_P$ 和抗扭截面系数 $W_P$ 为（　　）。

　　(A) $I_P = \dfrac{\pi}{32}(D^4 - d^4), W_P = \dfrac{\pi}{16}(D^3 - d^3)$；　　(B) $I_P = \dfrac{\pi}{64}(D^4 - d^4), W_P = \dfrac{\pi}{32}(D^3 - d^3)$；

　　(C) $I_P = \dfrac{\pi}{32}(D^4 - d^4), W_P = \dfrac{\pi}{16}\left(D^3 - \dfrac{d^4}{D}\right)$；　　(D) $I_P = \dfrac{\pi}{64}(D^4 - d^4), W_P = \dfrac{\pi}{32}\left(D^3 - \dfrac{d^4}{D}\right)$。

自测题 29-6　圆轴扭转的强度条件可解决的三类问题分别是_____、_____和_____。

## 6.5　圆轴扭转变形与刚度计算

### 6.5.1　圆轴扭转时的变形

圆轴的扭转变形可以用两个横截面绕杆轴转动的相对扭转角 $\phi$ 来度量。在图 6-7b 中，相距为 $dx$ 的两横截面之间的相对扭转角 $d\phi$，由式（6-7）可知

$$d\phi = \frac{T}{GI_P}dx$$

因此，相距为 $l$ 的两端横截面之间的相对扭转角为

$$\phi = \int d\phi = \int_0^l \frac{T}{GI_P}dx$$

对于同一材料制成的等截面圆轴，$G$、$I_P$ 为常量。若轴的两端受一对外力偶矩作用，则圆轴所有横截面上的扭矩 $T$ 均相同，且等于杆端的外力偶矩。于是，由上式可得

$$\phi = \frac{Tl}{GI_P} \tag{6-17}$$

式中，$\phi$ 的单位为 rad，正负号与扭矩一致。由上式可见，相对扭转角 $\phi$ 与 $GI_P$ 成反比，在 $T$、$l$ 一定时，$GI_P$ 越大，$\phi$ 越小，$GI_P$ 反映了圆轴抵抗扭转变形的能力，称为圆轴的抗扭刚度（或扭转刚度）。

一般圆轴在扭转变形时，各段内的 $T$ 并不完全相同，或轴的截面不相同（如阶梯轴），则应分段按式（6-17）计算各段轴两端截面间的相对扭转角，然后代数相加得到总的扭转角。

轴的长度 $l$ 也会影响扭转角，在工程中，为消除长度的影响，通常用相对扭转角沿杆长度的变化率 $d\phi/dx$ 来表示扭转变形的程度，用 $\theta$ 来表示，即

$$\theta = \frac{d\phi}{dx} = \frac{T}{GI_P} \tag{6-18}$$

称为单位长度扭转角，单位为 rad/m，工程中常用(°)/m 作为 $\theta$ 的单位，于是

$$\theta = \frac{T}{GI_P} \times \frac{180°}{\pi}$$

根据推导条件可知，以上计算公式只适用于材料在线弹性范围内的等直圆轴。

**【例 6-5】** 已知例 6-1 中的圆截面传动轴，总长 700mm，其中 AB 段长 400mm，轴的直径 $D=55$mm，剪切弹性模量 $G=80$GPa，试求 AB、BC 及 AC 间的相对扭转角。

**【解】** 由例 6-1 可知各段扭矩分别为

AB 段：$T_1 = -1432$N·m，BC 段：$T_2 = 2149$N·m

AB 间相对扭转角 $\phi_{AB} = \dfrac{T_1 l_1}{GI_P} = \dfrac{-1432\text{N·m} \times 0.4\text{m}}{80 \times 10^9 \text{Pa} \times \dfrac{\pi}{32} \times 0.055^4 \text{m}^4} = -7.97 \times 10^{-3}$ rad

BC 间相对扭转角 $\phi_{BC} = \dfrac{T_2 l_2}{GI_P} = \dfrac{2149\text{N·m} \times 0.3\text{m}}{80 \times 10^9 \text{Pa} \times \dfrac{\pi}{32} \times 0.055^4 \text{m}^4} = 8.98 \times 10^{-3}$ rad

AC 间相对扭转角 $\phi_{AC} = \phi_{AB} + \phi_{BC} = 1.01 \times 10^{-3}$ rad

### 6.5.2 刚度计算

轴类构件除满足强度要求外，一般还不应有过大的扭转变形。例如机床的主轴扭转变形过大，会影响工件加工精度和粗糙度。建立圆轴扭转变形的刚度条件就是限制单位长度扭转角 $\theta$ 的最大值不超过规定的允许值 $[\theta]$，即

$$\theta_{\max} \leq [\theta] \tag{6-19}$$

式中，$[\theta]$ 称为许可单位长度扭转角，其数值根据工件的加工精度和轴的工作条件等，从相关手册中查出。通常，对于精密机器的轴 $[\theta] = 0.25 \sim 0.5°$/m，一般传动轴 $[\theta] = 0.5 \sim 2.0°$/m。

圆轴扭转的刚度条件也可以解决三类问题，即校核刚度、设计截面及确定许可力偶矩。

**【例 6-6】** 若已知例 6-3 汽车传动轴，其许可单位长度扭转角 $[\theta] = 2°$/m，材料切变模量 $G=80$GPa，试校核轴的扭转刚度。

**【解】** (1) 计算传动轴的最大单位长度扭转角

$$\theta_{\max} = \frac{T}{GI_P} \times \frac{180°}{\pi} = \frac{M_e}{GI_P} \times \frac{180°}{\pi} = \frac{1.98 \times 10^3 \text{N·m}}{80 \times 10^9 \text{Pa} \times 78.2 \times 10^{-8} \text{m}^4} \times \frac{180°}{3.14} = 1.81°/\text{m}$$

(2) 刚度校核

$\theta_{\max} < [\theta] = 2°$/m，满足刚度条件。

**【例 6-7】** 由 45 号钢制成的某空心圆截面轴，内、外直径之比 $\alpha = 0.5$。已

知材料的许用切应力$[\tau]=40\text{MPa}$,切变模量$G=80\text{GPa}$。轴的横截面上最大扭矩为$T_{\max}=9.56\text{kN}\cdot\text{m}$,轴的许可单位长度扭转角$[\theta]=0.3°/\text{m}$。试选择轴的直径。

【解】(1) 按强度条件确定外直径 $D$

$$\tau_{\max}=\frac{T_{\max}}{W_P}=\frac{T_{\max}}{\frac{\pi D^3}{16}(1-\alpha^4)}\leqslant[\tau]$$

$$D\geqslant\sqrt[3]{\frac{16T_{\max}}{\pi(1-\alpha^4)[\tau]}}=\sqrt[3]{\frac{16\times9.56\times10^3}{\pi(1-0.5^4)\times40\times10^6}}\text{mm}=109\text{mm}$$

(2) 按刚度条件确定外直径 $D$

$$\theta_{\max}=\frac{T_{\max}}{GI_P}\times\frac{180}{\pi}=\frac{T_{\max}}{G\frac{\pi D^4}{32}(1-\alpha^4)}\times\frac{180}{\pi}\leqslant[\theta]$$

$$D\geqslant\sqrt[4]{\frac{32T_{\max}}{G\pi(1-\alpha^4)}\times\frac{180}{\pi}\times\frac{1}{[\theta]}}=\sqrt[4]{\frac{32\times9.56\times10^3}{80\times10^9\times\pi(1-0.5^4)}\times\frac{180}{\pi}\times\frac{1}{0.3}}\text{mm}$$
$$=125.5\text{mm}$$

(3) 确定内外直径

$$D\geqslant125.5\text{mm},\quad d=\alpha D\geqslant63.75\text{mm}$$

### 自测题 30

自测题 30-1　$GI_P$ 称为圆轴的＿＿＿＿＿＿＿＿,它反映圆轴＿＿＿＿＿＿＿＿变形的能力。

自测题 30-2　将实心圆轴的直径增加一倍,则其强度增加＿＿＿＿＿＿倍,刚度增加＿＿＿＿＿＿倍。

自测题 30-3　单位长度扭转角计算公式适用于＿＿＿＿＿＿和＿＿＿＿＿＿。

自测题 30-4　有钢和铝两根尺寸完全相同的圆截面轴,已知 $G_{钢}=3G_{铝}$,当受力情况相同时,发生扭转变形,有(　　)。

(A) 钢轴的最大切应力和扭转角都小于铝轴的;

(B) 钢轴的最大切应力和扭转角都等于铝轴的;

(C) 两轴的最大切应力相等,而钢轴的扭转角小于铝轴的;

(D) 两轴的最大切应力相等,而钢轴的扭转角大于铝轴的。

自测题 30-5　圆轴扭转的刚度条件可解决的三类问题是＿＿＿＿＿＿、＿＿＿＿＿＿和＿＿＿＿＿＿。

## 6.6 圆轴受扭破坏分析

### 6.6.1 圆轴受扭破坏现象

对圆截面试件进行扭转试验,大量试验表明:受扭圆轴的破坏情况可分为塑性屈服和脆性断裂两种。

塑性材料低碳钢试件受扭时，试件横截面边缘处的切应力最大，先屈服，随着外力偶矩的增加，两端横截面相对扭转变形明显，整个横截面发生屈服。这时，在试件表面出现横向与纵向的滑移线，如果继续增大外力偶矩，试件变形继续增加，材料进一步强化，最后，试件沿横截面被"剪断"，如图6-11a所示。脆性材料铸铁试件受扭时，试件变形始终很小，最后，在较小的外力偶矩

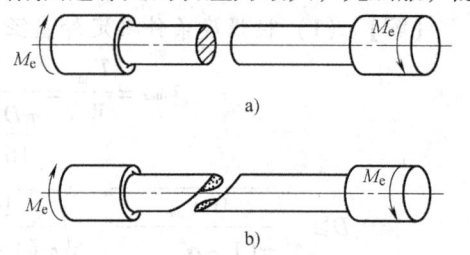

图6-11 圆轴扭转破坏现象

作用下，沿与轴线约成45°倾角的螺旋面被"拉断"，如图6-11b所示。因此，塑性材料和脆性材料在扭转破坏时断口区别明显。

### 6.6.2 圆轴受扭破坏原因

圆轴扭转时横截面上只有切应力，而斜截面上不仅有切应力还有正应力。为了全面了解圆轴内的应力情况，从图6-6a所示的单元体内，取垂直于前后两平面的任一斜截面 $ef$（图6-12a），进行应力分析。

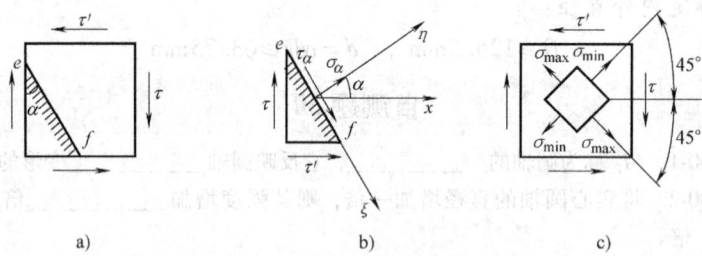

图6-12 纯剪切应力状态应力分析

应用截面法，取左半部分为研究对象，如图6-12b所示，列平衡方程：

$$\sum F_\eta = 0, \sigma_\alpha dA + (\tau dA\cos\alpha)\sin\alpha + (\tau' dA\sin\alpha)\cos\alpha = 0$$

$$\sum F_\xi = 0, \tau_\alpha dA - (\tau dA\cos\alpha)\cos\alpha + (\tau' dA\sin\alpha)\sin\alpha = 0$$

式中，$dA$ 为斜截面 $ef$ 的面积，$\eta$ 和 $\xi$ 分别为与斜截面垂直和平行的参考轴；$\alpha$ 为 $x$ 轴与 $\eta$ 轴的夹角，规定从 $x$ 轴正向至 $\eta$ 轴正向逆时针转动为正。

由切应力互等定理知 $\tau = \tau'$，与上两式整理后，即得任一斜截面 $ef$ 上的正应力和切应力计算公式分别为

$$\sigma_\alpha = -\tau\sin2\alpha \tag{6-20}$$

和

$$\tau_\alpha = \tau\cos2\alpha \tag{6-21}$$

分析式（6-20）和式（6-21）可知，在微元体四个侧面上（α=0°和α=90°）切应力绝对值最大，值为τ。在α=-45°和α=45°两斜截面上正应力有最大值和最小值，分别为

$$\sigma_{-45°} = \sigma_{max} = +\tau$$

和

$$\sigma_{45°} = \sigma_{min} = -\tau$$

最大拉应力与最小压应力作用面与最大切应力的作用面之间互成45°角，如图6-12c所示。

低碳钢的剪切强度低于拉伸强度，扭转破坏的断面为最大切应力的作用面，因此被剪断。铸铁的拉伸强度低于剪切强度，扭转破坏的断面为最大拉应力的作用面，因此破坏是由杆的最外层沿与杆轴线约成45°倾角的螺旋曲面被拉断。

## 自测题 31

自测题 31-1　圆轴受扭破坏时有_____和_____两种情况。

自测题 31-2　圆轴纯扭转时，最大正应力发生在_____截面上，其值为_____。

自测题 31-3　在扭转破坏试验中，低碳钢圆试件沿_____面被_____，铸铁圆试件沿_____面被_____。

## 习 题 6

6-1　试用截面法求习题6-1图所示各杆1-1、2-2等指定横截面的内力。

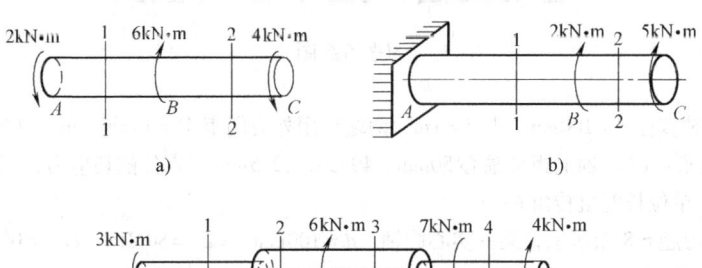

习题6-1图

6-2　试作习题6-1图所示各杆的扭矩图。

6-3　一传动轴如习题6-3图所示，转速$n=300$r/min，主动轮输入的功率$P_A=500$kW，三个从动轮输出的功率分别为$P_B=150$kW，$P_C=150$kW，$P_D=200$kW。试求1-1和2-2截面上的扭矩，并作轴的扭矩图。

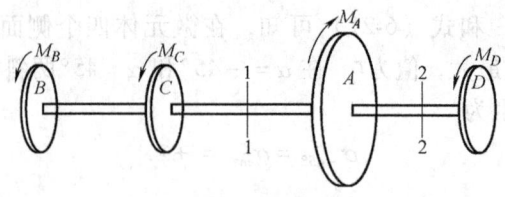

习题 6-3 图

6-4 如习题 6-4 图所示，$M_1 = 10\text{kN} \cdot \text{m}$，$M_2 = 15\text{kN} \cdot \text{m}$，$M_3 = 10\text{kN} \cdot \text{m}$，试作轴的扭矩图，并确定扭矩绝对值的最大值。

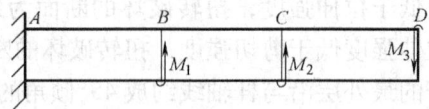

习题 6-4 图

6-5 某空心圆轴受扭，其外径 $D = 44\text{mm}$，内径 $d = 40\text{mm}$，任一横截面上的扭矩 $T = 750\text{N} \cdot \text{m}$，试计算该轴的最大切应力和最小切应力。

6-6 某阶梯形实心圆轴，$AB$ 段直径为 $d_1 = 35\text{mm}$，$BD$ 段直径为 $d_2 = 55\text{mm}$，轴受力及尺寸（单位 mm）如习题 6-6 图所示，其中 $M_1 = 382\text{N} \cdot \text{m}$，$M_3 = 955\text{N} \cdot \text{m}$，已知材料的许用切应力 $[\tau] = 60\text{MPa}$，若轴做匀速转动，试校核轴的强度。

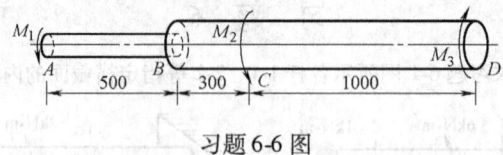

习题 6-6 图

6-7 圆轴直径 $d = 100\text{mm}$，长 $l = 1\text{m}$，两端作用外力偶矩 $M = 14\text{kN} \cdot \text{m}$，材料切变模量 $G = 80\text{GPa}$。试求：（1）轴上距离轴心 50mm、40mm、12.5mm 三点处的切应力；（2）最大切应力 $\tau_{\max}$；（3）单位长度扭转角 $\theta$。

6-8 如习题 6-8 图所示，某一实心圆轴，$d = 100\text{mm}$，$\tau_{\max} = 80\text{MPa}$，$\phi_{BA} = 0.014\text{rad}$，$G = 80\text{GPa}$。试求 $M_1$ 和 $M_2$。

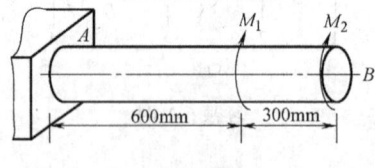

习题 6-8 图

6-9 某钢轴转速 $n = 250\text{r/min}$，传递功率 $P = 60\text{kW}$，许用切应力 $[\tau] = 40\text{MPa}$，切变模量 $G = 80\text{GPa}$，单位长度的许用扭转角 $[\theta] = 0.8°/\text{m}$，试设计轴的直径 $d$。

6-10 一直径为 80mm 的钢轴，其长为 3m，切变模量 $G=80$GPa，两端受外力偶作用，若规定其切应力不超过 80MPa，两端面相对扭转角不得超过 0.06rad 时，试求该轴所能承受的最大扭矩。

6-11 直径 $d=25$mm 的圆截面钢杆，若受扭转力偶矩 150N·m 作用时，相距 0.1m 的两端截面相对扭转角为 $0.28°$；若受轴向拉力 60kN 作用时，距离 0.1m 的长度内伸长了 0.056mm。试求钢材的弹性模量 $E$、切变模量 $G$、泊松比 $\nu$。

# 第7章 梁弯曲时的强度计算

## 7.1 梁弯曲的概念与计算简图

### 7.1.1 弯曲的概念

在现代工业生产中广泛使用的桥式起重机的大梁（图 7-1）和火车轮轴（图 7-2）的受力特点一样，都承受垂直于杆轴线方向的外力或外力偶作用，杆件的轴线由直线变为曲线，这种变形称为弯曲。

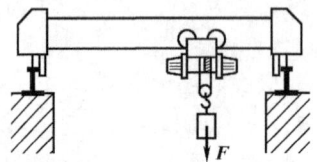

图 7-1 起重机大梁

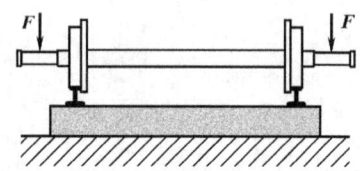

图 7-2 火车轮轴

凡是以弯曲变形为主的杆件统称为梁。梁在工程中广泛使用，它们中大多有一个纵向对称面（各个横截面的对称轴所连成的平面，见图 7-3）。一般情况下，外力的作用线或外力偶的作用平面都在此对称面内，由变形的对称性可知，梁发生弯曲变形后的轴线将是位于这个对称面内的一条曲线，这种弯曲形式称为平面对称弯曲，简称

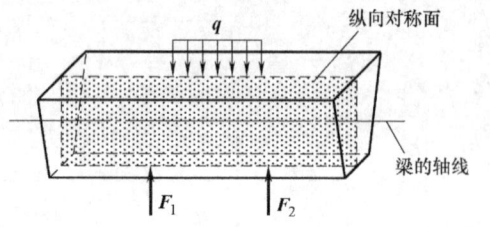

图 7-3 梁的对称弯曲

对称弯曲。对称弯曲是弯曲中最简单和最常见的情况，本书就讨论梁在对称弯曲时的应力和变形的计算。

### 7.1.2 梁的计算简图

在分析梁的弯曲问题前，需要将梁进行简化，得到梁的计算简图。通常用梁的轴线表示梁，梁上的载荷可简化为集中力、集中力偶和分布载荷。梁的类型可以根据不同的支承约束情况，分为以下三种。

简支梁：一端为固定铰支座、另一端为可动铰支座的梁，如图 7-4a 所示。

悬臂梁：一端为固定端、另一端为自由端的梁，如图 7-4b 所示。

外伸梁：一端或两端伸出支座之外的梁，如图 7-4c 所示。

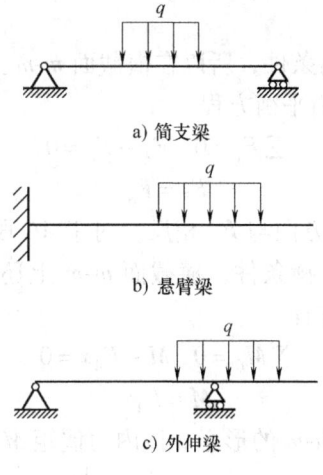

图 7-4 梁的计算简图

以上三种梁,其支座反力均可由静力平衡方程求出,称为静定梁。仅用静力平衡方程不能求出全部支座反力的梁,称为静不定梁。在梁的两支座间的部分称为跨,其长度称为跨长。本章只介绍静定梁的弯曲内力、弯曲应力和强度计算。

## 自测题 32

自测题 32-1 平面对称弯曲的特征是（　　）。
（A）弯曲时横截面仍保持为平面；
（B）弯曲载荷均作用在同一平面内；
（C）弯曲变形的轴线是一条平面曲线；
（D）弯曲变形的轴线与载荷作用面同在一个平面内。

自测题 32-2 简支梁、悬臂梁和外伸梁都是（　　）。
（A）静定梁；　　　（B）静不定梁。

## 7.2 梁的内力与内力方程

### 7.2.1 梁横截面上的内力——剪力和弯矩

为了计算梁的应力和位移,应先确定梁在外力作用下任一横截面上的内力。当作用在梁上的所有外力（包括载荷和支座反力）均已知时,可以用截面法求出其内力。

设简支梁受集中力 $F$ 作用,如图 7-5 所示。两支座处的约束反力分别为 $F_A$ 和 $F_B$。取梁的左侧支座为坐标原点,沿轴线向右为 $x$ 轴正向,向上为 $y$ 轴正向。取距离原点为 $x$ 的任一横截面 $m$-$m$,假想地将梁截开,取左边 $AC$ 段为研究对象。

因为研究对象满足平衡条件,所以在横截面 m-m 上必然存在作用线与 $F_A$ 平行的切向内力,设为 $F_S$,由平衡方程

$$\sum F_y = 0, \quad F_A - F_S = 0$$

得
$$F_S = F_A$$

该切向内力 $F_S$ 称为剪力,方向与 $F_A$ 相反。对于 AC 段而言,由于剪力 $F_S$ 与 $F_A$ 组成一个力偶,根据力矩平衡条件,横截面 m-m 上还应该存在一个位于纵向对称面内的力偶 M,由平衡方程

$$\sum M_C = 0, \quad M - F_A x = 0$$

得
$$M = F_A x$$

其中,矩心 C 点为横截面 m-m 的形心。该内力偶矩 M 称为弯矩。

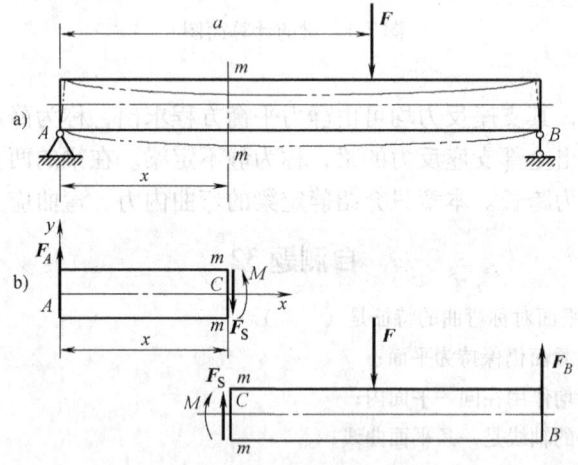

图 7-5 梁的弯曲内力

剪力和弯矩同为梁横截面上的内力,它们的大小可以由静力平衡方程来确定,但是方向需要经过判断得出。为了保证梁的同一处左、右两侧截面上的内力具有相同的正负号,作如下规定。

剪力的正负方向规定:如图 7-6a 所示,对于截取的一段梁而言,其左右两侧横截面上的剪力使其产生"左上右下"的错动趋势时,该段梁左右两侧横截面上的剪力 $F_S$ 均规定为正号;反之,为负号。

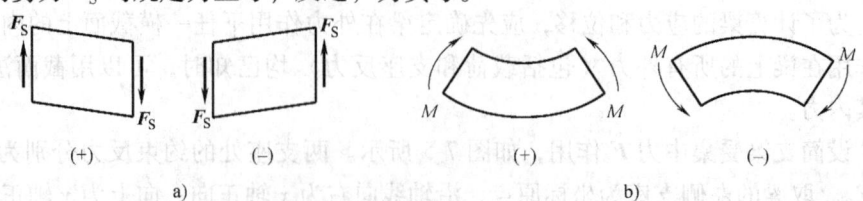

图 7-6 剪力和弯矩的正负规定

弯矩的正负方向规定：如图 7-6b 所示，对于截取的一段梁而言，其左右两侧横截面上的弯矩使微段的弯曲变形向下凸时，该段梁左右两侧横截面上的弯矩 $M$ 均规定为正号；反之，为负号。

【**例 7-1**】 已知悬臂梁上受到如图 7-7 所示的集中力偶 $m = ql^2$ 和分布力 $q$ 的作用，试求截面 $C$ 上的剪力和弯矩。

【**解**】 作截面 1-1 将梁截开，取 $BC$ 段作为研究对象，截面 $C$ 上存在剪力 $F_S$ 和弯矩 $M_C$，并假设其方向均沿着规定的正向，如图 7-7b 所示，列平衡方程

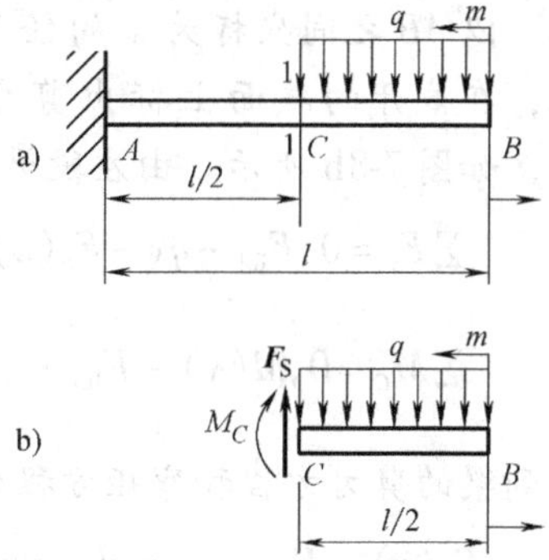

$$\sum F_y = 0, F_S - \frac{ql}{2} = 0$$

$$\sum M_C = 0, -M_C - \frac{ql}{2} \cdot \frac{l}{4} + m = 0$$

解得

$$F_S = \frac{ql}{2}, M_C = \frac{7}{8}ql^2$$

图 7-7 例 7-1 图

剪力和弯矩均大于零，说明事先假设的方向与实际的方向是一致的。

由以上过程可以得到计算梁的某一个横截面上的剪力和弯矩的规律，即：

（1）梁任一横截面上的剪力，其数值上等于该截面的一侧（左侧或右侧）梁段上所有外力（包括支座反力）在梁轴线的垂线上投影的代数和，方向由剪力的正负号来确定。

（2）梁任一横截面上的弯矩，其数值上等于该截面的一侧（左侧或右侧）梁段上所有外力（包括支座反力）对该截面形心的力矩的代数和，方向由弯矩的正负号来确定。

### 7.2.2 剪力方程和弯矩方程

一般情况下，剪力和弯矩将随截面位置的改变而发生变化。设横截面沿梁轴线的位置用坐标 $x$ 表示，则梁各横截面上的剪力和弯矩可以表示为坐标 $x$ 的函数，即

$$F_S = F_S(x) \text{ 和 } M = M(x)$$

以上两式分别称为剪力方程和弯矩方程，它们可以描述横截面上剪力和弯矩沿梁轴线变化的规律。

【**例 7-2**】 图 7-8 所示简支梁在均匀分布载荷 $q$ 作用下，试求梁的剪力方程和弯矩方程。

【**解**】 （1）确定约束反力

根据平衡条件和支座约束反力的形式，不难求得

$$F_{RA} = F_{RB} = ql$$

（2）建立坐标系

以梁的左端点 $A$ 为坐标原点，建立坐标系 $Axy$。

（3）确定剪力方程和弯矩方程

以 $AB$ 之间坐标为 $x$ 的任意截面为假想截面，将梁截开，取左段为研究对象，在截开的截面上标出剪力和弯矩的正方向，如图 7-8b 所示。由左段梁的平衡条件

$$\sum F_y = 0, F_{RA} - qx - F_S(x) = 0$$

$$\sum M_C = 0, M(x) - F_{RA} \cdot x + q \cdot x \cdot \frac{x}{2} = 0$$

得到梁的剪力方程和弯矩方程分别为

$$F_S(x) = F_{RA} - qx = ql - qx (0 < x < 2l)$$

$$M(x) = F_{RA} \cdot x - \frac{qx^2}{2}$$

$$= qxl - q\frac{x^2}{2}(0 \leq x \leq 2l)$$

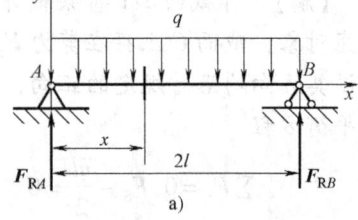

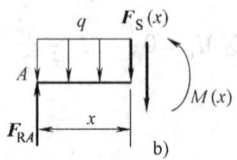

图 7-8 例 7-2 图

结果表明，梁的剪力方程是 $x$ 的线性函数，而弯矩方程是 $x$ 的二次函数。

### 7.2.3 载荷集度与剪力、弯矩之间的微分关系

梁内各个横截面上剪力和弯矩与梁上的外力之间的定量关系可以通过截取微段梁进行静力平衡来分析。假设一根简支梁在 $Oxy$ 平面内有任意外力作用（图 7-9a）。取梁的左端为坐标原点，沿着梁的轴线向右为 $x$ 轴正向，向上为 $y$ 轴正向。其中分布载荷的集度 $q(x)$ 是 $x$ 的连续函数，向上为正。

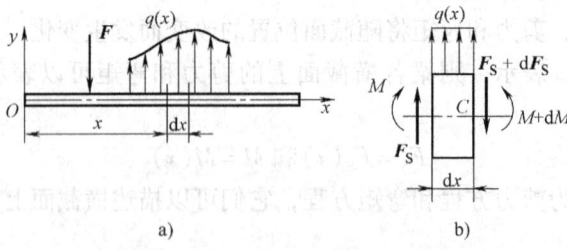

图 7-9 梁弯曲内力的微分关系

用坐标为 $x$ 和 $(x + dx)$ 的两相邻截面从梁中截取出长为 $dx$ 的微段（图 7-9b），其中 $C$ 点为 $(x + dx)$ 的截面的形心。由于 $dx$ 很小，可略去载荷集度沿 $dx$

长度方向的变化，即认为该微段上的分布载荷 $q(x)$ 可视为均匀分布。

设在坐标为 $x$ 的截面上的剪力和弯矩分别为 $F_S(x)$ 和 $M(x)$；而在坐标为 $(x+dx)$ 的截面上的剪力和弯矩则分别为 $[F_S(x)+dF_S(x)]$ 和 $[M(x)+dM(x)]$。由于梁在所有外力作用下处于平衡状态，则取出的微段也应该是平衡的。根据平衡方程 $\sum F_y = 0$，$\sum M_C = 0$，得

$$F_S(x) - [F_S(x) + dF_S(x)] + q(x) \cdot dx = 0$$

$$-M(x) + [M(x) + dM(x)] - F_S(x) \cdot dx - q(x) \cdot dx \cdot \frac{dx}{2} = 0$$

略去上面第二式中的二阶微量 $q(x) \cdot dx \cdot \frac{dx}{2}$，整理简化得到

$$\frac{dF_S(x)}{dx} = q(x) \tag{7-1a}$$

$$\frac{dM(x)}{dx} = F_S(x) \tag{7-1b}$$

将式 (7-1b) 代入式 (7-1a) 式，得

$$\frac{d^2M(x)}{dx^2} = \frac{dF_S(x)}{dx} = q(x) \tag{7-2}$$

以上三式中就是载荷集度 $q(x)$ 与剪力 $F_S(x)$ 及弯矩 $M(x)$ 间的微分关系。

**自测题 33**

自测题 33-1　梁弯曲时，凡剪力对梁内任一点的力矩是_____转向的为正。
自测题 33-2　梁弯曲时，凡弯矩使所取梁段产生_____变形的为正。
自测题 33-3　剪力、弯矩符号与坐标的选择（　　）。
（A）都与坐标系的选择无关；
（B）都与坐标系的选择有关；
（C）剪力符号与坐标系的选择无关，而弯矩符号有关；
（D）剪力符号与坐标系的选择有关，而弯矩符号无关。

## 7.3　梁的内力图-剪力图和弯矩图

与绘制轴力图类似，可以用图线来表示梁的各个横截面上剪力和弯矩沿着轴线的变化情况，这种图线分别称为梁的剪力图和弯矩图，合称为梁的内力图。

本节介绍根据剪力方程与弯矩方程绘制剪力图与弯矩图的具体方法。首先建立以梁的左端作为坐标原点的坐标系，横坐标为 $x$ 轴向右为正；纵坐标为剪力 $F_S(x)$ 或者弯矩 $M(x)$，均取向上为正。然后根据梁的剪力方程和弯矩方程，从左向右依次画出每段梁的剪力图和弯矩图。

由截面法和平衡条件可知，在集中力、集中力偶和分布载荷的起止点处，剪力方程和弯矩方程可能发生变化，所以这些点均是剪力方程和弯矩方程的分段点。分段点截面也称控制截面。求出分段点处横截面上剪力和弯矩的数值（包括正负号），并将这些数值标在坐标系中相应位置处。分段点之间的图形可根据剪力方程和弯矩方程绘出。最后注明$|F_S|_{max}$和$|M|_{max}$的数值。

【**例7-3**】 试画出图7-10所示简支梁的剪力图和弯矩图。

【**解**】（1）列平衡方程，求支反力

$$\sum M_B = 0, \quad Fb - F_{RA}l = 0$$

$$\sum M_A = 0, \quad F_{RB}l - Fa = 0$$

解得

$$F_{RA} = \frac{Fb}{l}, \quad F_{RB} = \frac{Fa}{l}$$

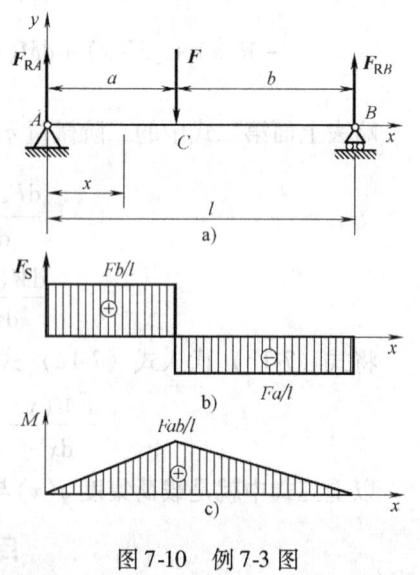

图7-10 例7-3图

（2）求剪力方程和弯矩方程

根据梁上载荷，在 C 点处存在集中力作用，剪力和弯矩将产生变化。利用截面法，在梁的 AC 段上任意截取一个横截面，令其位置坐标为 x，且 $0 \leq x \leq a$。假设在此截面上存在剪力和弯矩，且都取为正方向，根据平衡方程 $\sum F_y = 0$，$\sum M_C = 0$，可得：

剪力方程 $\qquad F_S(x) = \dfrac{Fb}{l} \quad (0 < x < a)$

弯矩方程 $\qquad M(x) = \dfrac{Fb}{l}x \quad (0 \leq x \leq a)$

同理，在梁的 BC 段可得：

剪力方程 $\qquad F_S(x) = \dfrac{Fb}{l} - F = -\dfrac{Fa}{l} \quad (a < x < l)$

弯矩方程 $\qquad M(x) = \dfrac{Fb}{l}x - F(x-a) = \dfrac{Fa}{l}(l-x) \quad (a \leq x \leq l)$

（3）画剪力图和弯矩图

根据剪力方程和弯矩方程可以发现，剪力在 AC 段和 BC 段上均为常数，而弯矩均为 x 的一次函数。所以剪力图应该为水平线，而弯矩则为斜直线。从左向右依次分段画出梁的剪力图和弯矩图。由于在集中力 F 的左、右两侧截面上的剪力值分别是 $Fb/l$ 和 $Fa/l$，说明集中力在剪力图上引起突变。

【**例7-4**】 如图7-11所示，简支梁受均匀分布载荷 q 作用，试利用内力方程作该梁的剪力图和弯矩图。

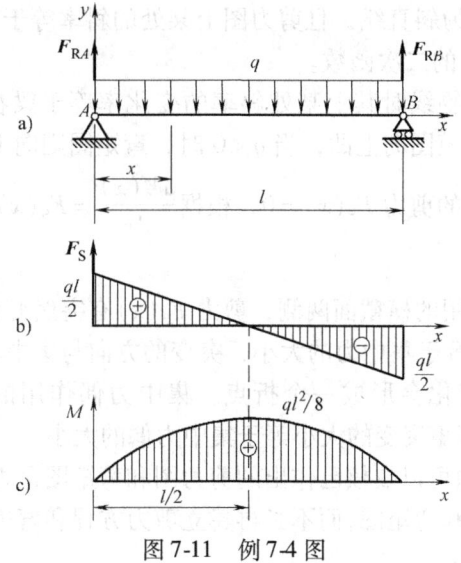

图 7-11 例 7-4 图

**【解】** (1) 求支座反力

由于载荷及支反力均对称于梁跨的中点,因此,两个支反力相等,根据平衡方程,$\sum F_y = 0$,得 $A$、$B$ 两点的约束反力:

$$F_{RA} = F_{RB} = \frac{ql}{2}$$

方向如图 7-11a 所示。

(2) 取距左端(坐标原点)为 $x$ 的任意截面,此截面上的剪力和弯矩即分别为该梁的剪力方程和弯矩方程。

$$F_S(x) = F_{RA} - qx = \frac{ql}{2} - qx \quad (0 < x < l)$$

$$M(x) = F_{RA}x - qs \cdot \frac{x}{2} = \frac{qlx}{2} - \frac{qx^2}{2} \quad (0 \leq x \leq l)$$

由剪力方程可知,剪力图是一条斜向右下的直线。由弯矩方程可知弯矩图为一条向上凸的二次曲线。并且,在梁的中点处有最大的弯矩值,而对应截面处的剪力等于零。

由于分布载荷集度 $q(x)$ 与剪力、弯矩之间存在平衡微分关系,我们也可以根据由梁上载荷的变化推知剪力图和弯矩图的形状变化的规律,具体体现在:

(1) 若某段梁上无分布载荷,即 $q(x) = 0$,则该段梁的剪力 $F_S(x)$ 为常量,剪力图为平行于 $x$ 轴的直线;弯矩 $M(x)$ 为 $x$ 的一次函数,弯矩图为斜直线,且弯矩图上某处的斜率等于梁在该处的剪力 $F_S$。

(2) 若某段梁上的分布载荷 $q(x) = q$(常量),则该段梁的剪力 $F_S(x)$ 为 $x$

的一次函数,剪力图为斜直线,且剪力图上某处的斜率等于梁在该处的分布载荷集度 $q$;而 $M(x)$ 为 $x$ 的二次函数。

(3) 弯矩图为抛物线时其上某处斜率的变化率等于梁在该处的分布载荷集度 $q$。当 $q>0$ 时,弯矩图向上凹,当 $q<0$ 时,弯矩图则向上凸。

(4) 若某截面内的剪力 $F_S(x)=0$,根据 $\dfrac{\mathrm{d}M(x)}{\mathrm{d}x}=F_S(x)=0$,说明该截面处的弯矩为极值。

此外,集中力作用的横截面两侧,剪力 $F_S(x)$ 有突然变化,从左向右看,剪力 $F_S(x)$ 突变的大小等于集中力的大小,突变的方向与集中力方向一致,同时在弯矩图中由于斜率变化会形成一个折点。集中力偶作用的横截面两侧,弯矩 $M(x)$ 有突然变化,弯矩突变的大小等于集中力偶的大小。

总结以上过程,除可以校核已作出的剪力图和弯矩图是否正确外,还可以利用微分关系绘制剪力图和弯矩图,而不必再建立剪力方程和弯矩方程,其步骤如下:

(1) 求支座反力;
(2) 分段确定剪力图和弯矩图的形状;
(3) 求控制截面内力,根据微分关系绘剪力图和弯矩图;
(4) 确定 $|F_S|_{\max}$ 和 $|M|_{\max}$。

【例 7-5】 外伸梁的受力如图 7-12 所示,试利用微分关系作梁的剪力图和弯矩图。

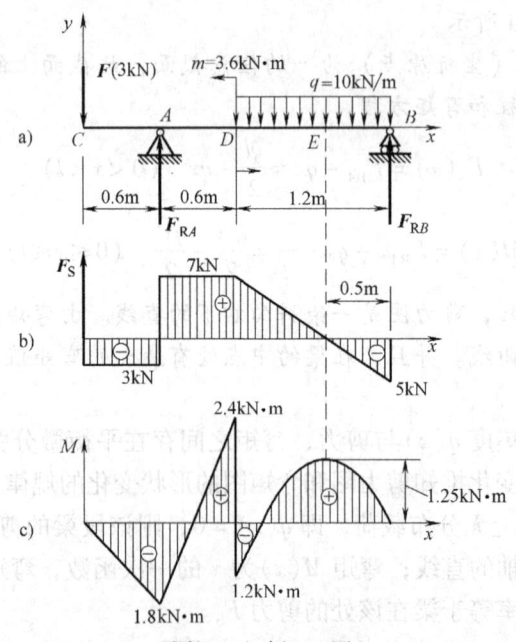

图 7-12 例 7-5 图

【解】 (1) 求支座反力

根据平衡方程 $\sum M_A = 0$，$\sum M_B = 0$ 分别求得 $A$、$B$ 两点的约束反力：

$$F_{RA} = 10 \text{kN}, F_{RB} = 5 \text{kN}$$

方向如图 7-12a 所示。

(2) 分段确定曲线形状

由于载荷在 $A$、$D$ 处不连续，应将梁分为三段绘内力图。

| 梁 段 | CA 段 | AD 段 | DB 段 |
| --- | --- | --- | --- |
| 载荷 | $q = 0$ | $q = 0$ | $q < 0$ |
| 剪力图 | 水平线 | 水平线 | 斜向下直线 |
| 弯矩图 | 斜直线 | 斜直线 | 二次曲线 |

(3) 求控制截面的内力值，绘剪力图和弯矩图

剪力图：$C$ 点右侧截面剪力 $F_{SC右} = -3 \text{kN}$，$A$ 点右侧截面剪力 $F_{SA右} = 7 \text{kN}$，据此可作出 $CA$ 和 $AD$ 两段剪力图的水平线。$D$ 点右侧截面剪力 $F_{SD右} = 7 \text{kN}$，$B$ 点左侧截面剪力 $F_{SB左} = -5 \text{kN}$，据此作出 $DB$ 段剪力图的斜直线。

弯矩图：$C$ 点右侧截面弯矩 $M_C = 0$，$A$ 点左侧截面弯矩 $M_{A左} = -1.8 \text{kN} \cdot \text{m}$，据此可以作出 $CA$ 段弯矩图的斜直线。$A$ 支座的约束反力 $F_{RA}$ 只会使截面 $A$ 左右两侧剪力发生突变，不改变两侧的弯矩值，故 $M_{A左} = M_{A右} = M_A = -1.8 \text{kN} \cdot \text{m}$，$D$ 点左侧截面弯矩 $M_{D左} = 2.4 \text{kN} \cdot \text{m}$，据此可作出 $AD$ 段弯矩图的斜直线。$D$ 处的集中力偶会使 $D$ 截面左右两侧的弯矩发生突变，故需求出 $D$ 点右侧截面弯矩 $M_{D右} = -1.2 \text{kN} \cdot \text{m}$。$B$ 点左侧截面弯矩 $M_B = 0$；由 $DB$ 段的剪力图知在 $E$ 处的剪力为零，故该处弯矩为极值。因 $F_{RB} = 5 \text{kN}$，根据 $BE$ 段的平衡条件 $\sum F_y = 0$，知 $BE$ 段的长度为 $0.5 \text{m}$，于是求得 $M_E = 1.25 \text{kN} \cdot \text{m}$。根据上述三个截面的弯矩值可作出 $DB$ 段的弯矩图。

对作出的剪力图和弯矩图要利用微分关系和突变规律、端点规律作进一步的校核。如 $DB$ 段内的均布载荷为负值，该段剪力图的斜率应为负；$CA$ 段的剪力为负值，该段弯矩图的斜率应为负；$AD$ 段的剪力为正值，该段弯矩图的斜率应为正；支座 $A$ 处剪力图应发生突变，突变值应为 $10 \text{kN}$；$D$ 处有集中力偶，$D$ 截面左右两侧的弯矩应发生突变，而且突变值应为 $3.6 \text{kN} \cdot \text{m}$；支座 $B$ 和自由端 $C$ 处的弯矩应为零等。

## 自测题 34

自测题 34-1 若梁在某一梁段内无载荷作用，则该段内的弯矩图必定是一根直线段。这一结论（　　）。

(A) 正确；　　　　　　　　　　(B) 错误。

自测题 34-2 梁在集中力作用的截面处，则（　　）。

(A) 剪力图有突变，弯矩图光滑连续；　　(B) 剪力图有突变，弯矩图有折角；
(C) 弯矩图有突变，剪力图光滑连续；　　(D) 弯矩图有突变，剪力图有折角。
自测题 34-3　梁在集中力偶作用截面处，则（　　）。
(A) 剪力图有突变，弯矩图无变化；　　　(B) 剪力图有突变，弯矩图有折角；
(C) 弯矩图有突变，剪力图无变化；　　　(D) 弯矩图有突变，剪力图有折角。
自测题 34-4　梁在某截面处剪力等于零，则该截面处弯矩有（　　）。
(A) 极值；　　(B) 最大值；　　(C) 最小值；　　(D) 有零值。

## 7.4　截面的几何性质

计算杆在外力作用下的应力和变形时，将用到杆件横截面的几何性质。截面的几何性质包括截面的面积 $A$、极惯性矩 $I_P$，以及静矩、惯性矩和惯性积等。

### 7.4.1　静矩

设任意形状的截面如图 7-13 所示，其面积为 $A$。从截面中坐标为（$y$，$z$）处取一微面积 d$A$，则 $z$d$A$ 和 $y$d$A$ 分别称为该微面积 d$A$ 对于 $y$ 轴和 $z$ 轴的静矩或一次矩。整个截面对坐标轴的静矩可以表示为

$$S_y = \int_A z \mathrm{d}A,\ S_z = \int_A y \mathrm{d}A \quad (7\text{-}3)$$

同一截面对于不同坐标轴的静矩不同，其单位为 $\mathrm{m}^3$。

平面图形的形心公式：

$$z_C = \frac{\int_A z \cdot \mathrm{d}A}{A},\ y_C = \frac{\int_A y \cdot \mathrm{d}A}{A}$$

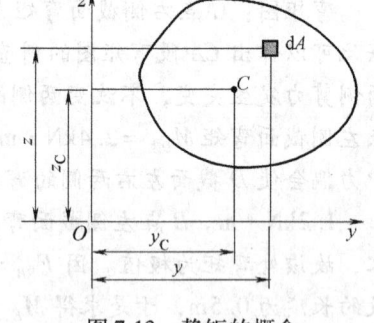

图 7-13　静矩的概念

参考截面图形对坐标轴的静矩公式，可得截面图形形心的坐标 $z_C$ 和 $y_C$ 为

$$z_C = \frac{S_y}{A},\ y_C = \frac{S_z}{A} \quad (7\text{-}4)$$

若将上式改写为

$$S_y = A \cdot z_C,\ S_z = A \cdot y_C \quad (7\text{-}5)$$

则表示为用形心坐标与面积的乘积来计算静矩。由此可知，若坐标轴通过形心，则图形对该轴的静矩等于零。反之，若图形对某一轴的静矩等于零，则该轴必然通过图形的形心。静矩与所选坐标轴有关，其值可能为正、负或零。

如一个平面图形是由几个简单平面图形组成，称为组合平面图形。设第 $i$ 块分图形的面积为 $A_i$，形心坐标为 $y_{Ci}$ 和 $z_{Ci}$，则整个图形的静矩为

$$S_z = \sum_{i=1}^n A_i y_{Ci}, S_y = \sum_{i=1}^n A_i z_{Ci} \qquad (7\text{-}6)$$

则整个图形的形心坐标分别

$$y_C = \frac{S_z}{A} = \frac{\sum_{i=1}^n A_i y_{Ci}}{\sum_{i=1}^n A_i}, z_C = \frac{S_y}{A} = \frac{\sum_{i=1}^n A_i z_{ci}}{\sum_{i=1}^n A_i} \qquad (7\text{-}7)$$

**【例 7-6】** 在图 7-14 所示坐标系中，试确定该图形对 $y$ 轴和 $z$ 轴的静矩。

**【解】** 将图形看作由两个矩形 Ⅰ 和 Ⅱ 组成，在图示坐标下每个矩形的面积及形心位置分别为：

矩形 Ⅰ  $A_1 = 120 \times 10 \text{mm}^2 = 1200 \text{mm}^2, y_{C1} = \frac{10}{2}\text{mm} = 5\text{mm}, z_{C1} = \frac{120}{2}\text{mm} = 60\text{mm}$

矩形 Ⅱ  $A_2 = 70 \times 10 \text{mm}^2 = 700 \text{mm}^2, y_{C2} = \left(10 + \frac{70}{2}\right)\text{mm} = 45\text{mm}, z_{C1} = \frac{10}{2}\text{mm} = 5\text{mm}$

整个图形对两个坐标轴的静矩为

$$S_z = A_1 y_{C1} + A_2 y_{C2} = (1200 \times 5 + 700 \times 45) \text{mm}^3 = 37500 \text{mm}^3$$
$$S_y = A_1 z_{C1} + A_2 z_{C2} = (1200 \times 60 + 700 \times 5) \text{mm}^3 = 75500 \text{mm}^3$$

### 7.4.2 惯性矩、惯性积和惯性半径

设一个面积为 $A$ 的任意形状的截面如图 7-15 所示。从截面中坐标为 $(y, z)$ 处取一个微面积 $dA$，则 $z^2 dA$ 和 $y^2 dA$ 分别称为该微面积 $dA$ 对于 $y$ 轴和 $z$ 轴的惯性矩或二次矩。

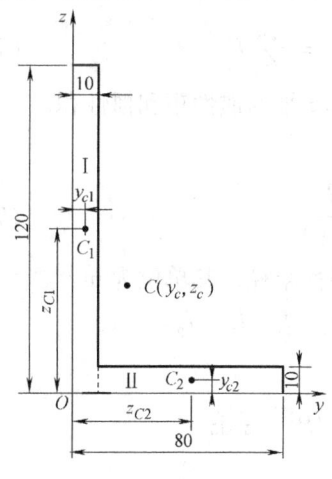

图 7-14 例 7-6 图

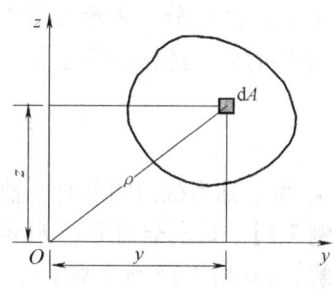

图 7-15 惯性矩的概念

对于整个截面对于 $y$ 轴和 $z$ 轴的惯性矩可以表示为

$$I_y = \int_A z^2 dA, I_z = \int_A y^2 dA \qquad (7\text{-}8)$$

同一截面对于不同坐标轴的惯性矩不同，显然其数值恒为正值，单位为 m⁴。

若以 $\rho$ 表示微面积 d$A$ 到坐标原点 $O$ 的距离，则整个截面图形对坐标原点 $O$ 的二次矩为

$$I_p = \int_A \rho^2 dA \tag{7-9}$$

称 $I_p$ 为整个面积对坐标原点 $O$ 的极惯性矩。因为 $\rho^2 = y^2 + z^2$，所以极惯性矩与（轴）惯性矩之间的关系为

$$I_p = \int_A \rho^2 dA = \int_A (y^2 + z^2) dA = I_y + I_z \tag{7-10}$$

式 (7-10) 表明，图形对任意两个互相垂直轴的（轴）惯性矩之和，等于它对该两轴交点的极惯性矩。

微面积 d$A$ 与其分别到 $y$ 轴和 $z$ 轴的距离的乘积 $yz$d$A$，称为该微面积 d$A$ 对于两坐标轴的惯性积。则整个截面图形对两坐标轴的惯性积为

$$I_{yz} = \int_A yz dA \tag{7-11}$$

由此可见，同一个截面对于不同坐标轴的惯性积与惯性矩一般是不同的。惯性积可能为正值或负值，也可能为零，其单位为 m⁴。若 $y$ 轴和 $z$ 轴中有一根为截面的对称轴，则其惯性积为零。因为在对称轴两侧可以找到对称的两个微面积 d$A$，其对两个坐标轴的惯性积 $yz$d$A$ 数值相等，正负号相反，求和后为零。

在工程中常遇到组合截面，根据惯性矩和惯性积的定义，组合截面对某坐标轴的惯性矩和惯性积等于其各个组成部分对同一个坐标轴的惯性矩和惯性积。例如截面可分为 $n$ 个部分，则组合截面对 $y$ 轴和 $z$ 轴的惯性矩和惯性积分别为

$$I_z = \sum_{i=1}^{n} I_{zi}, I_y = \sum_{i=1}^{n} I_{yi}, I_{yz} = \sum_{i=1}^{n} I_{yzi} \tag{7-12}$$

式中，$I_{yi}$、$I_{zi}$ 和 $I_{yzi}$ 分别表示各组成部分对 $y$ 轴和 $z$ 轴的惯性矩和惯性积。

在某些时候，还作如下定义：

$$i_y = \sqrt{\frac{I_y}{A}}, i_z = \sqrt{\frac{I_z}{A}} \tag{7-13}$$

式中，$i_y$ 和 $i_z$ 称为截面图形对 $y$ 轴和对 $z$ 轴的惯性半径，其单位为 m。

**【例 7-7】** 试求如图 7-16 所示圆形截面的 $I_y$、$I_z$、$I_{yz}$、$I_p$。

**【解】** 如图 7-16 所示取 d$A$，根据定义：

$$I_y = \int_A z^2 dA = \int_{-\frac{D}{2}}^{\frac{D}{2}} z^2 \cdot 2\sqrt{R^2 - z^2} dz$$

$$= \frac{\pi D^4}{64}$$

由于轴对称性，则有 $I_y = I_z = \frac{\pi D^4}{64}, I_{yz} = 0$

由式 (7-10) $I_p = I_y + I_z = \dfrac{\pi D^4}{32}$

对于空心圆截面，外径为 $D$，内径为 $d$，则

$$I_y = I_z = \dfrac{\pi D^4}{64}(1-\alpha^4),\ I_p = \dfrac{\pi D^4}{32}(1-\alpha^4),\ \alpha = \dfrac{d}{D}$$

### 7.4.3 平行移轴公式

设任意截面图形的形心的坐标 $z_C$ 和 $y_C$，过该截面形心分别画平行于原坐标轴的两根坐标轴，称为截面图形的形心坐标轴。由于同一平面图形对于相互平行的两对直角坐标轴的惯性矩或惯性积并不相同，如图 7-17 所示。先定义 $I_{y_C}$、$I_{z_C}$ 和 $I_{y_C z_C}$ 分别为截面图形对形心轴的惯性矩和惯性积。

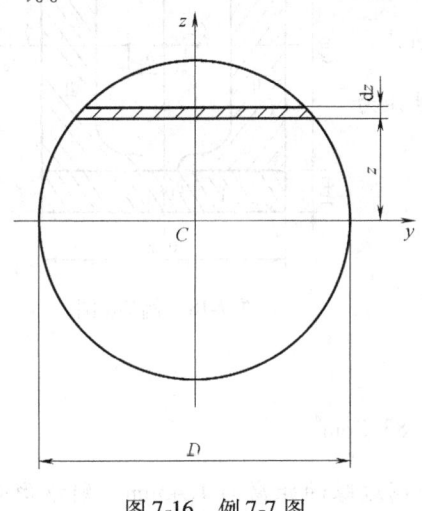
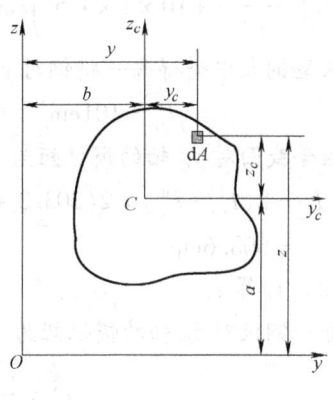

图 7-16　例 7-7 图　　　　　图 7-17　平行移轴定理

截面上任一微面积 $dA$ 在两个坐标系内的坐标 $(y, z)$ 和 $(y_C, z_C)$ 之间的关系为

$$y = y_C + b,\ z = z_C + a$$

式中，$a$、$b$ 是截面形心在 $Oyz$ 坐标系中的坐标值，即两平行坐标系之间的间距。

将上式代入式 (7-7)，经展开积分后，可得

$$I_y = \int_A z^2 dA = \int_A (z_C + a)^2 dA$$

$$= \int_A z_C^2 dA + 2a \int_A z_C dA + a^2 \int_A dA$$

其中，$\int_A z_C dA$ 为图形对形心轴 $y_C$ 的静矩，其值应等于零，则得

$$I_y = I_{y_C} + a^2 A \tag{7-14a}$$

同理可得

$$I_z = I_{z_C} + b^2 A \tag{7-14b}$$

$$I_{yz} = I_{y_C z_C} + abA \tag{7-14c}$$

注意，上式中的 $a$、$b$ 两坐标值有正负号，可由截面形心 $C$ 所在的象限来确定。

式（7-14）称为惯性矩和惯性积的平行移轴定理。结论：同一平面内对所有相互平行的坐标轴的惯性矩，对形心轴的惯性矩最小。

**【例 7-8】** 由两个 No.8 槽钢和两块横截面为 $10\text{cm} \times 1\text{cm}$ 钢板组成的截面，如图 7-18 所示，试求 $I_{y_C}$、$I_{z_C}$。

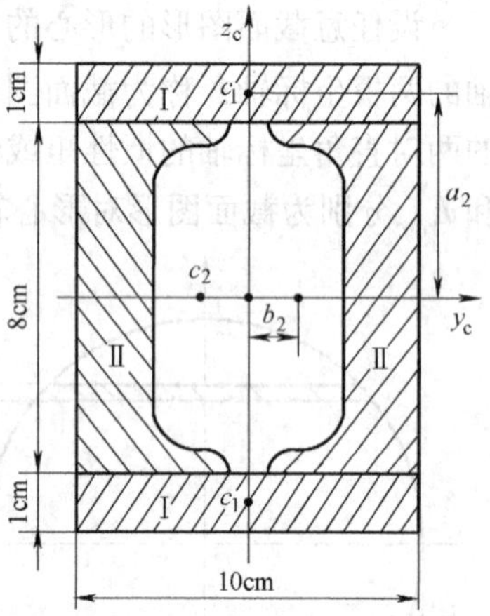

**【解】**（1）计算 $I_{y_C}$

根据平行移轴公式，求得每一钢板对 $y_C$ 轴的惯性矩为

$$I_{y_C}^{\text{I}} = \left( \frac{10 \times 1^3}{12} + 10 \times 1 \times 4.5^2 \right) \text{cm}^4 = 203.3 \text{cm}^4$$

从型钢表中查得每一槽钢对 $y_C$ 轴的惯性矩为

$$I_{y_C}^{\text{II}} = 101 \text{cm}^4$$

则该组合截面对 $y_C$ 轴的惯性矩为

$$I_{y_C} = 2(I_{y_C}^{\text{I}} + I_{y_C}^{\text{II}}) = 2(203.3 + 101) \text{cm}^4$$
$$= 608.6 \text{cm}^4$$

（2）计算 $I_{z_C}$

每一钢板对 $z_C$ 轴的惯性矩为

$$I_{z_C}^{\text{I}} = \frac{1 \times 10^3}{12} \text{cm}^4 = 83.3 \text{cm}^4$$

图 7-18 例 7-8 图

从型钢表中查得，每一槽钢的形心到外侧边缘的距离为 1.43cm，则该形心 $C_2$ 与 $z_C$ 轴的距离为 $b_2 = 5 - 1.43 = 3.57(\text{cm})$。又从型钢表中查得槽钢对其形心轴 $z$ 的惯性矩 $I_z$ 及面积 $A$ 分别为 $I_z = 16.6 \text{cm}^4$，$A = 10.248 \text{cm}^2$。故由平行轴公式得每一槽钢对 $z_C$ 轴的惯性矩为

$$I_{z_C}^{\text{II}} = [16.6 + 10.248 \times (3.57)^2] \text{cm}^4 = 147.2 \text{cm}^4$$

最终可得到整个组合截面对 $z_C$ 轴的惯性矩为

$$I_{z_C} = 2(I_{y_C}^{\text{I}} + I_{y_C}^{\text{II}}) = 2(83.3 + 147.2) \text{cm}^4 = 461 \text{cm}^4$$

### 7.4.4 主惯性轴、主惯性矩、形心主惯性轴及形心主惯性矩

**1. 转轴公式**

任意平面图形（见图 7-19）对 $y$ 轴和 $z$ 轴的惯性矩和惯性积，可由式（7-8）~式（7-11）求得，若将坐标轴 $y$、$z$ 绕坐标原点 $O$ 点旋转 $\alpha$ 角，且以逆时针转角为正，则新旧坐标轴之间应有如下关系：

$$y_1 = y\cos\alpha + z\sin\alpha,$$
$$z_1 = z\cos\alpha - y\sin\alpha$$

将此关系代入惯性矩及惯性积的定义式，则可得相应量的新、旧转换关系，即转轴公式：

$$I_{y_1} = \frac{I_y + I_z}{2} - \frac{I_y - I_z}{2}\cos 2\alpha - I_{yz}\sin 2\alpha \tag{7-15a}$$

$$I_{z_1} = \frac{I_y + I_z}{2} - \frac{I_y - I_z}{2}\cos 2\alpha + I_{yz}\sin 2\alpha \tag{7-15b}$$

$$I_{y_1 z_1} = \frac{I_y - I_z}{2}\sin 2\alpha + I_{yz}\cos 2\alpha \tag{7-15c}$$

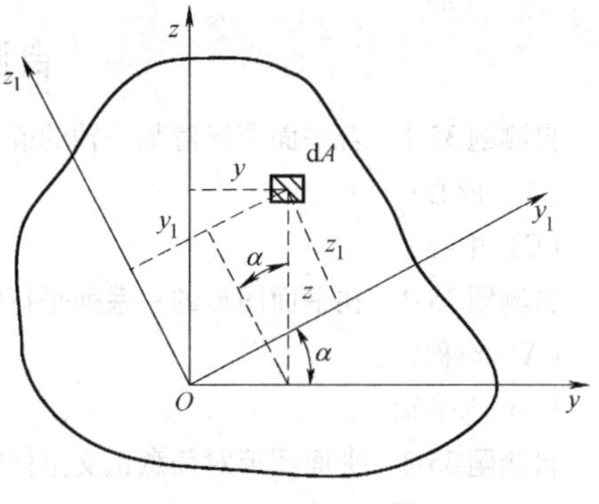

**2. 主惯性轴、主惯性矩、形心主惯性轴及形心主惯性矩**

图 7-19 转轴公式

在工程中常常只关心某个截面的最大惯性矩和最小惯性矩。由式（7-15）可知，惯性矩随着 $\alpha$ 角的旋转而变化，因此，必然存在一特定角度 $\alpha_0$，使平面图形对该角度下的坐标轴的惯性矩取到极值。对式（7-15a）两边同时对 $\alpha$ 角求导数，并令其等于零，可得

$$\tan 2\alpha_0 = -\frac{2I_{yz}}{I_y - I_z} \tag{7-16}$$

由式（7-16）可以求出 $\alpha_0$ 和 $\alpha_0 + \frac{\pi}{2}$，从而可以确定一对主惯性轴 $y_0$ 和 $z_0$。而将 $\alpha_0$ 代入式（7-15c），可以发现，$I_{y_1 z_1} = 0$，说明截面对其惯性积等于零的一对坐标轴，称为主惯性轴。若求出 $\sin 2\alpha_0$、$\cos 2\alpha_0$ 后代回式（7-15a）与式（7-15b）即可得到惯性矩的两个极值，称为主惯性矩。

主惯性矩的计算公式为

$$I_{y_0} = \frac{I_y + I_z}{2} + \frac{1}{2}\sqrt{(I_y - I_z)^2 + 4I_{yz}^2} \tag{7-17a}$$

$$I_{z_0} = \frac{I_y + I_z}{2} - \frac{1}{2}\sqrt{(I_y - I_z)^2 + 4I_{yz}^2} \tag{7-17b}$$

由式（7-17）得

$$I_{y_1} + I_{z_1} = I_y + I_z \tag{7-18}$$

即通过同一坐标原点的任意一对直角坐标轴的惯性矩之和为一常量，因而两个主惯性矩中必然一个为极大值，另一个为极小值。

如果截面的主惯性轴通过截面形心，则称形心主惯性轴，与之对应的主惯性矩称形心主惯性矩。在通过截面形心的一对坐标轴中，若有一个为对称轴，则该对坐标轴就是形心主惯性轴，因为截面对于包括对称轴在内的一对坐标轴的惯性积等于零。在计算组合截面图形的形心主惯性矩时，首先应确定其形心位置，然

后通过形心选择一对便于计算惯性矩和惯性积的坐标轴,利用式(7-15)和式(7-17),即可确定该组合图形的形心主惯性矩的数值。

### 自测题 35

**自测题 35-1** 若平面图形对某一轴的静矩为零,则该轴必通过图形的(　)。
(A) 形心;　　　　　　　　　　(B) 质心;
(C) 中心;　　　　　　　　　　(D) 任意一点。

**自测题 35-2** 在平面图形的一系列平行轴中,图形对(　)的惯性矩为最小。
(A) 对称轴;　　　　　　　　　(B) 形心轴;
(C) 水平轴;　　　　　　　　　(D) 任意轴。

**自测题 35-3** 平面图形对任意正交坐标轴 $yoz$ 的惯性积(　)。
(A) 大于零;　　　　　　　　　(B) 小于等于零;
(C) 等于零;　　　　　　　　　(D) 可为任意值。

**自测题 35-4** 在下面关于平面图形的结论中(　)是错误的。
(A) 图形的对称轴必定通过形心;　(B) 图形两个对称轴的交点必为形心;
(C) 图形对对称轴的静矩为零;　　(D) 使静矩为零的轴必为对称轴。

**自测题 35-5** 在平面图形的几何性质中,(　)的值可正、可负,也可为零。
(A) 静矩和惯性矩;　　　　　　(B) 极惯性矩和惯性矩;
(C) 惯性矩和惯性积;　　　　　(D) 静矩和惯性积。

**自测题 35-6** 在 $oyz$ 直角坐标系中,一圆心在原点、直径为 $d$ 的圆形截面图形对 $z$ 轴的惯性半径为(　)。
(A) $\frac{1}{8}d$;　　(B) $\frac{1}{4}d$;　　(C) $\frac{1}{12}d$;　　(D) $\frac{1}{16}d$。

**自测题 35-7** 任意图形,若对某一对正交坐标轴的惯性积为零,则这一对坐标轴一定是该图形的(　)。
(A) 形心轴;　　(B) 主惯性轴;　　(C) 形心主惯性轴;　　(D) 对称轴。

**自测题 35-8** 若图形对通过形心的某一对正交坐标轴的惯性积为零,则该对轴称为图形的(　)。
(A) 形心轴;　　(B) 主惯性轴;　　(C) 形心主惯性轴;　　(D) 对称轴。

## 7.5 梁平面弯曲时横截面上的正应力、正应力强度计算

### 7.5.1 纯弯曲时梁横截面上的正应力

一般情况下,当梁在横向外力作用下发生弯曲变形,其横截面上同时存在弯矩和剪力,这种弯曲称为横力弯曲。此时,在梁的横截面上同时存在正应力 $\sigma$ 和切应力 $\tau$。由截面上分布内力系的合成关系可知,与正应力有关的法向内力元素合成弯矩;与切应力有关的切向内力元素合成剪力。实践和理论都证明,弯矩

是影响梁的强度和变形的主要因素。因此，我们先讨论剪力为零、弯矩为常数的弯曲问题，这种弯曲称为纯弯曲。图 7-20 所示梁的 CD 段为纯弯曲，其余部分则为横力弯曲。

下面以等截面直梁发生纯弯曲为例，综合考虑几何、物理和静力学三方面的关系来分析横截面上的正应力。

加载前在梁的表面画上与轴线垂直的横线和与轴线平行的纵线，如图 7-21a 所示。然后在梁的两端纵向对称面内施加一对力偶，使梁发生弯曲变形，如图 7-21b 所示。可以发现梁表面变形具有如下特征：横向线 a-b 变形后仍为直线，但有转动；纵向线 a-a 和 b-b 变为曲线，且上面的 a-a 线段受压缩变短，下面的 b-b 线段受拉伸变长；横向线与纵向线变形后仍垂直。

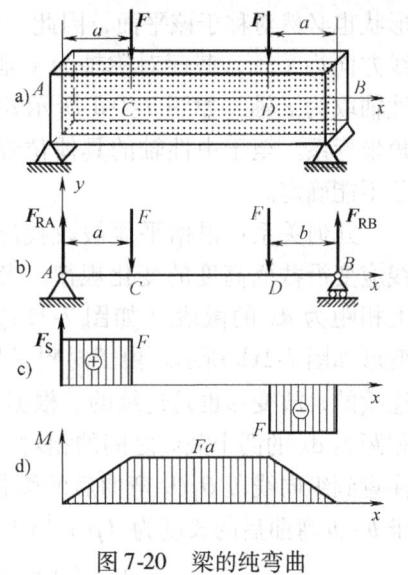

图 7-20 梁的纯弯曲

根据上述梁表面变形的特征，可以作出以下假设。

（1）梁变形后，其横截面仍保持平面，并垂直于变形后梁的轴线，只是绕着某一轴线转过一个角度。这一假设称为弯曲变形的平面假设。

（2）梁的各纵向层互不挤压，即梁的纵向截面上无正应力作用。

根据上述假设，将梁认为由若干条纤维构成，当梁弯曲后，与轴线平行的纵向纤维中靠近凸边部分被拉伸长，而靠近凹边部分则被压缩短。根据材料变形的连续性，中间必然存在一层纵向纤维既不伸长也不缩短，这一层纤维构成的曲面称为中性层，如图 7-22 所示，中性层与横截面的交线称为截面的中性轴。梁在弯曲时，相邻横截面就是绕中性轴作相对转动的。由于中性层的纵向纤维既不伸长也不缩短，所以可以推断出中性轴上各点的轴向正应力为零，而横截面上位于中性轴两侧的各点根据伸长或缩短分别承受拉应力或压应力。

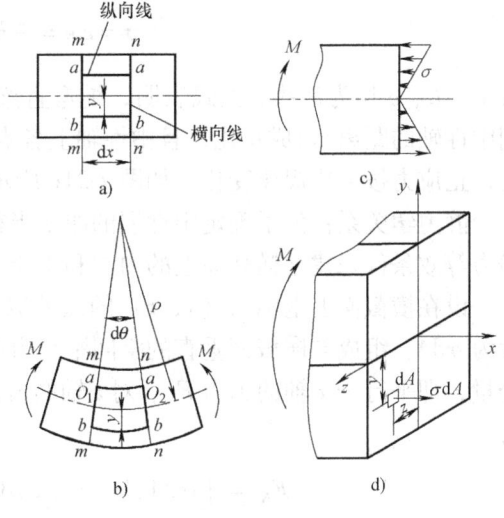

图 7-21 弯曲变形的正应力分析

由于外力、横截面形状及梁的物性均对称于梁的纵向对称面，故梁变形后的形状也必然对称于该平面，因此，中性轴应与横截面的对称轴正交。若取梁的轴线方向为 $x$ 轴，截面对称轴为 $y$ 轴，中性轴取为 $z$ 轴，如图 7-21d 所示建立直角坐标系。至于中性轴的具体位置目前还不能确定。

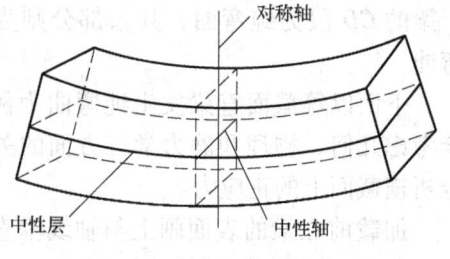

图 7-22　梁的中性层

几何关系：根据平面假设找出纵向线应变沿截面高度的变化规律。考察梁上相距为 $dx$ 的微段（如图 7-21a），其变形如图 7-21b 所示。由于材料是均匀、连续的，故变形也是连续的。根据平面假设，横截面绕中性轴转动，因此，若把相距为 $dx$ 的两个截面之间的相对转角记为 $d\theta$，中性层 $O_1O_2$ 的曲率半径为 $\rho$，并注意到纵向线段 $O_1O_2$ 弯曲后的弧长 $\rho d\theta$ 等于原长 $dx$。则原长亦为 $dx$ 的纵向纤维 $b-b$ 弯曲后的长度为 $(\rho+|y|)d\theta$，其纵向线应变为

$$\varepsilon = \frac{\Delta l}{dx} = \frac{(\rho+|y|)d\theta - \rho d\theta}{\rho d\theta} = \frac{|y|}{\rho} = -\frac{y}{\rho}$$

上式表明直梁纯弯曲时纵向线段的线应变与该线段到中性轴的距离 $|y|$ 成正比。

物理关系：根据梁的纵向纤维间无挤压的假设，纵向纤维只是发生简单拉伸或压缩。当材料处于线弹性范围内，且拉伸弹性模量和压缩弹性模量相同，根据胡克定律得

$$\sigma = E\varepsilon = -E\frac{y}{\rho} \qquad \text{(a)}$$

式中，$E$、$\rho$ 均为常数。上式表明，纯弯直梁横截面上任一点处的正应力与该点到中性轴的距离 $|y|$ 成正比，且中性轴上各点的正应力均为零。亦即沿横截面高度，正应力按直线规律变化，如图 7-21c 所示。

静力学关系：为了确定中性层的曲率半径 $\rho$ 以及中性轴的位置，还需要通过静力等效条件来建立横截面上的内力和正应力之间的联系。

设在横截面上坐标为 $(y, z)$ 的点处取一微面积 $dA$，该点处的法向内力元素为 $\sigma dA$，组成与横截面垂直的空间平行力系。这个内力系只能简化为三个内力分量，即平行于 $x$ 轴的轴力 $F_N$、对 $z$ 轴的力偶矩 $M_z$ 和对 $y$ 轴的力偶矩 $M_y$，分别为

$$F_N = \int_A \sigma dA, \quad M_y = \int_A z\sigma dA, \quad M_z = \int_A y\sigma dA$$

由于梁横截面上仅有绕中性轴转的弯矩 $M$，$F_N$ 和 $M_y$ 均为零。于是可得

$$F_N = \int_A \sigma dA = 0$$

$$M_y = \int_A z\sigma dA = 0$$

$$M_z = -\int_A y\sigma dA = M$$

将式ⓐ代入以上三式，利用截面图形几何参数定义，可得

$$F_N = -\frac{E}{\rho}\int_A y dA = \frac{-E}{\rho}S_z = 0 \qquad ⓑ$$

$$M_y = -\frac{E}{\rho}\int_A yz dA = -\frac{E}{\rho}I_{yz} = 0 \qquad ⓒ$$

$$M_z = \frac{E}{\rho}\int_A y^2 dA = \frac{EI_z}{\rho} = M \qquad ⓓ$$

以上各式中，$E/\rho$ 是不可能为零的，故由式ⓑ可得 $S_z=0$，即表明 $z$ 轴必通过横截面形心，从而确定了中性轴的位置。由式ⓒ可得 $I_{yz}=0$，因为 $y$ 轴是横截面的对称轴，所以 $I_{yz}=0$ 的条件自然满足。事实上横截面的对称轴左右两侧的法向内力元素对 $y$ 轴的力矩值等值相反，故其合力矩 $M_y$ 为零。

最后，由式ⓓ得中性层的曲率表达式为

$$\frac{1}{\rho} = \frac{M}{EI_z} \qquad (7\text{-}19)$$

上式表明：在相同弯矩下，$EI_z$ 越大，则曲率 $1/\rho$ 越小。因此，$EI_z$ 称为梁的抗弯刚度。将上式代入式ⓐ，即可得到等直梁在纯弯曲时横截面上任一点的正应力为

$$\sigma = -\frac{My}{I_z} \qquad (7\text{-}20)$$

式中，$M$ 为横截面上的弯矩；$I_z$ 为横截面对中性轴 $z$ 的惯性矩；$y$ 为所求应力点的纵坐标。

上式中正应力 $\sigma$ 的正负号与弯矩 $M$ 及点的坐标 $y$ 的正负号有关。实际计算中，可根据截面上弯矩 $M$ 的方向，以梁的中性层为界，直接判断梁的凸出一侧的应力为拉应力，凹入一侧的应力为压应力，从而确定正应力 $\sigma$ 的正负号。

### 7.5.2 横力弯曲时的正应力

梁在横力弯曲时，其横截面上不仅有正应力，还有切应力。由于存在切应力，纵向纤维间也存在相互挤压，横截面将不再保持为平面，而发生"翘曲"现象。进一步的分析表明，对于细长梁（即截面高度 $h$ 远小于跨度 $l$ 的梁），切应力对正应力和弯曲变形的影响很小，可以忽略不计，式（7-19）和式（7-20）仍然适用。当然式（7-19）和式（7-20）只适用于材料在线弹性范围内的变形，

并且要求满足平面弯曲的条件。对于横截面具有对称轴的梁，只要外力作用在对称平面内，梁便产生平面弯曲；对于横截面无对称轴的梁，只要外力作用在形心主轴平面内，实心截面梁便产生平面弯曲。上述公式是根据等截面直梁导出的。对于缓慢变化的变截面梁，以及曲率很小的曲梁（$h/\rho_0 \leqslant 0.2$，$\rho_0$ 为曲梁轴线的曲率半径）也可近似适用。

横力弯曲时，弯矩随截面位置变化。一般情况下，在弯矩最大的截面上离中性轴最远处发生最大应力。梁弯曲时，横截面上的最大正应力为

$$\sigma_{\max} = \frac{M_{\max} y_{\max}}{I_z} = \frac{M_{\max}}{W_z} \qquad (7\text{-}21)$$

式中

$$W_z = \frac{I_z}{y_{\max}} \qquad (7\text{-}22)$$

$W_z$ 称为抗弯截面系数（或称抗弯截面模数），其单位为 m³、cm³、mm³。

对于宽度为 $b$、高度为 $h$ 的矩形截面，抗弯截面系数为

$$W_z = \frac{I_z}{y_{\max}} = \frac{bh^3/12}{h/2} = \frac{bh^2}{6} \qquad (7\text{-}23)$$

直径为 $d$ 的圆截面，抗弯截面系数为

$$W_z = \frac{I_z}{y_{\max}} = \frac{\frac{\pi}{64}d^4}{d/2} = \frac{\pi d^3}{32} \qquad (7\text{-}24)$$

内径为 $d$、外径为 $D$ 的空心圆截面，抗弯截面系数为

$$W_z = \frac{I_z}{y_{\max}} = \frac{\frac{\pi D^4}{64}(1-\alpha^4)}{D/2}$$
$$= \frac{\pi D^3}{32}(1-\alpha^4) \qquad (7\text{-}25)$$

式中，$\alpha = \dfrac{d}{D}$ 为截面内外径之比。

【例 7-9】 简支梁承受均布载荷 $q = 60\text{kN/m}$ 的作用，已知梁的横截面为矩形，尺寸如图 7-23 所示，单位 mm。试求：(1) $n$-$n$ 截面上 1、2 两点的正应力；(2) 全梁的最大正应力。

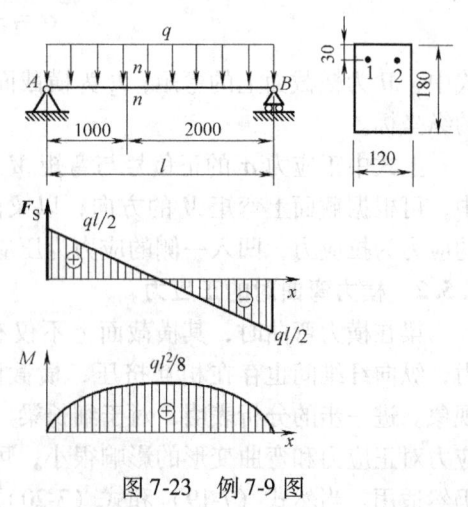

图 7-23　例 7-9 图

**【解】** (1) 确定 n-n 截面的弯矩值和整个梁的最大弯矩值

根据静力学平衡方程，可以求得支座 A 和 B 处约束反力分别为

$$F_{RA} = F_{RB} = \frac{ql}{2} = \frac{60 \times 3}{2}\text{kN} = 90\text{kN}$$

参考例题 7-4，画出该梁的剪力图和弯矩图，则 n-n 截面的弯矩为 $M_1 = 60\text{kN·m}$。

而最大弯矩在该梁中点处，数值为

$$M_{\max} = \frac{ql^2}{8} = 67.5\text{kN·m}$$

(2) 计算横截面对中性轴的惯性矩和抗弯截面系数

$$I_z = \frac{bh^3}{12} = \frac{120 \times 180^3}{12} \times 10^{-12}\text{m}^4 = 5.832 \times 10^{-5}\text{m}^4$$

$$W_z = \frac{I_z}{h/2} = 6.48 \times 10^{-4}\text{m}^3$$

(3) 计算指定点的正应力

因为 1、2 两点到中性轴的距离相同，且处于受压状态，即

$$\sigma_1 = \sigma_2 = -\frac{M_1 y}{I_z} = -\frac{60 \times 10^3 \times 60 \times 10^{-3}}{5.832 \times 10^{-5}}\text{Pa} = -61.7\text{MPa}$$

(4) 计算最大正应力

全梁最大的正应力在梁的中点横截面上，且距离中性轴最远的点，其应力值为

$$\sigma_{\max} = \frac{M_{\max}}{W_z} = \frac{67.5 \times 10^3}{6.48 \times 10^{-4}}\text{Pa} = 104.2\text{MPa}$$

### 7.5.3 弯曲正应力的强度条件

等截面直梁在弯曲变形中，其横截面上的最大正应力发生在最大弯矩所在截面距离中性轴最远处的点。按照单向应力状态下的强度条件的形式，即梁横截面上最大工作应力 $\sigma_{\max}$ 不得超过材料许用弯曲正应力 $[\sigma]$，得强度条件为

$$\sigma_{\max} \leqslant [\sigma] \tag{7-26}$$

对于等截面直梁，其最大正应力可由公式（7-21）计算，所以强度条件也可表示为

$$\sigma_{\max} = \frac{M_{\max}}{W_z} \leqslant [\sigma] \tag{7-27}$$

根据上式，可按正应力强度条件对梁进行校核强度、选择截面或确定许可载荷。对于用铸铁等脆性材料制成的梁，由于材料的许用拉应力 $[\sigma]^+$ 和许用压应

力 $[\sigma]^-$ 不同,而梁横截面的中性轴往往也不是对称轴,因此,需要对梁的最大拉应力和最大压应力分别进行校核,以确保整个梁的安全。

**【例 7-10】** T 型截面铸铁梁的载荷和截面尺寸如图 7-24 所示。材料的许用应力 $[\sigma]^+=15\text{MPa}$,$[\sigma]^-=60\text{MPa}$。试校核梁的强度。

**【解】** (1) 作出梁的内力图

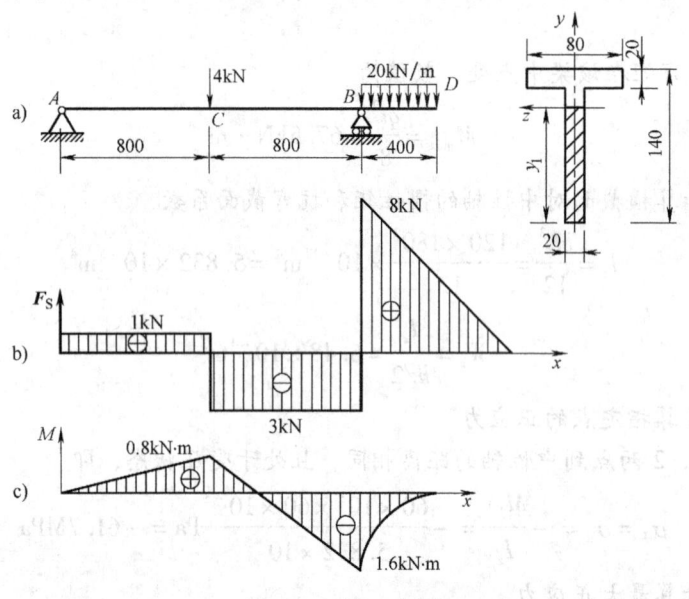

图 7-24 例 7-10 图

(2) 判断危险截面和危险点

截面 B 的弯矩绝对值最大,因此可能是危险截面,故需要对该截面上拉应力、压应力分别校核。截面 C 虽然弯矩较小,但其受拉部位距离中性轴较远,也是可能的危险点,需要进行拉应力强度校核。

(3) 确定中性轴位置

该梁的横截面左右对称,水平方向的中性轴距底边的距离为 $y_1$,显然中性轴通过截面形心,利用形心公式计算,将截面划分成两个矩形,则

$$y_1 = \frac{80 \times 20 \times 130 + 120 \times 20 \times 60}{80 \times 20 + 120 \times 20}\text{mm} = 88\text{mm}$$

由平行移轴公式,计算整个截面对中性轴的惯性矩

$$I_z = \left[\frac{80 \times 20^3}{12} + 80 \times 20 \times (130-88)^2 + \frac{20 \times 120^3}{12} + 20 \times 120 \times (88-60)^2\right]\text{mm}^4$$
$$= 7.63 \times 10^6 \text{mm}^4$$

(4) 强度校核

根据以上分析,由正应力计算公式可得

$$\sigma_B^+ = \frac{M_B y_1}{I_z} = \frac{1.6 \times 10^6 \times (140-88)}{7.63 \times 10^6}\text{MPa} = 10.9\text{MPa} < [\sigma]^+$$

$$\sigma_B^- = \frac{M_B y_2}{I_z} = \frac{1.6 \times 10^6 \times 88}{7.63 \times 10^6}\text{MPa} = 18.5\text{MPa} < [\sigma]^-$$

$$\sigma_C^+ = \frac{M_C y_2}{I_z} = \frac{0.8 \times 10^6 \times 88}{7.63 \times 10^6}\text{MPa} = 9.22\text{MPa} < [\sigma]^+$$

故该梁的强度足够。

### 自测题 36

自测题 36-1 纯弯曲是指_____。
自测题 36-2 对于纯弯曲梁，可由平面假设直接导出（ ）。
(A) $\dfrac{1}{\rho} = \dfrac{M}{EI_z}$；  (B) $\varepsilon = -\dfrac{y}{\rho}$；
(C) 梁产生平面弯曲；  (D) 中性轴通过形心。
自测题 36-3 梁发生平面弯曲时，其横截面绕（ ）旋转。
(A) 梁的轴线； (B) 截面对称轴； (C) 中性轴； (D) 截面形心。
自测题 36-4 一根空心轴，其外径为 $D$、内径为 $d$，当 $D = 2d$ 时，其抗弯截面系数为（ ）。
(A) $\dfrac{15}{32}\pi d^3$； (B) $\dfrac{15}{64}\pi d^3$； (C) $\dfrac{15}{256}\pi D^4$； (D) $\dfrac{15}{64}\pi D^4$。
自测题 36-5 等截面直梁发生纯弯曲变形，对于面积相等的四种横截面，抗弯能力最强的形状是（ ）。
(A) 正方形；  (B) 圆形；
(C) 矩形（高宽比 $h:b = 1:4$）；  (D) 矩形（高宽比 $h:b = 4:1$）。

## 7.6 梁平面弯曲时横截面上的切应力、切应力强度计算

### 7.6.1 矩形截面梁的弯曲切应力

梁受横力弯曲时，虽然横截面上既有正应力 $\sigma$，又有切应力 $\tau$。但一般情况下，切应力对梁的强度和变形的影响属于次要因素，因此对由剪力引起的切应力，不再用变形、物理和静力学关系进行推导，而是在承认正应力公式（7-20）仍然适用的基础上，假定切应力在横截面上的分布规律，然后根据平衡条件导出切应力的计算公式。

在平面弯曲情况下，关于矩形截面梁上的切应力的分布规律先作如下假设：①横截面上的各点切应力方向都平行于剪力；②切应力沿横截面宽度均匀分布。

对于截面高度大于宽度的情况下，由上述假定为基础得到的解，与精确解相比有足够的精度。在图7-25所示的矩形截面梁，距中性轴$z$为$y$的横线$aa_1$处的切应力$\tau$。利用静力平衡关系（具体过程参考其他《材料力学》教材），可以得该处切应力$\tau$为

$$\tau = \frac{F_S S_z^*}{b I_z} \tag{7-28}$$

式中，$F_S$为截面上的剪力；$I_z$为整个截面对中性轴$z$的惯性矩；$b$为所求应力点处的横截面的宽度；$S_z^*$为面积$A^*$对中性轴$z$的静矩（见图7-25b）。

对于矩形横截面而言，静矩为

$$S_z^* = \int_{A^*} y_1 \mathrm{d}A = \int_y^{h/2} b y_1 \mathrm{d}y_1 = \frac{b}{2}\left(\frac{h^2}{4} - y^2\right)$$

于是

$$\tau = \frac{F_S}{2I_z}\left(\frac{h^2}{4} - y^2\right)$$

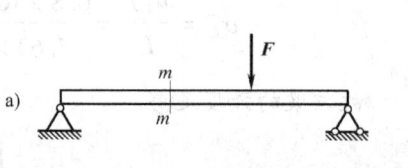
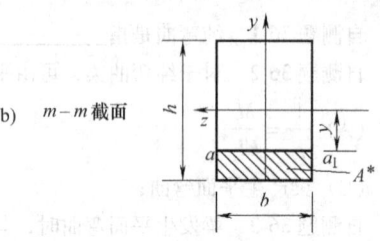

图7-25 弯曲切应力

并且当$y=0$时，横截面的中性轴上出现最大切应力

$$\tau_{\max} = \frac{3F_S}{2bh} = 1.5\,\bar{\tau} \tag{7-29}$$

式中，$\bar{\tau}$为横截面内的平均切应力，即$\bar{\tau} = F_S/A$。

### 7.6.2 其他形状截面梁的弯曲切应力

对于工字形截面梁，其弯曲切应力计算与矩形截面梁类似，仍然沿用矩形截面梁弯曲切应力计算公式(7-28)。计算结果表明，在翼缘上切应力很小，在腹板上切应力沿腹板高度按抛物线规律变化，如图7-26所示。最大切应力在中性轴上，其值为

$$\tau_{\max} = \frac{F_S (S_z^*)_{\max}}{b_1 I_z}$$

式中，$(S_z^*)_{\max}$为中性轴一侧截面面积对中性轴的静矩。计算表明，腹板承担约为(95%~97%)的剪力，因此也可用$\tau_{\max} \approx \dfrac{F_S}{h_1 b_1}$来计算$\tau_{\max}$的近似值，式中，$h_1$为腹板的高度，$b_1$为腹板的宽度。

对于圆形截面梁（图7-27），切应力的方向必切于圆周，并相交于$y$轴上的$C$点。因此，横线上各点切应力方向是变化的。但在中性轴上各点切应力的方向

皆平行于剪力 $F_S$，设为均匀分布，其值为最大。由式（7-28）求得

$$\tau_{\max} = \frac{4}{3}\frac{F_S}{A} \tag{7-30}$$

式中，$A = \frac{\pi}{4}d^2$，即圆截面的最大切应力为其平均切应力的 $\frac{4}{3}$ 倍。

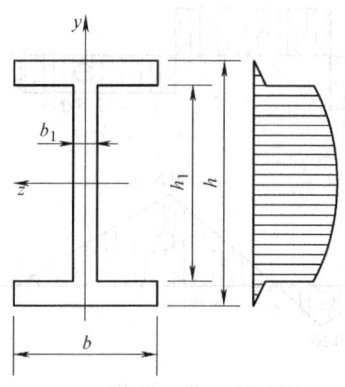

图 7-26　工字形截面梁弯曲切应力

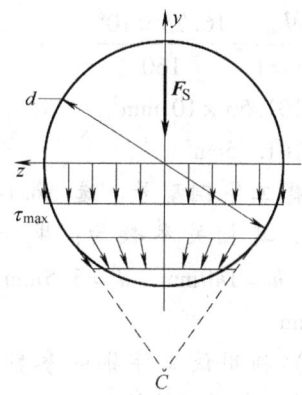

图 7-27　圆形截面梁弯曲切应力

### 7.6.3　弯曲切应力的强度条件

对于等截面直梁，其最大切应力 $\tau_{\max}$ 发生在最大剪力 $F_{S,\max}$ 所在的横截面上，而且一般地说是位于该截面的中性轴上。由以上各种形状的横截面上的最大切应力计算公式可知，全梁各横截面中最大切应力 $\tau_{\max}$ 可统一表达为

$$\tau_{\max} = \frac{F_{S,\max}(S_z^*)_{\max}}{bI_z} \tag{7-31}$$

式中，$F_{S,\max}$ 为全梁的最大剪力；$(S_z^*)_{\max}$ 为横截面上中性轴一侧的面积对中性轴的静矩；$b$ 为横截面在中性轴处的宽度；$I_z$ 是整个横截面对中性轴的惯性矩。

对于横力弯曲下的等直梁，其横截面上一般既有正应力又有切应力，梁需要同时满足正应力和切应力的强度要求。与正应力强度条件类似，梁的切应力强度条件为

$$\tau_{\max} \leqslant [\tau] \tag{7-32}$$

式中，$[\tau]$ 为材料在横力弯曲时的许用切应力，其值在有关设计规范中有具体规定。

**【例 7-11】** 如图 7-28 所示外伸梁，由工字钢制成。已知材料的许用正应力 $[\sigma] = 160\text{MPa}$，许用切应力 $[\tau] = 90\text{MPa}$。试选择工字钢的型号。

**【解】**（1）确定支座反力 $F_B = 97.5\text{kN}$，$F_D = 32.5\text{kN}$，绘制梁的剪力图和弯矩图。

如图7-28所示,可以得到最大剪力 $F_{S,max}$ =50kN 以及最大弯矩 $M_{max}$ =16.25kN·m。

(2) 因为一般情况下,在梁的弯曲变形中,正应力强度条件是主要条件,切应力条件是次要条件。所以根据式(7-27),抗弯截面系数为

$$W_z \geq \frac{M_{max}}{[\sigma]} = \frac{16.25 \times 10^6}{160}$$
$$= 101.56 \times 10^3 \text{mm}^3$$
$$= 101.56 \text{cm}^3$$

查表选择工字钢型号。选 No.14 工字钢,其相关参数为:$W_z$ = 102cm³, $h$ = 140mm, $d$ = 5.5mm, $t$ = 9.1mm。

(3) 利用该工字钢的参数,对切应力进行强度校核。

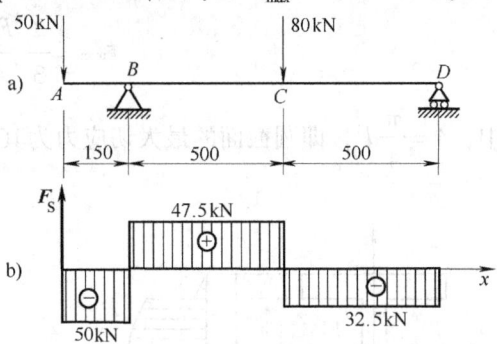

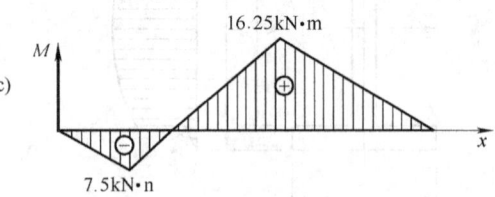

图7-28 例7-11图

$$\tau_{max} \approx \frac{F_{S,max}}{(h-2t)d} = \frac{50 \times 10^3}{(140 - 2 \times 9.1) \times 5.5} = 74.6 \text{MPa} < [\tau]$$

所以选择 No.14 工字钢既能满足正应力强度条件,又能满足切应力强度条件。如果切应力强度不满足,需要选择更高型号的工字钢,以保证两方面应力均符合强度要求。

### 自测题 37

**自测题 37-1** 梁横力弯曲时,一般其截面上( )。
(A) 只有正应力,无切应力;　　　(B) 只有切应力,无正应力;
(C) 既有正应力,又有切应力;　　(D) 既无正应力,又无切应力。

**自测题 37-2** 在一般情况下,梁内的弯曲正应力 $\sigma_{max}$ 和弯曲切应力 $\tau_{max}$ 通常发生在何处? 正确结论是( )。
(A) $\sigma_{max}$ 发生在横截面上离中性轴最远的各点处,$\tau_{max}$ 发生在中性轴处;
(B) $\tau_{max}$ 发生在横截面上离中性轴最远的各点处,$\sigma_{max}$ 发生在中性轴处;
(C) $\sigma_{max}$、$\tau_{max}$ 发生在横截面上离中性轴最远的各点处;
(D) $\sigma_{max}$、$\tau_{max}$ 都发生在中性轴处。

## 7.7 提高梁强度的措施

梁在载荷作用下,须同时满足正应力和切应力强度条件,在进行强度计算

时，通常按正应力强度进行计算，再按切应力强度进行校核。一般地说，弯曲正应力是影响弯曲强度的主要因素。根据弯曲正应力的强度条件式（7-27）

$$\sigma_{\max} = \frac{M_{\max}}{W_z} \leq [\sigma]$$

可以看出，提高弯曲强度的措施主要是从三方面考虑：降低最大弯矩值、提高抗弯截面系数和提高材料的力学性能。现将工程中常用的几种措施分述如下。

### 7.7.1 降低最大弯矩值

**1. 合理改变加载位置和加载方式**

可以通过改变加载位置或加载方式达到减小最大弯矩的目的。如当集中力作用在简支梁跨度中间时（图7-29a），其最大弯矩为 $\frac{1}{4}Fl$；当载荷的作用点移到距左侧 $\frac{1}{4}l$ 处（图7-29b），则最大弯矩变为 $\frac{3}{16}Fl$，最大弯矩值下降25%。当载荷的位置不能改变时，可以把集中力分散成较小的力，或者改变成分布载荷，从而减小最大弯矩。例如利用辅梁把作用于跨中的集中力分散为两个集中力（图7-29c），而使最大弯矩降低为 $\frac{1}{8}Fl$。利用辅梁来达到分散载荷、减小最大弯矩是工程中经常采用的方法。

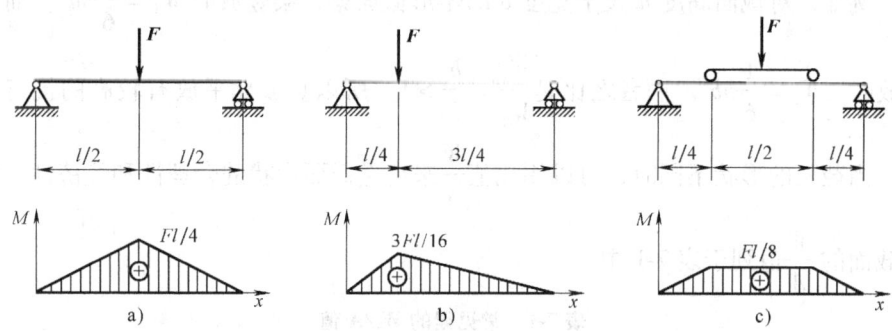

图7-29 改变加载位置或加载方式以降低最大弯矩值

**2. 改变支座的位置**

可以通过改变支座的位置来减小最大弯矩。例如图7-30a所示受均布载荷的简支梁，$M_{\max} = \frac{1}{8}ql^2 = 0.125ql^2$。若将两端支座各向里移动 $0.2l$（如图7-30b），则最大弯矩减小为 $\frac{1}{40}ql^2$，即

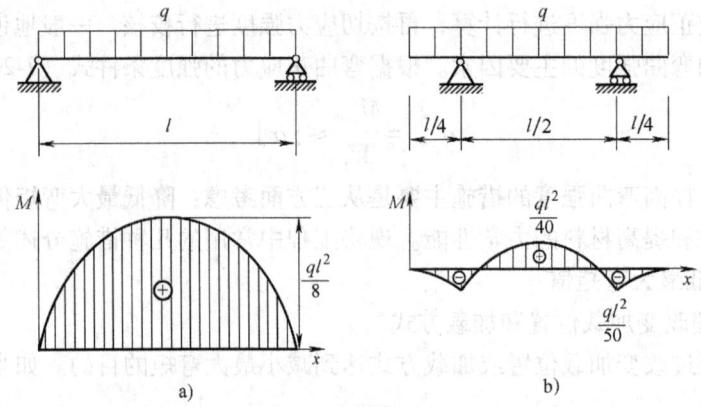

图 7-30 改变支座位置以降低最大弯矩值

$$M_{\max} = \frac{1}{40}ql^2 = 0.025ql^2$$

只及前者的 20%。

### 7.7.2 提高抗弯截面系数

1. 合理选用截面形状

在截面积 A 相同的条件下,抗弯截面系数 $W_z$ 愈大,则梁的承载能力就愈高。例如,对截面高度 h 大于宽度 b 的矩形截面梁,梁竖放时 $W_1 = \frac{1}{6}bh^2$;而梁平放时,$W_2 = \frac{1}{6}hb^2$。两者之比是 $\frac{W_1}{W_2} = \frac{h}{b} > 1$,所以竖放比平放有较高的抗弯能力。当截面的形状不同时,可以用比值 $\frac{W}{A}$ 来衡量截面形状的合理性和经济性。常见截面的 $\frac{W}{A}$ 值列于表 7-1 中。

表 7-1 常见梁的 $W_z/A$ 值

| 梁的横截面形状 | | | | |
|---|---|---|---|---|
| $W_z/A$ | $0.167h$ | $0.125h$ | $(0.27 \sim 0.31)h$ | $(0.29 \sim 0.31)h$ |

表7-1中的数据表明,材料远离中性轴的截面(如圆环形、工字形等)比较经济合理。这是因为弯曲正应力沿截面高度线性分布,中性轴附近的应力较小,该处的材料不能充分发挥作用,将这些材料移置到离中性轴较远处,则可使它们得到充分利用,形成"合理截面"。工程中的吊车梁、桥梁常采用工字形、槽形或箱形截面,房屋建筑中的楼板采用空心圆孔板,道理就在于此。需要指出的是,对于矩形、工字形等截面,增加截面高度虽然能有效地提高抗弯截面系数,但若高度过大、宽度过小,则在载荷作用下梁会发生扭曲,从而使梁过早的丧失承载能力。

对于拉、压许用应力不相等的材料(例如大多数脆性材料),采用T字形等中性轴距上下边不相等的截面较合理。设计时使中性轴靠近拉应力的一侧,以使危险截面上的最大拉应力和最大压应力尽可能同时达到材料的许用应力。

2. 合理选用梁的外形

对于等截面梁,除 $M_{max}$ 所在截面的最大正应力达到材料的许用应力外,其余截面的应力均小于,甚至远小于许用应力。因此,为了节省材料、减轻结构的重量,可在弯矩较小处采用较小的截面,这种截面尺寸沿梁轴线变化的梁称为变截面梁。若使变截面梁每个截面上的最大正应力都等于材料的许用应力,则这种梁称为等强度梁。由于考虑到加工的经济性及其他工艺要求,工程实际中常常采用近似的阶梯梁。例如机械设备中的阶梯轴(图7-31a)、摇臂钻床的摇臂(图7-31c)及工业厂房中的鱼腹梁(图7-31b)等。

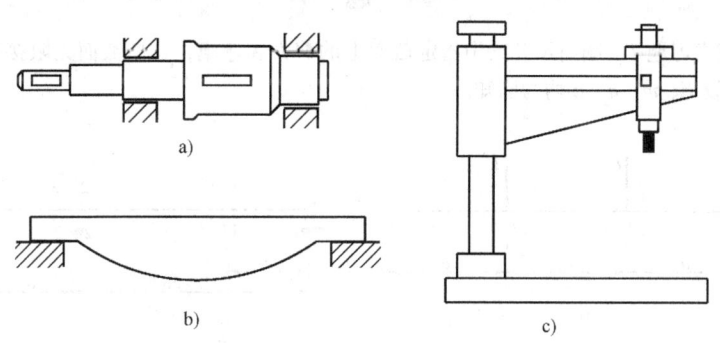

图7-31 变截面梁的工程实例

### 7.7.3 提高材料的力学性能

构件选用何种材料,应综合考虑安全、经济等因素。近年来低合金钢生产发展迅速,如16Mn、15MnTi钢等。这些低合金钢的生产工艺和成本与普通钢相近,但强度高、韧性好。南京长江大桥广泛采用了16Mn钢,与低碳钢相比节约了15%的钢材。铸铁抗拉强度较低，但价格低廉。铸铁经球化处理成为球墨铸铁后，提高了强度极限和塑性性能。不少工厂用球墨铸铁代替钢材制造曲轴和齿轮，取得了较好的经济效益。一般情况下塑性材料的许用拉应力 $[\sigma]^+$ 和许用压应力 $[\sigma]^-$ 相等，可用于上、下对称的截面，其抗弯性能好；而脆性材料的许用拉应力 $[\sigma]^+$ 小于许用压应力 $[\sigma]^-$，可采用 T 字型或上下不对称的工字型截面，充分发挥材料性能。

## 自测题 38

自测题 38-1　截面积相等的圆形和正方形截面杆，从强度角度看，正确的是（　　）。
（A）在轴向拉伸时，圆截面比正方截面的弱；
（B）在扭转时，圆截面比正方截面的弱；
（C）在纯弯曲时，圆截面比正方截面的弱；
（D）在剪切时，圆截面比正方截面的强。

自测题 38-2　设计钢梁时，宜采用中性轴为（　　）的截面；设计铸铁梁时，宜采用中性轴为（　　）的截面。
（A）对称轴；　　　　　　　　　　（B）偏于受拉边非对称轴；
（C）偏于受压边非对称轴；　　　　（D）对称或非对称轴。

自测题 38-3　工程中的叠板弹簧实质上是（　　）。
（A）等截面梁；　　　　　　　　　　（B）宽度变化、高度不变的等强度梁；
（C）宽度不变、高度变化的等强度梁；（D）宽度和高度都变化的等强度梁。

## 习　题　7

7-1　试求习题7-1图所示各梁中指定截面上的剪力和弯矩，这些截面无限接近于截面 $C$ 或截面 $D$。设 $F$、$m$、$q$、$a$ 均为已知。

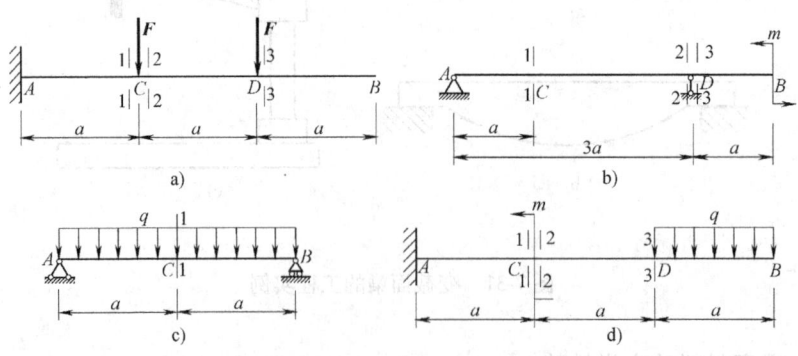

习题 7-1 图

7-2　试写出习题7-2图所示各梁的剪力方程和弯矩方程，并作出梁的剪力图与弯矩图。

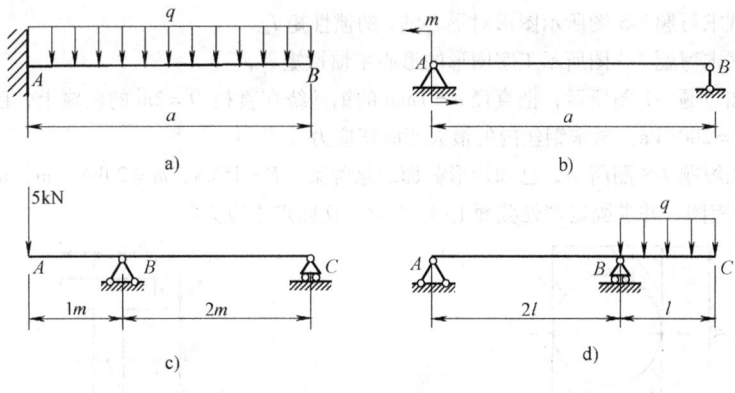

习题 7-2 图

7-3 试利用微分关系画出习题 7-3 图所示各梁的剪力图与弯矩图。

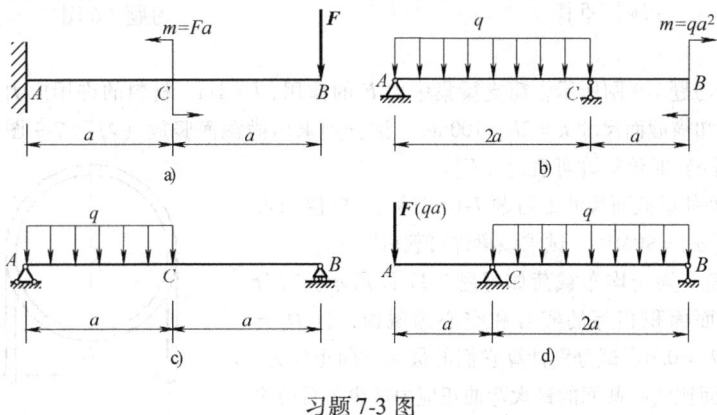

习题 7-3 图

7-4 试求习题 7-4 图所示型材截面形心的位置和对 $y$、$z$ 轴的静矩，图中尺寸单位为 mm。

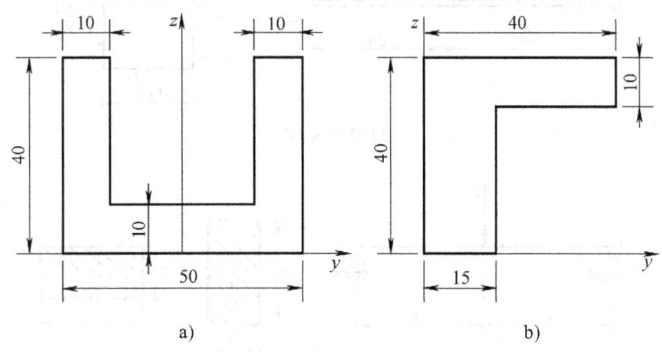

习题 7-4 图

7-5 试求习题7-5图所示图形对形心轴 $z$ 的惯性矩 $I_z$。

7-6 试求习题7-6图所示工字图形的形心主惯性矩 $I_z$。

7-7 如习题7-7图所示，把直径 $d = 1$mm 的钢丝绕在直径 $D = 2$m 的轮缘上，已知材料的弹性模量 $E = 200$GPa，试求钢丝内的最大弯曲正应力。

7-8 如习题7-8图所示，已知矩形截面的悬臂梁，$F = 15$kN，$m = 20$kN·m，试作出梁的剪力图、弯矩图，并求固定端处截面上 $A$、$B$、$C$、$D$ 四点正应力。

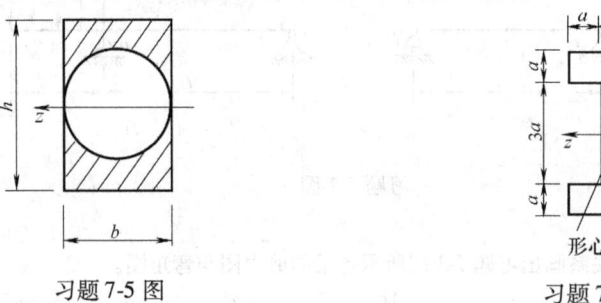

习题 7-5 图　　　　　　　习题 7-6 图

7-9 如习题7-9图所示，简支梁集中力 $F$ 的作用，$l = 1$m，材料的许用应力为 $[\sigma] = 120$MPa。已知横截面尺寸 $h = 2b = 100$mm，试分别求出横截面竖放（习题7-9图 b）和横放（习题7-9图 c）时该梁许可载荷 $[F]$。

7-10 外伸梁截面尺寸如习题7-10图所示，单位 mm。许用应力为 $[\sigma] = 90$MPa。试求该梁许可载荷 $[F]$。

7-11 简支梁受均布载荷如习题7-11图所示。若分别采用横截面面积相等的实心和空心圆截面，且 $D_1 = 40$mm，$d_2/D_2 = 0.6$。试分别计算它们的最大弯曲正应力，并问空心截面比实心截面的最大弯曲正应力减少了百分之几。

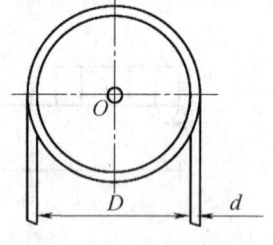

习题 7-7 图

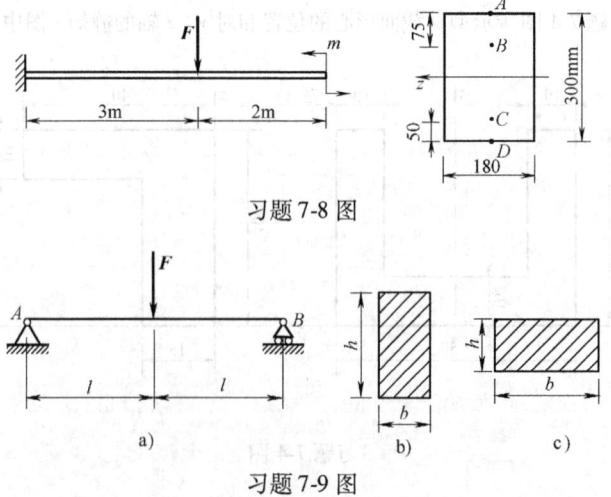

习题 7-8 图

习题 7-9 图

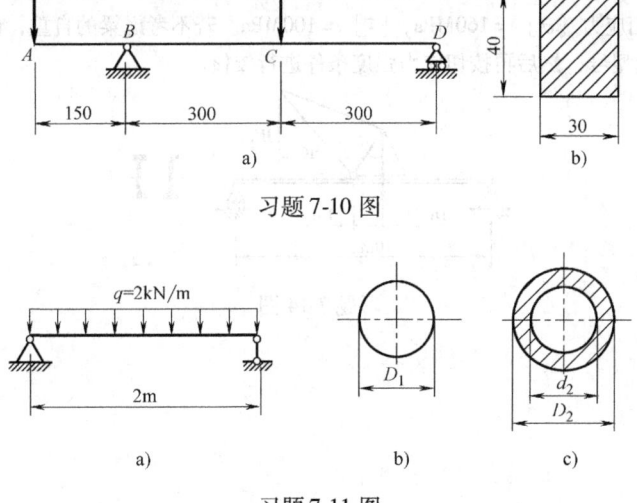

习题 7-10 图

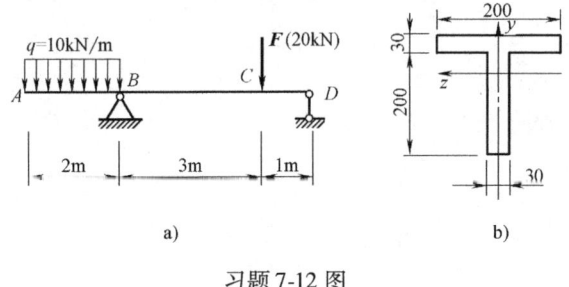

习题 7-11 图

7-12 铸铁梁的载荷及横截面尺寸（单位 mm）如习题 7-12 图所示。许用拉应力 $[\sigma]^+ = 40\text{MPa}$，许用压应力为 $[\sigma]^- = 160\text{MPa}$。试按正应力强度条件校核该梁的强度。若载荷不变，但将 T 形梁倒置，即成为 ⊥ 形，是否合理？何故？

习题 7-12 图

7-13 习题 7-13 图所示木梁受一可移动的载荷 $F = 40\text{kN}$ 作用。已知许用正应力 $[\sigma] = 10\text{MPa}$，许用切应力 $[\tau] = 3\text{MPa}$。木梁的横截面为矩形，其高宽比为 $\dfrac{h}{b} = \dfrac{3}{2}$。试选择梁的横截面尺寸。

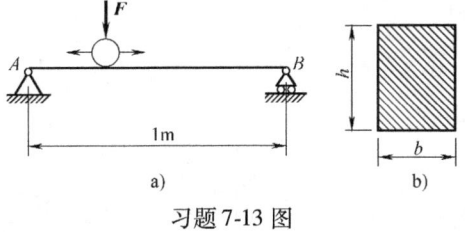

习题 7-13 图

7-14 习题7-14图所示起重机下的梁由两根工字钢组成，起重机自重 $W_1 = 50$kN，起重量 $W_2 = 10$kN。许用应力 $[\sigma] = 160$MPa，$[\tau] = 100$MPa。若不考虑梁的自重，试按正应力强度条件选定工字钢型号，然后再按切应力强度条件进行校核。

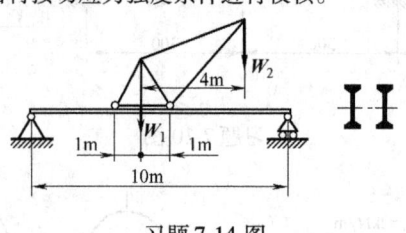

习题 7-14 图

# 第8章 梁弯曲时的刚度计算

## 8.1 梁的变形与位移的概念

为研究等截面直梁在对称弯曲时的变形，取梁变形前的轴线为 $x$ 轴，梁横截面的竖直对称轴为 $y$ 轴，$xy$ 平面即为梁的纵向对称面。等截面直梁发生对称弯曲变形如图 8-1 所示，其轴线由直线变成曲线，变形程度可由曲线 $AC_1B_1$ 的曲率来表示。由于在工程实际中曲率难以测量，而且梁的变形还受到支座约束的影响，所以直接用梁变形后横截面位移的两个基本量来度量梁的变形，它们分别是：横截面的形心（即轴线上的点）沿垂直于 $x$ 轴方向产生的线位移 $y$，称为挠度；横截面相对于原来位置发生的偏转而产生的角位移 $\theta$，称为转角。

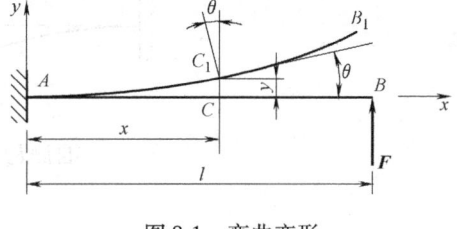

图 8-1 弯曲变形

等截面直梁发生对称弯曲时，在小变形情况下，忽略剪力的影响，其轴线由直线变为 $xy$ 面内的一条平坦光滑的连续曲线（即曲线 $AC_1B_1$），称为挠曲线，挠曲线方程，为

$$y = y(x)$$

式中，$x$ 为梁在变形前轴线上任一点的横坐标；$y$ 为该点的挠度。同时，横截面在保持平面状态的情况下，绕自身的中性轴发生转动，即产生了转角 $\theta$。在小变形情况下，横截面的转角沿着轴线是连续变化的，由于挠曲线是一条平坦曲线，故转角可表示为

$$\theta \approx \tan\theta = y' = y'(x)$$

上式称为转角方程，即挠曲线上任一点处的切线斜率 $y'$ 可足够精确地代表该点处的横截面的转角 $\theta$。综上所述，求梁的任一截面的挠度和转角，关键在于确定梁的挠曲线方程 $y = y(x)$。

### 自测题 39

自测题 39-1 研究梁的变形的目的是（　　）。
（A）进行梁的正应力计算；　　　　　　（B）进行梁的刚度计算；

(C) 进行梁的稳定性计算；      (D) 进行梁的切应力计算。

自测题 39-2   在下列关于梁转角的说法中，(　　) 是错误的。

(A) 转角是横截面绕中性轴转过的角位移；

(B) 转角是变形前后同一横截面间的夹角；

(C) 转角是横截面绕梁轴线转过的角度；

(D) 转角是挠曲线之切线与轴向坐标轴间的夹角。

自测题 39-3   梁发生弯曲变形时，横截面的挠度是指截面形心沿_____方向的线位移，转角是指截面绕_____转动的角位移。

自测题 39-4   自测题 39-4 图所示悬臂梁在 $B$ 处有集中力 $F$ 作用，则 $AB$ 段产生了_____，同时 $BC$ 段发生了_____。

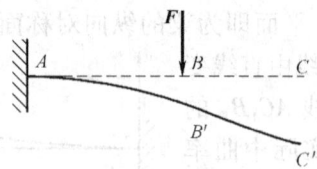

自测题 39-4 图

## 8.2 挠曲线近似微分方程

为了求得梁的挠曲线方程，我们采用梁对称弯曲的曲率公式

$$\kappa = \frac{1}{\rho(x)} = \frac{M(x)}{EI} \qquad \text{ⓐ}$$

上式表明梁轴线上任一点的曲率 $\kappa$ 与该点处横截面上的弯矩 $M(x)$ 成正比，而与该截面的抗弯刚度 $EI$ 成反比。

在数学中，平面曲线的曲率与曲线方程导数之间存在下列关系：

$$\frac{1}{\rho(x)} = \pm \frac{y''}{(1 + y'^2)^{3/2}} \qquad \text{ⓑ}$$

在图 8-2 所示的直角坐标系 $Oxy$ 中，曲线代表梁的挠曲线。考虑到梁的挠曲线为一平坦的曲线，即在小挠度条件下，$y'^2$ 与 1 相比十分微小，可略去不计，故上式可近似地写为

$$\pm y''(x) = \frac{1}{\rho(x)} \qquad \text{ⓒ}$$

此外，挠曲线向下凸时 $y'' > 0$；而挠曲线向上凸时 $y'' < 0$。根据弯矩正负的规定，正弯矩 ($M > 0$) 使挠曲线向下凸，负弯矩 ($M < 0$) 使挠曲线向上凸，如图 8-2 所示。于是，将式ⓒ代入式ⓐ，得

$$y''(x) = \frac{M(x)}{EI} \tag{8-1a}$$

由于上式中忽略了剪力的影响,并且省略了高阶微量 $y'^2$,故式(8-1a)称为梁的挠曲线近似微分方程。显然,该微分方程仅适用于线弹性范围内的平面弯曲问题。

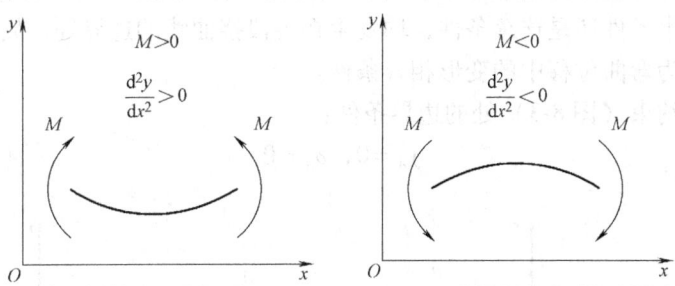

图 8-2 弯矩和曲率的正负号关系

若考虑等截面直梁,其抗弯刚度 $EI$ 为一常量,上式可改写为

$$EIy''(x) = M(x) \tag{8-1b}$$

对于等截面直梁,按上式进行积分,并通过由梁的变形相容条件给出的边界条件确定积分常数,即可求得梁的挠曲线方程。

### 自测题 40

自测题 40-1 梁的挠曲线方程近似为微分方程,其近似的原因是( )。
(A)横截面不一定保持平面;　　(B)材料不一定服从胡克定律;
(C)梁的变形不一定是微小变形;　(D)以二阶导数代替曲率,并略去剪力的影响。

自测题 40-2 等截面直梁在弯曲变形时,挠曲线曲率最大发生在( )处。
(A)挠度最大;　(B)转角最大;　(C)剪力最大;　(D)弯矩最大。

## 8.3 计算梁位移的积分法

将式(8-1b)两侧同时对 $x$ 进行积分,得

$$EI\theta(x) = EIy'(x) = \int M(x)\,\mathrm{d}x + C \tag{8-2}$$

再积分一次,得

$$EIy(x) = \int\left[\int M(x)\,\mathrm{d}x\right]\mathrm{d}x + Cx + D \tag{8-3}$$

式中,$C$ 和 $D$ 为积分常数,它们可根据梁的边界条件来确定。然后代入式(8-2)可得转角方程,代入式(8-3)可得梁的挠曲线方程,从而可确定梁上每个横截

面的唯一的挠度和转角。

对于各段梁的近似微分方程进行积分时，将出现积分常数。为确定这些积分常数，需要利用支座处的约束条件。例如，固定端约束处，挠度和转角都等于零；铰链支座约束处，其挠度等于零，而转角一般不为零。此外，还需利用相邻两段梁的交界处位移的连续条件，即在交界处的截面应该具有相同的挠度和转角。不论约束条件还是连续条件，均发生在各段挠曲线的边界处，故均称为边界条件，也称为弯曲位移中的变形相容条件。

固定端约束（图8-3）处的边界条件：

$$y_A = 0, \quad \theta_A = 0$$

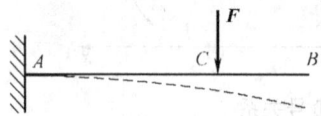
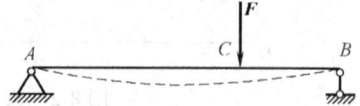

图8-3 固定段约束的边界条件　　图8-4 铰支座约束的边界条件

铰支座处（图8-4）的边界条件：

$$y_A = 0, \quad y_B = 0$$

两段连接处的连续条件：

$$y_{C左} = y_{C右}, \quad \theta_{C左} = \theta_{C右}$$

【例8-1】 图8-5所示，一个抗弯刚度为 $EI$ 的简支梁 $AB$，在 $D$ 点受到集中力 $F$ 作用，试求该梁的挠曲线方程和转角方程，并确定其最大挠度和最大转角。

【解】（1）求反力

$$F_{RA} = \frac{b}{l}F, \quad F_{RA} = \frac{a}{l}F$$

图8-5 例8-1图

（2）建立坐标系 $Axy$，分两段列出 $AB$ 梁的弯矩方程为

AD 段　　$M_1(x_1) = \dfrac{b}{l}Fx_1$　　$(0 \leqslant x_1 \leqslant a)$

DB 段　　$M_2(x_2) = \dfrac{b}{l}Fx_2 - F(x_2 - a)$　　$(a \leqslant x_2 \leqslant l)$

（3）对挠曲线近似微分方程积分，将梁的 $AD$ 和 $DB$ 两段的挠曲线近似微分方程及积分结果，列表如下。

| 梁 AD 段 ($0 \leq x_1 \leq a$) | 梁 DB 段 ($a \leq x_2 \leq l$) |
|---|---|
| $EIy_1'' = \dfrac{Fb}{l}x_1$ | $EIy_2'' = \dfrac{Fb}{l}x_2 - F(x_2 - a)$ |
| $EIy_1' = \dfrac{Fb}{2l}x_1^2 + C_1$ | $EIy_2' = \dfrac{Fb}{2l}x_2^2 - \dfrac{F}{2}(x_2 - a)^2 + C_2$ |
| $EIy_1 = \dfrac{Fb}{6l}x_1^3 + C_1 x_1 + D_1$ | $EIy_2 = \dfrac{Fb}{6l}x_2^3 - \dfrac{F}{6}(x_2 - a)^3 + C_2 x_2 + D_2$ |

(4) 通过梁的连续条件和边界条件来确定积分常数 $C_1$、$D_1$ 和 $C_2$、$D_2$。其中挠曲线连续条件为在 $D$ 截面的左右两侧的转角和挠度相等，即

当 $x_1 = x_2 = a$ 时 $\theta_1 = \theta_2$, $y_1 = y_2$

即

$$\frac{Fb}{2l}a^2 + C_1 = \frac{Fb}{2l}a^2 - \frac{F}{2}(a-a)^2 + C_2$$

$$\frac{Fb}{6l}a^3 + C_1 a + D_1 = \frac{Fb}{6l}a^3 - \frac{F}{6}(a-a)^3 + C_2 a + D_2$$

由上两式解得

$$C_1 = C_2, \quad D_1 = D_2$$

此外，梁在 $A$、$B$ 两端均为铰支座，没有纵向位移，故边界条件为

$$x_1 = 0, \; y_1 = 0 \text{ 和 } x_2 = l, \; y_2 = 0$$

分别代入各段梁的挠曲线方程，可得

$$D_1 = 0$$

$$\frac{Fb}{6l}l^3 - \frac{F}{6}(l-a)^3 + C_2 l = 0$$

最终解得

$$D_1 = D_2 = 0, C_1 = C_2 = -\frac{Fb}{6l}(l^2 - b^2)$$

梁的 AD 段和 DB 段的转角方程和挠曲线方程列于下表。

| 梁 AD 段 ($0 \leq x_1 \leq a$) | 梁 DB 段 ($a \leq x_2 \leq l$) |
|---|---|
| $\theta_1(x_1) = -\dfrac{Fb}{6EIl}(l^2 - b^2 - 3x_1^2)$ | $\theta_2(x_2) = -\dfrac{Fb}{6EIl}\left[(l^2 - b^2 - 3x_1^2) + \dfrac{3l}{b}(x_2 - a)^2\right]$ |
| $y_1(x_1) = -\dfrac{Fbx_1}{6EIl}(l^2 - b^2 - x_1^2)$ | $y_2(x_2) = -\dfrac{Fb}{6EIl}\left[(l^2 - b^2 - x_2^2)x_2 + \dfrac{l}{b}(x_2 - a)^3\right]$ |

(5) 求最大挠度和转角

显然,梁的最大转角在梁的端部。梁左端截面的转角为

$$\theta_A = \theta_1(x_1)\big|_{x_1=0} = -\frac{Fab(l+b)}{6EIl}$$

梁右端截面的转角为

$$\theta_B = \theta_2(x_2)\big|_{x_2=l} = \frac{Fab(l+a)}{6EIl}$$

当 $a > b$ 时,可以断定右支座处截面的转角绝对值为最大。

为了确定挠度为极值的截面,先确定 $C$ 截面的转角

$$\theta_C = \theta_1(x_1)\big|_{x_1=a} = \frac{Fab}{3EIl}(a-b)$$

若 $a > b$,则转角 $\theta_C > 0$。$AC$ 段挠曲线为光滑连续曲线,而 $\theta_A < 0$,当转角从截面 $A$ 到截面 $C$ 连续地由负值变为正值时,$AC$ 段内必有一截面转角为零。为此,令 $\theta_1(x_1) = 0$,即

$$-\frac{Fb}{6EIl}(l^2 - b^2 - 3x_0^2) = 0$$

解得

$$x_0 = \sqrt{\frac{l^2 - b^2}{3}}$$

$x_0$ 的转角为零,亦即挠度最大的截面位置。由 $AC$ 段的挠曲线方程可求得 $AB$ 梁的最大挠度为

$$y_{\max} = \big|[y_1(x_1)]_{x_1=x_0}\big| = \frac{Fb}{9\sqrt{3}EIl}\sqrt{(l^2-b^2)^3}$$

当集中载荷 $F$ 作用在简支梁的中点处,即 $a = b = l/2$ 时,有

$$\theta_{\max} = \pm\frac{Fl^2}{16EI}$$

$$y_{\max} = y_C = \frac{Fl^3}{48EI}$$

在上例的求解过程中,可以发现所有的弯矩方程必须是在同一坐标系下沿着同一方向列出的,所以后一梁段的弯矩方程中包括前一梁段的弯矩方程。于是,由挠曲线在 $x = a$ 处的连续条件,就能得到两段梁上相应的积分常数分别相等的结果。

【例8-2】 试求图8-6所示简支梁的挠曲线方程。

【解】 (1) 求支座反力,列弯矩方程。

梁的支座反力和所选坐标系如图 8-6 所示。因载荷在 $C$ 处不连续，应分二段列出弯矩方程。

AC 段 $\qquad M_1(x) = \dfrac{1}{8}qlx \qquad \left(0 \leqslant x \leqslant \dfrac{l}{2}\right)$

CB 段 $\qquad M_2(x) = \dfrac{1}{8}qlx - \dfrac{1}{2}q\left(x - \dfrac{l}{2}\right)^2 \qquad \left(\dfrac{l}{2} \leqslant x \leqslant l\right)$

（2）列出挠曲线近似微分方程，并进行积分。

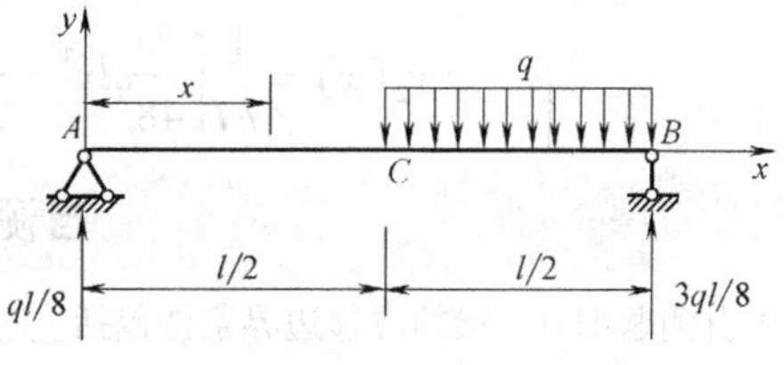

AC 段 $\left(0 \leqslant x \leqslant \dfrac{l}{2}\right)$

$$\frac{d^2 y_1}{dx^2} = \frac{1}{EI} \frac{1}{8} qlx$$

$$\theta_1(x) = \frac{dy_1}{dx} = \frac{1}{EI} \frac{1}{16} qlx^2 + C_1$$

$$y_1(x) = \frac{1}{EI} \frac{1}{48} qlx^3 + C_1 x + D_1$$

图 8-6　例 8-2 图

CB 段 $\left(\dfrac{l}{2} \leqslant x \leqslant l\right)$

$$\frac{d^2 y_2}{dx^2} = \frac{1}{EI}\left[\frac{1}{8}qlx - \frac{1}{2}q\left(x - \frac{l}{2}\right)^2\right]$$

$$\theta_2(x) = \frac{dy_2}{dx} = \frac{1}{EI}\left[\frac{1}{16}qlx^2 - \frac{1}{6}q\left(x - \frac{l}{2}\right)^3\right] + C_2$$

$$y_2(x) = \frac{1}{EI}\left[\frac{1}{48}qlx^3 - \frac{1}{24}q\left(x - \frac{l}{2}\right)^4\right] + C_2 x + D_2$$

（3）确定积分常数。

根据连续条件 $x = l/2$ 处，$\theta_1 = \theta_2$，$y_1 = y_2$，可求得 $C_1 = C_2$，$D_1 = D_2$。

根据边界条件 $x = 0$、$y_1 = 0$ 和 $x = l$、$y_2 = 0$ 可分别求得

$$D_1 = D_2 = 0; \quad C_1 = C_2 = -\frac{7ql^3}{384EI}$$

将求得的 4 个积分常数代回到积分方程中，可求得两段梁的转角和挠度方程。

AC 段 $\left(0 \leqslant x \leqslant \dfrac{l}{2}\right)$

$$\theta_1(x) = \frac{1}{EI}\left[\frac{1}{16}qlx^2 - \frac{7}{384}ql^3\right]$$

$$y_1(x) = \frac{1}{EI}\left[\frac{1}{48}qlx^3 - \frac{7}{384}ql^3 x\right]$$

CB 段 $\left(\frac{l}{2} \leqslant x \leqslant l\right)$

$$\theta_2(x) = \frac{1}{EI}\left[\frac{1}{16}qlx^2 - \frac{1}{6}q\left(x - \frac{l}{2}\right)^3 - \frac{7}{384}ql^3\right]$$

$$y_2(x) = \frac{1}{EI}\left[\frac{1}{48}qlx^3 - \frac{1}{24}q\left(x - \frac{l}{2}\right)^4 - \frac{7}{384}ql^3 x\right]$$

## 自测题 41

自测题 41-1　梁的位移边界条件包括_____和_____。

自测题 41-2　若两梁的抗弯刚度相同，弯矩方程也相同，则两梁的挠曲线形状完全相同。这一结论是（　　）的。

（A）正确；　　　　　　　　　　　（B）错误。

自测题 41-3　若两梁的长度、抗弯刚度和弯矩方程均相同，则两梁的变形和位移也均相同。这一结论是（　　）的。

（A）正确；　　　　　　　　　　　（B）错误。

自测题 41-4　梁的最大挠度必然发生在梁的最大弯矩处。这一结论是（　　）的。

（A）正确；　　　　　　　　　　　（B）错误。

自测题 41-5　梁受载后，若某段内弯矩为零，则梁变形后该段轴线保持为直线，该段内各截面的挠度、转角均为零。这一结论是（　　）的。

（A）正确；　　　　　　　　　　　（B）错误。

自测题 41-6　简支梁承受集中载荷，则最大挠度必发生在集中载荷作用处。这一结论是（　　）的。

（A）正确；　　　　　　　　　　　（B）错误。

## 8.4　计算梁位移的叠加法

由例 8-1 和例 8-2 可见，积分法求解梁弯曲变形，在弯矩方程分段较多时，由于每段均出现两个积分常数，运算较为繁琐。因此常由叠加法来计算梁的弯曲变形。在线弹性、小变形的条件下，梁弯曲变形与作用在梁上的外部载荷成线性关系。在这种情况下，当梁上有几个载荷共同作用时，某个截面位置的挠度和转角等于梁上每个载荷单独作用下在该截面处产生的挠度和转角的代数和，这就是计算梁弯曲变形的叠加法。为了方便于工程计算，人们将常见的多种简单载荷下各种梁的挠度方程和转角方程算出，见表 8-1，然后利用叠加法得到梁在复杂载荷作用下的挠度和转角。

表 8-1 梁在简单载荷作用下的变形

| 序号 | 梁的简图 | 挠曲线方程 | 端截面转角 | 最大挠度 |
|---|---|---|---|---|
| 1 |  | $y = -\dfrac{Mx^2}{2EI}, (0 \leqslant x \leqslant a)$<br>$y = -\dfrac{Ma}{EI}\left[(x-a) + \dfrac{a}{2}\right]$<br>$(a \leqslant x \leqslant l)$ | $\theta_B = -\dfrac{Ma}{EI}$ | $y_B = -\dfrac{Ma}{EI}\left(l - \dfrac{a}{2}\right)$ |
| 2 |  | $y = -\dfrac{Fx^2}{6EI}(3a-x)$<br>$(0 \leqslant x \leqslant a)$<br>$y = -\dfrac{Fa^2}{6EI}(3x-a)$<br>$(a \leqslant x \leqslant l)$ | $\theta_B = -\dfrac{Fa^2}{2EI}$ | $y_B = -\dfrac{Fa^2}{6EI}(3l-a)$ |
| 3 |  | $y = -\dfrac{qx^2}{24EI}(x^2 - 4lx + 6l^2)$ | $\theta_B = -\dfrac{ql^3}{6EI}$ | $y_B = -\dfrac{ql^4}{8EI}$ |
| 4 |  | $y = -\dfrac{Mx}{6EIl}(l-x)(2l-x)$ | $\theta_A = -\dfrac{Ml}{3EI}$<br>$\theta_B = \dfrac{Ml}{6EI}$ | $x = \left(1 - \dfrac{1}{\sqrt{3}}\right)l$<br>$y_{\max} = -\dfrac{Ml^2}{9\sqrt{3}EI}$<br>$y_{\frac{l}{2}} = -\dfrac{Ml^2}{16EI}$ |
| 5 |  | $y = -\dfrac{Mx}{6EIl}(l^2 - x^2)$ | $\theta_A = -\dfrac{Ml}{6EI}$<br>$\theta_B = \dfrac{Ml}{3EI}$ | $x = \dfrac{1}{\sqrt{3}}l$<br>$y_{\max} = -\dfrac{Ml^2}{9\sqrt{3}EI}$<br>$y_{\frac{l}{2}} = -\dfrac{Ml^2}{16EI}$ |

(续)

| 序号 | 梁的简图 | 挠曲线方程 | 端截面转角 | 最大挠度 |
|---|---|---|---|---|
| 6 | (图：简支梁A-C-B，C处有力偶M，距A为a，距B为b，全长l) | $y = \dfrac{Mx}{6EIl}(l^2 - 3b^2 - x^2)$ $(0 \leq x \leq a)$ $y = -\dfrac{M}{6EIl}[3l(x-a)^2 - x^3 + (l^2 - 3b^2)x]$ $(a \leq x \leq l)$ | $\theta_A = \dfrac{M}{6EIl}(l^2 - 3b^2)$ $\theta_B = \dfrac{M}{6EIl}(l^2 - 3a^2)$ | |
| 7 | (图：简支梁A-C-B，C处有集中力F，距A为a，距B为b，全长l) | $y = -\dfrac{Fbx}{6EIl}(l^2 - x^2 - b^2)$ $(0 \leq x \leq a)$ $y = -\dfrac{Fb}{6EIl}\left[\dfrac{l}{b}(x-a)^3 - x^3 + (l^2 - b^2)x\right]$ $(a \leq x \leq l)$ | $\theta_A = -\dfrac{Fab(l+b)}{6EIl}$ $\theta_B = \dfrac{Fab(l+a)}{6EIl}$ | 设 $a > b$ 在 $x = \sqrt{\dfrac{l^2 - b^2}{3}}$ 处 $y_{max} = -\dfrac{Fb(l^2 - b^2)^{3/2}}{9\sqrt{3}EIl}$ $y_{\frac{l}{2}} = -\dfrac{Fb(3l^2 - 4b^2)}{48EI}$ |
| 8 | (图：简支梁A-B，全梁受均布载荷q，长l) | $y = -\dfrac{qx}{24EI}(l^3 - 2lx^2 + x^3)$ | $\theta_A = -\theta_B = -\dfrac{ql^3}{24EI}$ | $y = -\dfrac{5ql^4}{384EI}$ |

**【例 8-3】** 如图 8-7a 所示，简支梁承受集度为 $q$ 的均布载荷和位于跨中的集中力 $F = ql$ 的共同作用。试求梁的跨中的挠度。

**【解】** 为求梁中点的挠度，可将两种载荷分别作用在简支梁上，如图 8-5b 和 c 所示，梁中点处的挠度为两种载荷在此处挠度之和，即

$$y\left(\dfrac{l}{2}\right) = y_1\left(\dfrac{l}{2}\right) + y_2\left(\dfrac{l}{2}\right)$$

其中，$y_1\left(\dfrac{l}{2}\right)$ 和 $y_2\left(\dfrac{l}{2}\right)$ 分别是均布载荷 $q$ 和集中力 $F$ 单独作用在简支梁上，在梁中点所产生的挠度。两个挠度可以从表中查得

$$y_1\left(\dfrac{l}{2}\right) = -\dfrac{5ql^4}{384EI}$$

$$y_2\left(\frac{l}{2}\right) = -\frac{Fl^3}{48EI} = -\frac{ql^4}{48EI}$$

二者叠加后，得到在均布载荷和集中力共同作用下梁中点的挠度

$$y\left(\frac{l}{2}\right) = -\frac{5ql^4}{384EI} - \frac{ql^4}{48EI} = -\frac{13ql^4}{384EI}$$

【例8-4】 将车床主轴简化成等截面的外伸梁，如图8-8所示。轴承 $A$ 和 $B$ 简化为铰支座，$F_1$ 为切削力，$F_2$ 为齿轮传动力。试求截面 $B$ 的转角和端点 $C$ 的挠度。

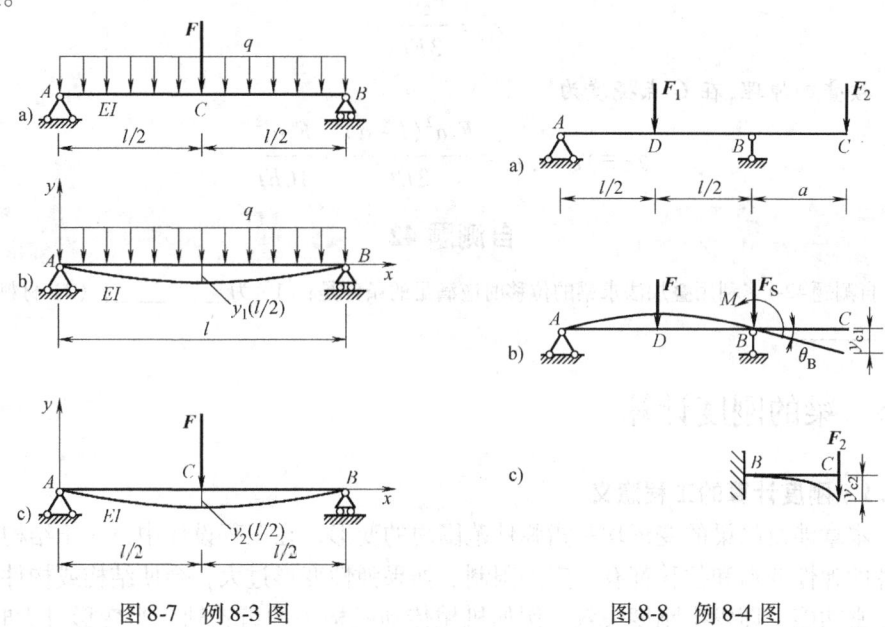

图8-7 例8-3图　　　　图8-8 例8-4图

【解】 （1）外伸梁简化

在表8-1中仅给出了简支梁和悬臂梁的挠度和转角，为此，将外伸梁假想沿 $B$ 截面截开，视为一简支梁和一悬臂梁。显然，在两段梁的截面 $B$ 上应加上相互作用的集中力 $F_S$ 和力偶矩 $M$，即截面 $B$ 上的剪力和弯矩，即 $F_S = F_2$，$M = F_2 a$。

（2）截面 $B$ 处的转角

如图8-8b所示，该梁 $BC$ 段不受外力，但在 $F_1$ 和截面 $B$ 上的剪力和弯矩共同作用下，在截面 $B$ 处将产生转角。其中，由 $F_1$ 单独作用引起的转角为 $(\theta_B)_{F_1} = -\frac{F_1 l^2}{16EI}$，由截面 $B$ 上的弯矩 $M = F_2 a$ 引起的转角为 $(\theta_B)_M = \frac{Ml}{3EI} = \frac{F_2 a l}{3EI}$，则截面 $B$ 处的转角为两者之代数和，即

$$\theta_B = \frac{F_2 al}{3EI} - \frac{F_1 l^2}{16EI}$$

(3) 端点 $C$ 的挠度

由截面 $B$ 处的转角引起梁的 $C$ 端点处的挠度为

$$y_{C1} = \theta_B \cdot a = \frac{F_2 a^2 l}{3EI} - \frac{F_1 al^2}{16EI}$$

如图 8-8c 所示,悬臂梁上由 $F_2$ 引起的 $C$ 点的挠度为

$$y_{C2} = \frac{F_2 a^3}{3EI}$$

按叠加原理,在 $C$ 点挠度为

$$y_C = y_{C1} + y_{C2} = \frac{F_2 a^2 (l+a)}{3EI} - \frac{F_1 al^2}{16EI}$$

### 自测题 42

自测题 42-1　利用叠加法求梁的位移时应满足的条件是:(1) 为_____;(2) 材料处于_____。

## 8.5　梁的刚度计算

### 8.5.1　刚度计算的工程意义

本章涉及的梁的变形均是指弹性范围内的变形,在工程设计中,对于结构和构件的弹性变形和位移都有一定的限制。如果弹性变形过大,会使结构或构件丧失正常功能,即发生刚度失效。例如机械传动机构中的齿轮轴,当变形过大时,不仅会影响两个齿轮之间的啮合,还会造成齿轮的磨损,产生很大噪音,同时也增加了轴承的磨损,降低其使用寿命。

工程设计中还有另外一类问题,所考虑的不是限制构件变形,而是希望在构件不发生强度失效的前提下,尽量产生较大的弹性位移,例如各种车辆中用于减振的板簧,通过产生较大的弹性变形来吸收车辆受到振动和冲击时产生的动能,达到缓冲效果。

### 8.5.2　梁的刚度条件

在工程上通常使用梁的许可挠度 $[y]$ 和许可转角 $[\theta]$ 来限制弯曲变形,所以梁弯曲的刚度条件为

$$|y|_{\max} \leq [y] \tag{8-4}$$

$$|\theta|_{\max} \leq [\theta] \tag{8-5}$$

式中, $|y|_{\max}$ 和 $|\theta|_{\max}$ 分别为绝对值最大的挠度和转角。在梁的自由端和跨中

部位的挠度往往较大，而转角的极大值则可能出现在支座处，在校核前必须找到其最大值。如果已知梁的刚度条件，则可以进行截面设计或确定对应的许可载荷。应当指出，在一般情况下，强度要求是主要的，刚度要求处于从属地位。但对于一些严格限制变形的构件而言，刚度条件必须考虑。

### 自测题 43

自测题 43-1　梁弯曲变形时的刚度条件是_____和_____。

## 8.6　提高梁刚度的措施

从梁的变形计算公式来看，弯曲变形与弯矩、跨度，以及梁的抗弯刚度 $EI$ 有关。所以提高梁刚度可以从以下几方面考虑。

一是改善结构的受力形式。因为梁的变形与跨度 $l^n$（$n=2,3,4$）成正比，减小跨度可以明显降低梁的最大弯矩 $M$ 以及梁的变形。如图 8-9a 所示的简支梁受均匀分布载荷作用，可以通过减小跨度（图 8-9b）、增加支承（图 8-9c）或加固约束（如图 8-9d 所示，将 $A$ 端固定铰换成固定端约束），有效降低梁弯曲的挠度。

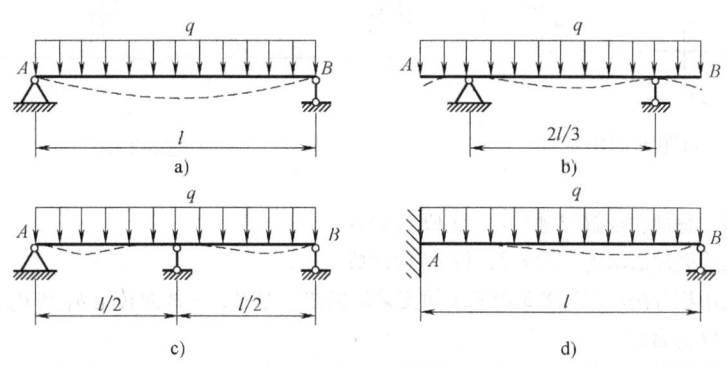

图 8-9　提高梁刚度的措施

二是选用合适的材料。如果采用高强度钢，由于各种钢材的弹性模量 $E$ 比较相近，所以，用高强度钢代替普通钢并不能显著提高梁的刚度。

三是选择合理的截面形状，如工字形截面、空心截面等，以提高截面惯性矩 $I$，从而提高梁的抗弯刚度。

最后应该指出，在工程中并不是一味追求承载能力，还必须考虑使用条件是否满足、制造成本等。例如一般情况下，面积相同的空心截面梁比实心截面梁的惯性矩大，但是空心杆比实心杆的价格高，是否采用，还需视具体情况而定。

## 自测题 44

**自测题 44-1** 承受集中力的等截面简支梁，为减少梁的变形，宜采取的措施是：（   ）。
（A）用重量相等的变截面梁代替原来的等截面梁；
（B）将原来的集中力变为合力相等的分布载荷；
（C）使用高合金钢；
（D）采用等强度梁。

**自测题 44-2** 桥式起重机的主钢梁，设计成两端外伸的外伸梁较简支梁有利，其理由是（   ）。
（A）减少了梁的最大弯矩值；　　　　　（B）减少了梁的最大剪力值；
（C）减少了梁的最大挠曲值；　　　　　（D）增加了梁的抗弯刚度值。

## 习　题　8

**8-1** 用积分法求如习题 8-1 图所示悬臂梁自由端 $B$ 截面的挠度和转角，梁的抗弯刚度为 $EI$。

**8-2** 试用积分法求如习题 8-2 图所示外伸梁的挠曲线方程、支座 $A$ 的转角 $\theta_A$ 和支座 $B$ 的转角 $\theta_B$ 以及自由端 $C$ 的挠度，设 $EI$ 为常数。

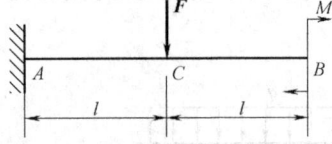

习题 8-1 图

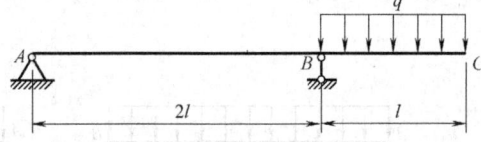

习题 8-2 图

**8-3** 试用叠加法求解习题 8-1，设 $EI$ 为常数。

**8-4** 试用叠加法求解习题 8-2，设 $EI$ 为常数。

**8-5** 试用积分法求习题 8-5 图所示简支梁的挠曲线方程，端截面转角 $\theta_A$ 和 $\theta_B$，跨度中点的挠度，设 $EI$ 为常数。

**8-6** 悬臂梁承受载荷如习题 8-6 图所示，已知 $q = 15\text{kN/m}$，$l = 2\text{m}$，$E = 200\text{GPa}$，$[\sigma] = 160\text{MPa}$，$[y] = l/200$。试选择工字钢的型号。

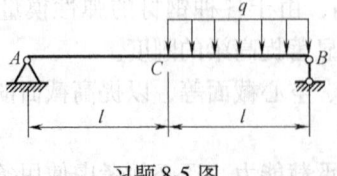

习题 8-5 图

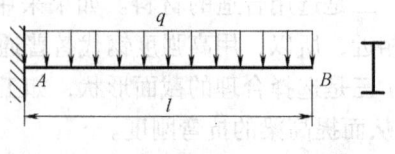

习题 8-6 图

# 第 9 章  组合变形时的强度计算

## 9.1  组合变形的概念与实例

前面几章分别讨论了构件在轴向拉伸与压缩、剪切、扭转和弯曲等基本变形时的强度计算问题。在工程实际中，有许多构件在外力作用下往往同时发生两种或两种以上的基本变形。例如，图 9-1a 所示的烟囱，除因自重引起轴向压缩外，还有因水平方向风力作用而产生的弯曲变形；图 9-1b 所示的吊架，在起吊力的作用下，吊架的立柱在产生轴向压缩的同时还将产生弯曲变形；图 9-1c 所示的卷扬机轴，在产生弯曲变形的同时还将产生扭转变形。通常，将由两种或两种以上基本变形组合而成的变形称为组合变形，其强度计算称为组合变形时的强度计算。

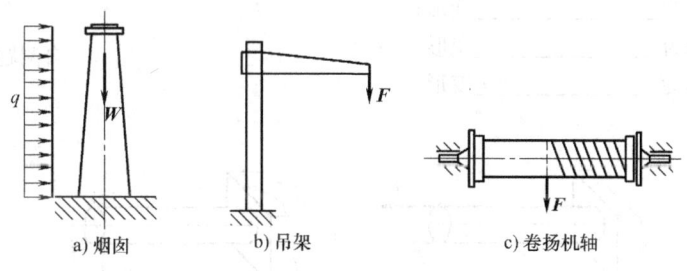

a) 烟囱　　b) 吊架　　c) 卷扬机轴

图 9-1  组合变形实例

解决组合变形时的强度计算问题通常采用叠加法。构件在外力作用下，若在小变形且材料服从胡克定律的条件下，可以认为各载荷的作用彼此独立，互不影响，即任一载荷作用所引起的应力和变形不受其他载荷的影响。

分析组合变形时强度计算问题的一般步骤是：①将载荷分解为若干简单载荷，使构件在各简单载荷下只产生基本变形；②分析基本变形时的内力，确定危险截面；③确定危险点，应用叠加原理进行应力叠加；④对危险点的应力状态进行分析；⑤利用强度条件进行强度计算。

组合变形的种类有许多种，大致可分为两类：第一类是危险点的应力叠加后为单向应力状态，如拉伸（压缩）与弯曲的组合变形、斜弯曲等；第二类是危险点的应力叠加后为复杂应力状态，如弯曲与扭转的组合变形、拉伸（压缩）与扭转的组合变形等。

解决第一类组合变形强度问题可以使用单向应力状态的强度条件，而解决第二类组合变形强度问题则需要使用复杂应力状态下的强度条件。

## 自测题 45

**自测题 45-1**　两种或两种以上基本变形的叠加称为组合变形。这一说法（　　）。
　　(A) 正确；　　　　　　(B) 错误。

**自测题 45-2**　通常计算组合变形构件应力的过程是：先分别计算每种基本变形各自引起的应力，然后再叠加这些应力。这样做的前提是构件为（　　）。
　　(A) 线弹性杆件；　　　(B) 小变形杆件；
　　(C) 线弹性、小变形杆件；(D) 线弹性、小变形直杆。

**自测题 45-3**　直角折杆 ABCD 如自测题 45-3 图所示，外力 F 作用在 BCD 平面内且平行于 BC，则 CD 段为＿＿＿＿变形，BC 段为＿＿＿＿变形，AB 段为＿＿＿＿变形。

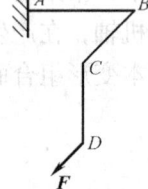

自测题 45-3 图

**自测题 45-4**　如自测题 45-4 图所示圆截面直杆左端固定，右端承受两个集中力作用，则：

图 a 所示为＿＿＿＿＿＿＿＿变形；
图 b 所示为＿＿＿＿＿＿＿＿变形；
图 c 所示为＿＿＿＿＿＿＿＿变形；
图 d 所示为＿＿＿＿＿＿＿＿变形。

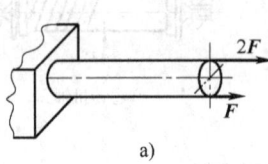
a)

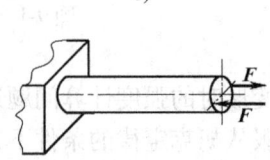
b)

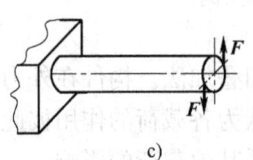
c)

d)

自测题 45-4 图

**自测题 45-5**　解决弯扭组合变形时的强度问题可以使用单向应力状态的强度条件。这一说法（　　）。
　　(A) 正确；　　　　　　(B) 错误。

## 9.2 杆件承受拉（压）与弯曲组合变形时的强度计算

### 9.2.1 拉（压）与弯曲组合变形的受力方式

能引起轴向拉伸（压缩）与弯曲组合变形的受力方式一般有如下两种。

一种是杆件同时承受垂直于轴线的横向力和沿着轴线方向的纵向力（图9-2a），此时杆件的横截面上将同时产生弯矩、剪力和轴力三种内力，忽略剪力的影响（因为剪力的影响往往很小），弯矩和轴力都将在横截面上产生正应力。

另一种是作用在杆件上的纵向力与杆件的轴线不重合，这种情形称为偏心拉伸（压缩）。图9-2b所示即为偏心拉伸。这时，如果将纵向力向横截面的形心平移，即可得到拉伸（压缩）与弯曲的组合变形，同样，杆件在横截面上产生正应力。

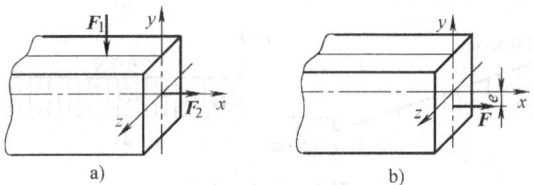

图9-2 拉（压）与弯曲组合变形的受力方式

### 9.2.2 拉（压）与弯曲组合变形时的应力

在杆件横截面上同时产生轴力和弯矩两种内力的情况下，根据轴力图和弯矩图，可以确定杆件的危险截面以及危险截面上的轴力 $F_N$ 和弯矩 $M_{max}$。

轴力 $F_N$ 引起的正应力沿整个横截面均匀分布，轴力为正时产生拉应力，轴力为负时产生压应力。

$$\sigma = \pm \frac{F_N}{A}$$

弯矩 $M_{max}$ 引起的正应力沿横截面高度方向线性分布。

$$\sigma = \frac{M_{max} y}{I_z}$$

应用叠加法，将二者分别引起的同一点的正应力相加，所得到的应力就是二者在同一点引起的总应力。

### 9.2.3 拉（压）与弯曲组合变形时的强度条件

由于轴力和弯矩的方向有不同形式的组合，因此，横截面上的最大拉伸和压缩正应力的计算式也不完全相同。

由于拉（压）与弯曲组合变形时的危险点是单向应力状态，所以其强度条

件为

$$\sigma_{\max} \leqslant [\sigma] \tag{9-1}$$

对于抗拉和抗压强度不等的材料,强度条件为

$$\left.\begin{array}{l}\sigma_{\max}^+ \leqslant [\sigma]^+ \\ \sigma_{\max}^- \leqslant [\sigma]^-\end{array}\right\} \tag{9-2}$$

**【例 9-1】** 图 9-3a 所示的梁,承受集中载荷 $F$ 作用,试校核该梁的强度。已知:载荷 $F=10\text{kN}$,梁长 $l=2\text{m}$,载荷作用点与梁轴线的距离 $e=0.2\text{m}$,方位角 $\alpha=45°$,梁为 No.16 工字钢,许用应力 $[\sigma]=160\text{MPa}$。

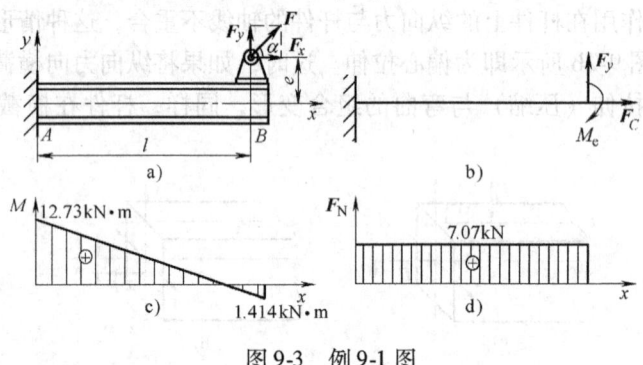

图 9-3 例 9-1 图

**【解】** (1) 梁的外力分析。

首先,将载荷 $F$ 沿坐标轴 $x$ 和 $y$ 方向分解,得相应分力为

$$F_x = F\cos 45° = \frac{\sqrt{2}}{2}F = 7.07\text{kN}$$

$$F_y = F\sin 45° = \frac{\sqrt{2}}{2}F = 7.07\text{kN}$$

然后,将 $F_x$ 平移到梁的轴线上,得轴向力 $F_C = F_x$($C$ 为截面形心)与作用在截面 $B$ 的附加力偶(图 9-3b),其矩为

$$M_e = F_x e = 7.07 \times 0.2 \text{kN} \cdot \text{m} = 1.41 \text{kN} \cdot \text{m}$$

(2) 梁的内力分析,确定危险截面。

在轴向力 $F_C$ 作用下,梁受轴向拉伸;在横向力 $F_y$ 与力偶矩 $M_e$ 作用下,梁产生弯曲变形。所以,$AB$ 梁受拉伸和弯曲的组合变形。忽略剪力的影响,梁的弯矩图和轴力图分别如图 9-3c 和图 9-3d 所示。危险截面在固定端 $A$ 截面。

(3) 梁的应力分析,确定危险点,求 $\sigma_{\max}$。

在固定端 $A$ 截面上,轴力 $F_N$ 引起横截面上均匀分布的拉应力,弯矩 $M$ 引起沿截面高度线性分布的正应力,上下边缘正应力最大,下边缘为拉应力,上边缘为压应力。应用叠加法可知,危险点在截面的下边缘。

最大拉应力为

$$\sigma_{\max} = \frac{F_N}{A} + \frac{M_A}{W_z}$$

(4) 强度校核。

查型钢表可得 $N_0$. 16 工字钢：$A = 26.13 \text{cm}^2$，$W_z = 141 \text{cm}^3$。

$$\sigma_{\max} = \frac{F_N}{A} + \frac{M_A}{W_z} = \left(\frac{7.07 \times 10^3}{2613} + \frac{12.73 \times 10^6}{141 \times 10^3}\right) \text{MPa} = (2.7 + 90.3) \text{MPa}$$
$$= 93 \text{MPa} < [\sigma]$$

故该梁强度足够。

**【例 9-2】** 图 9-4a 所示为钻床结构简图，若 $F = 15 \text{kN}$，材料的许用拉应力 $[\sigma]^+ = 35 \text{MPa}$，许用压应力 $[\sigma]^- = 120 \text{MPa}$。试求圆截面立柱所需的直径 $d$。

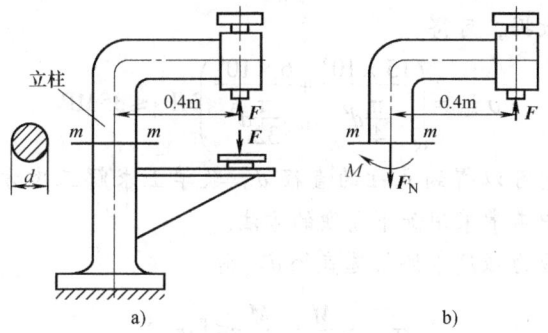

图 9-4 例 9-2 图

**【解】** (1) 确定危险截面

立柱在偏心力 $F$ 作用下产生轴向拉伸与弯曲的组合变形，由于立柱为等截面杆，所以在受力范围内各截面的危险程度相同，故可取任一横截面 $m$-$m$ 来研究。

(2) 确定立柱横截面上的内力

用假想截面 $m$-$m$ 截面将立柱截开，取上半部分为研究对象，如图 9-4b 所示。由平衡条件得截面上的轴力和弯矩分别为

$$F_N = F = 15 \text{kN}$$
$$M = F \times 0.4 = 6.0 \text{kN} \cdot \text{m}$$

(3) 确定最大应力

与轴力对应的拉应力为

$$\sigma' = \frac{F_N}{A}$$

与弯矩对应的最大拉应力为

$$\sigma_{max}'' = \frac{M_{max}}{W_z}$$

应用叠加法,可得最大拉应力发生在横截面的右边缘,其值为

$$\sigma_{max}^+ = \frac{F_N}{A} + \frac{M_{max}}{W_z}$$

最大压应力发生在横截面的左边缘各点,其值为 $\sigma_{max}''$ 和 $\sigma'$ 之差,小于 $\sigma_{max}^+$。

(4) 强度计算

由于铸铁的许用拉应力 $[\sigma]^+$ 小于许用压应力 $[\sigma]^-$,而立柱的 $\sigma_{max}^+ > \sigma_{max}^-$,因此,应根据最大拉应力 $\sigma_{max}^+$ 来进行强度计算,即

$$\sigma_{max}^+ = \frac{F_N}{A} + \frac{M_{max}}{W_z} \leq [\sigma]^+$$

统一单位,代入数据,可得

$$\sigma_{max}^+ = \left( \frac{15 \times 10^3}{\frac{\pi}{4} d^2} + \frac{6 \times 10^6}{\frac{\pi}{32} d^3} \right) \text{MPa} \leq 35 \text{MPa}$$

解此方程,就可以得到立柱的直径 $d$。数学上求解三次方程比较困难,因此,在工程计算中常常采用如下简便的方法。

先按弯曲正应力强度条件初选直径 $d$。由

$$\sigma_{max} = \frac{M}{W} = \frac{M}{\frac{\pi d^3}{32}} \leq [\sigma]^+$$

得

$$d \geq \sqrt[3]{\frac{32M}{\pi [\sigma]^+}} = \sqrt[3]{\frac{32 \times 6 \times 10^6}{\pi \times 35}} \text{mm} = 120.4 \text{mm}$$

取 $d = 121 \text{mm}$。

再按拉伸与弯曲组合变形校核强度。

$$\sigma_{max}^+ = \frac{F_N}{A} + \frac{M}{W} = \left( \frac{15 \times 10^3}{\frac{\pi \times 121^2}{4}} + \frac{6 \times 10^6}{\frac{\pi \times 121^3}{32}} \right) \text{MPa} = 35.8 \text{MPa} > [\sigma]^+$$

可见立柱不满足强度条件。但是,有

$$\frac{\sigma_{max}^+ - [\sigma]^+}{[\sigma]^+} \times 100\% = \frac{35.8 - 35}{35} \times 100\% = 2.3\% < 5\%$$

即最大拉应力超过许用拉应力的 2.3%,但小于 5%,这在工程上是允许的。所以立柱的直径可选 $d = 121 \text{mm}$。

## 自测题 46

**自测题 46-1**  在偏心拉伸（压缩）情况下，受力杆件中各点的应力状态为（    ）。
(A) 单向应力状态；　　　　　　　　(B) 二向应力状态；
(C) 单向或二向应力状态；　　　　　(D) 单向应力状态或零应力状态。

**自测题 46-2**  偏心拉伸杆，横截面上除中性轴以外各点的应力状态为（    ）。
(A) 单向；　　　　　　　　　　　　(B) 二向；
(C) 三向；　　　　　　　　　　　　(D) 视具体情况而异。

**自测题 46-3**  自测题 46-3 图所示三种受压杆件，其中_____杆最下端横截面上的最大压应力最大，_____杆最下端横截面上的最大压应力最小。

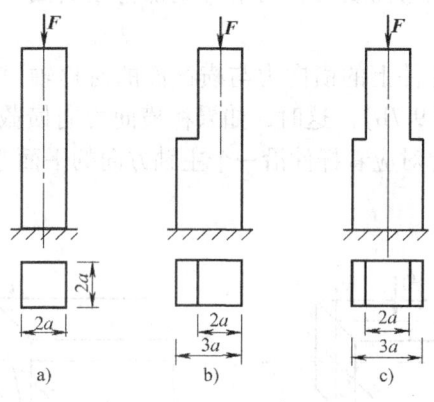

自测题 46-3 图

## 9.3　梁斜弯曲时的强度计算

### 9.3.1　梁斜弯曲的概念

图 9-5 所示是工业厂房中的行车大梁，假如电葫芦起吊的重物在梁的正下方，此时 $\theta = 0°$，即外力作用在梁的铅垂纵向对称平面内，由第 7 章可知，此时行车梁受平面弯曲。

但有时电葫芦起吊的重物并不是在梁的正下方，而是偏离一定的角度，这时梁的受力偏离梁横截面的竖直对称轴 $y$ 一个角度 $\theta$。将作用力沿横截面

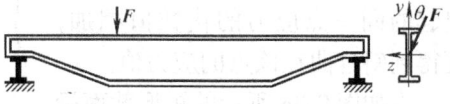

图 9-5　工业厂房中的行车

对称轴作正交分解为两相互垂直的力，行车大梁将在相互垂直的两个纵向对称平面内同时发生弯曲变形，且在变形后杆件的轴线与外力作用线不在同一纵向平面内，这种变形称为斜弯曲，即两垂直方向平面弯曲的组合。

又例如，屋面桁条倾斜地安置于屋顶桁架上（图9-6），这时桁条所受的竖直向下的载荷就不垂直于截面的对称轴。

解决斜弯曲问题可以应用叠加法。在材料服从胡克定律且变形很小的前提下，杆件虽然同时沿两个互相垂直的方向发生平面弯曲，但每一弯曲变形都是各自独立的，互不影响。

### 9.3.2 产生斜弯曲的加载方式

能引起斜弯曲的受力方式一般有如下两种。

一种是杆件同时在两个对称平面（或主轴平面）内承受垂直于轴线的横向力（图9-7a），此时杆件将同时在两个垂直平面内产生弯曲变形，两个弯矩都将在横截面上产生正应力。

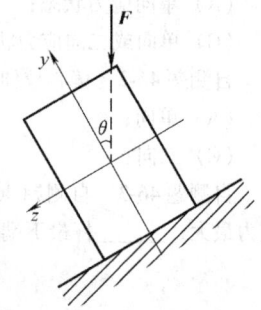

图9-6 屋面桁条的受力

另一种是作用在杆件上的横向力与横截面的对称轴（或主轴）不重合（图9-7b）。这时，如果将横向力向横截面的两个形心主轴的方向分解，使每一分力对应着杆件沿一个主轴方向的平面弯曲，同样，杆件在横截面上产生正应力。

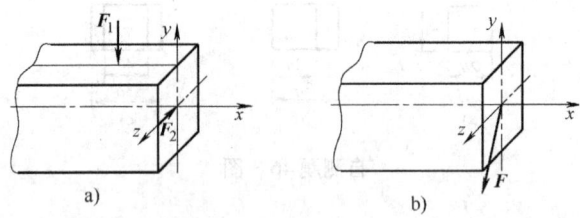

图9-7 产生斜弯曲的受力方式

### 9.3.3 梁斜弯曲时横截面上的正应力

为了确定斜弯曲时梁横截面上的应力，在小变形条件下，可以将斜弯曲分解成两个纵向对称面（或主轴平面）的平面弯曲，然后将两个平面弯曲引起的同一点应力的代数值相加，便得到斜弯曲在该点的应力值。

以如图9-8a所示的矩形截面梁为例。当梁的横截面上同时作用两个弯矩 $M_y$ 和 $M_z$（两者分别都作用在梁的两个纵向对称面内）时，两个弯矩在同一点引起的正应力叠加后，得到如图9-8b所示的应力分布图。

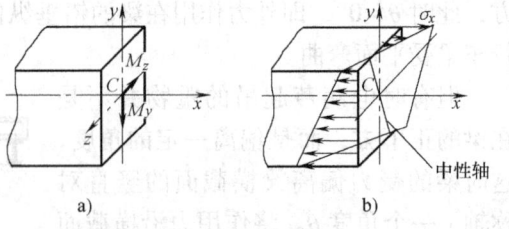

图9-8 斜弯曲时梁横截面上的应力分布

### 9.3.4 梁斜弯曲时的最大正应力和强度条件

对于矩形截面，由于两个弯矩引起的最大拉应力存在公共点，最大压应力也存在公共点，因此，叠加后横截面上的最大拉伸和压缩正应力必然发生在矩形截面的角点处。最大拉伸和压缩正应力值由下式确定：

$$\sigma_{\max}^+ = \frac{M_y}{W_y} + \frac{M_z}{W_z} \tag{9-3a}$$

$$\sigma_{\max}^- = -\left(\frac{M_y}{W_y} + \frac{M_z}{W_z}\right) \tag{9-3b}$$

上式不仅对矩形截面适用，而且对槽型截面、工字型截面也适用。因为这些截面上由两个主轴平面内的弯矩引起的最大拉应力和最大压应力都存在公共点。

对于圆形截面，上述计算公式是不适用的。这是因为，两个对称面内的弯矩所引起的最大拉应力不存在公共点，最大压应力也不存在公共点。

对于圆形截面，由于过形心的任意轴均为截面的对称轴，所以当横截面上同时作用有两个弯矩时，可以将弯矩用矢量表示，然后求二者的矢量和，这一合矢量仍然沿着横截面的对称轴方向，合弯矩的作用面仍然与对称面一致，所以平面弯曲的公式仍然适用。因此，圆形截面只会发生平面弯曲，不会发生斜弯曲。于是，圆形截面上的最大拉应力和最大压应力计算公式为

$$\left.\begin{array}{l}\sigma_{\max}^+ \\ \sigma_{\max}^-\end{array}\right\} = \pm \frac{M}{W} = \pm \frac{\sqrt{M_y^2 + M_z^2}}{W} \tag{9-4}$$

此外，还可以证明：在斜弯曲情形下，横截面依然存在中性轴，而且中性轴一定通过横截面的形心，但不垂直于加载方向。这就是斜弯曲与平面弯曲的重要区别。

由于斜弯曲时危险点上只有正应力作用，故该点处为单向应力状态，其强度条件为

$$\sigma_{\max} \leq [\sigma] \tag{9-5}$$

其中，$\sigma_{\max}$ 由式（9-3）或式（9-4）计算。

**【例9-3】** 如图9-9所示矩形截面悬臂梁。已知：$F_1 = 1\text{kN}$，$F_2 = 2\text{kN}$。试确定危险截面、危险点所在位置，并计算梁内最大正应力值。若将截面改成直径 $d = 50\text{mm}$ 的圆形，试计算最大正应力。

**【解】**（1）外力分析

此梁在力 $F_1$ 作用下在 $Oxy$ 平面内发生平面弯曲，在力 $F_2$ 作用下在 $Oxz$ 平面内发生平面弯曲，故此梁的变形为两个垂直平面内的平面弯曲的组合，即斜弯曲。

（2）内力分析

分别绘出两个垂直平面内的弯矩图 $M_z(x)$ 图（图9-9b）和 $M_y(x)$ 图（图

9-9c），两个平面内的最大弯矩都发生在固定端 $A$ 截面上，其值分别为

$M_z = 1 \times 1 = 1$ （kN·m）（$ac$ 边拉应力最大，$bd$ 边压应力最大）

$M_y = 2 \times 0.5 = 1$ （kN·m）（$ab$ 边拉应力最大，$cd$ 边压应力最大）

由于此梁为等截面杆，故 $A$ 截面为该梁的危险截面。

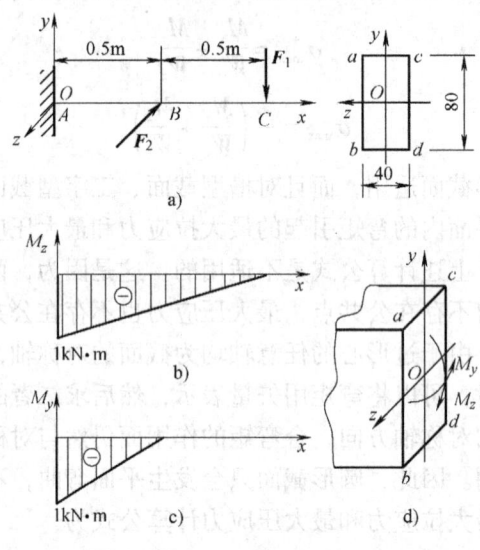

图 9-9 例 9-3 图

（3）应力分析

利用叠加法，危险截面上角点 $a$ 的拉应力最大，角点 $d$ 的压应力最大。由于截面有两个对称轴，则最大拉应力和最大压应力相等。

$$\sigma_{max}^+ = \sigma_a = +\frac{M_z}{W_z} + \frac{M_y}{W_y}$$

$$= +\frac{1 \times 10^6 \text{N} \cdot \text{mm}}{\frac{1}{6} \times 40 \times 80^2 \text{mm}^3} + \frac{1 \times 10^6 \text{N} \cdot \text{mm}}{\frac{1}{6} \times 80 \times 40^2 \text{mm}^3}$$

$$= +23.4 \text{MPa} + 46.8 \text{MPa}$$

$$= 70.2 \text{MPa}$$

$$\sigma_{max}^- = \sigma_c = -\frac{M_z}{W_z} - \frac{M_y}{W_y} = -23.4 \text{MPa} - 46.8 \text{MPa} = -70.2 \text{MPa}$$

（4）若将截面改成 $d = 50$mm 的圆形。对于圆形截面，由于通过形心的任意轴都是形心主轴，故不会产生斜弯曲，只能产生平面弯曲。危险截面的合成弯矩为

$$M = \sqrt{M_z^2 + M_y^2} = \sqrt{1^2 + 1^2} \text{kN} \cdot \text{m} = 1.41 \text{kN} \cdot \text{m}$$

最大正应力为

$$\sigma_{max} = \frac{M}{W} = \frac{1.41 \times 10^6 \mathrm{N \cdot mm}}{\frac{\pi}{32} \times 50^3 \mathrm{mm}^3} = 115 \mathrm{MPa}$$

**【例 9-4】** 一般生产车间所用的吊车大梁，两端由钢轨支撑，可以简化为简支梁，如图 9-10a 所示。吊车大梁由 No. 25a 热轧普通工字钢制成，许用应力 $[\sigma] = 160\mathrm{MPa}$，跨度 $l = 4\mathrm{m}$。起吊的重物的重量 $F = 40\mathrm{kN}$，作用在梁的中点，作用线与 $y$ 轴之间的夹角 $\theta = 5°$，并且通过截面的形心。试校核吊车大梁的强度。

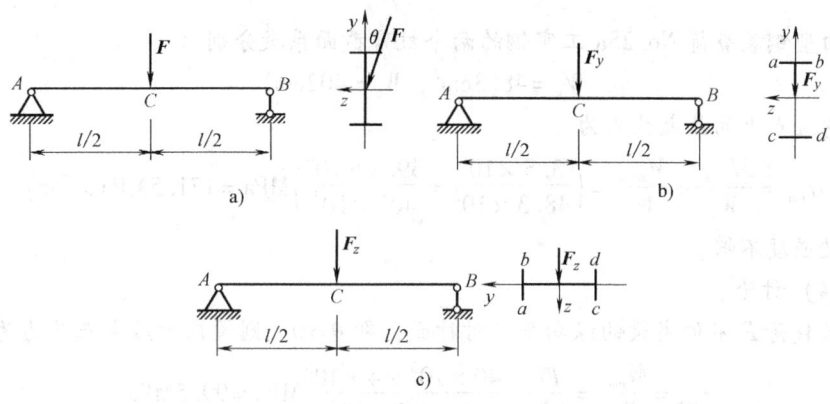

图 9-10　例 9-4 图

**【解】**（1）外力分析。

将斜弯曲分解为两个平面弯曲的叠加。

将外力 $F$ 沿截面的两主轴 $y$ 与 $z$ 分解为

$$F_y = F\cos\theta = 40\cos5° \mathrm{kN} = 39.8\mathrm{kN}$$

$$F_z = F\sin\theta = 40\sin5° \mathrm{kN} = 3.5\mathrm{kN}$$

将斜弯曲分解为两个平面弯曲，分别如图 9-10b 和图 9-10c 所示。

(2) 内力分析，确定危险截面。

根据第七章可知，简支梁在中点受集中力的情形下，最大弯矩发生在中点，$M_{max} = Fl/4$。将其中的 $F$ 分别替换为 $F_y$ 和 $F_z$，便得到两个平面弯曲情形下的最大弯矩

$$M_{zmax}(F_y) = \frac{F_y l}{4} = \frac{39.8 \times 4}{4} \mathrm{kN \cdot m} = 39.8 \mathrm{kN \cdot m}$$

$$M_{ymax}(F_z) = \frac{F_z l}{4} = \frac{3.5 \times 4}{4} \mathrm{kN \cdot m} = 3.5 \mathrm{kN \cdot m}$$

该梁的危险截面在梁的中点 $C$。

(3) 应力分析，确定危险点，并校核梁的强度。

在 $M_{zmax}$（$F_y$）作用的截面上（图 9-10b），截面上边缘的角点 $a$、$b$ 承受最大压应力；下边缘的角点 $c$、$d$ 承受最大拉应力。

在 $M_{ymax}$（$F_z$）作用的截面上（图 9-10c），截面上角点 $b$、$d$ 承受最大压应力；角点 $a$、$c$ 承受最大拉应力。

两个平面弯曲叠加的结果是：角点 $c$ 承受最大拉应力；角点 $b$ 承受最大压应力。因此 $b$、$c$ 两点都是危险点。由于它们的数值相等，故只需校核其中一点即可。

由型钢表查得 No.25a 工字钢的两个抗弯截面系数分别为

$$W_y = 48.3\,\text{cm}^3, \quad W_z = 402\,\text{cm}^3$$

于是危险点上的最大应力为

$$\sigma_{max} = \frac{M_{ymax}}{W_y} + \frac{M_{zmax}}{W_z} = \left(\frac{3.5 \times 10^6}{48.3 \times 10^3} + \frac{39.8 \times 10^6}{402 \times 10^3}\right)\text{MPa} = 171.5\,\text{MPa} > [\sigma]$$

故此梁强度不够。

(4) 讨论。

若载荷 $F$ 不偏离梁的纵向垂直对称面，即 $\theta = 0$，则梁内的最大正应力为

$$\sigma_{max} = \frac{M_{max}}{W_z} = \frac{Fl}{4W_z} = \frac{40 \times 10^3 \times 4 \times 10^3}{4 \times 402 \times 10^3}\,\text{MPa} = 99.5\,\text{MPa}$$

这一数值远远小于斜弯曲时的最大正应力。

可见，载荷偏离对称轴（$y$）很小的角度，最大正应力就会增加很多（本例题中增加了 72.4%），这对于梁的强度是一种很大的威胁，实际工程中应尽量避免这种现象的发生。这就是为什么吊车起吊重物时只能在吊车大梁正下方垂直起吊的原因。

由于工字形截面的 $W_y$ 远小于 $W_z$，因而其侧向抗弯能力较弱。所以，当截面的 $W_y$ 与 $W_z$ 相差较大时，应注意斜弯曲对强度的不利影响。在这一点上，箱形截面要比工字形截面优越。

## 自测题 47

自测题 47-1　斜弯曲区别于平面弯曲的基本特征是（　　）。
(A) 斜弯曲问题中载荷是沿斜向作用的；
(B) 斜弯曲问题中载荷面与挠曲面不重合；
(C) 斜弯曲问题中挠度方向不是垂直向下的；
(D) 斜弯曲问题中载荷面与杆件横截面的形心主惯性轴不重合。

自测题 47-2　不论平面弯曲还是斜弯曲，其中性轴都是通过截面形心的一条直线。这一结论是（　　）的。

(A) 正确；(B) 错误。

## 9.4 平面应力状态应力分析

### 9.4.1 应力状态的概念

在前面章节中，分别讨论了杆件在轴向拉伸与压缩、扭转、平面弯曲、拉（压）弯组合和斜弯曲等变形形式下的强度计算问题。它们都是利用杆件横截面上的应力和材料在简单拉伸（压缩）或扭转时的实验结果来建立强度条件的。但这些对于分析进一步（复杂应力状态下）的强度问题是远远不够的。

例如，低碳钢试件拉伸至屈服时表面会出现与轴线成45°角的滑移线，灰铸铁圆试件扭转时会沿45°螺旋面断开，而灰铸铁试件压缩时会沿与轴线约成45°角斜面产生错动破坏，这些仅仅根据横截面上的应力是无法解释的，必须进一步研究斜截面上的应力。

一般而言，受力构件内不同截面上的应力分布不同；同一截面上不同点的应力不同，同一点不同方位的应力不同。

受力构件内过某一点的各个截面上的应力情况的集合称为一点处的应力状态，简称一点的应力状态。由一点处某些已知截面上的应力确定其他截面上应力的过程，称为对该点的应力状态分析。

应力状态分析是复杂应力状态下强度计算的基础，也在实验应力分析中有着重要的作用。

为了研究一点处的应力状态，可以围绕该点截取一个微小的正六面体，称为单元体。由于单元体的边长为无穷小，可以认为应力沿边长无变化，即单元体各个面上的应力都是均匀分布的，且两个平行面上的应力大小相等。

为了研究方便，一般用横截面和与之正交的纵向截面截取单元体，这时单元体各个侧面上的应力已知，这样的单元体称为原始单元体。

【例 9-5】 如图 9-11a 所示的受轴向拉伸的直杆，已知拉力为 $F$，横截面面积为 $A$，试用原始单元体表示 $M$ 点处的应力状态，并确定应力的大小。

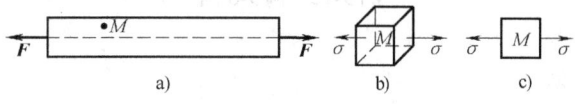

图 9-11　例 9-5 图

【解】 （1）求内力

杆件受轴向拉伸，点 $M$ 所在截面的内力为

$$F_N = F$$

(2) 取单元体

研究点 M 的应力状态时，可围绕点 M 以两个横截面和两对纵向平面截取一个微小的原始单元体（图9-11b）。由于单元体前后面上没有应力，因此常用图9-11c 所示的简图来表示。

(3) 求应力

由直杆轴向拉伸时横截面上应力的计算公式可知

$$\sigma = \frac{F_N}{A} = \frac{F}{A}$$

【例9-6】 如图9-12a 所示简支梁上 A、B 点位于跨中截面左侧，C 点位于跨中截面右侧。已知：$F = 2\text{kN}$，$l = 1\text{m}$。试用原始单元体表示 A、B、C 三点处的应力状态。

【解】 (1) 作内力图

剪力图和弯矩图分别如图9-12b 和图9-12c 所示。

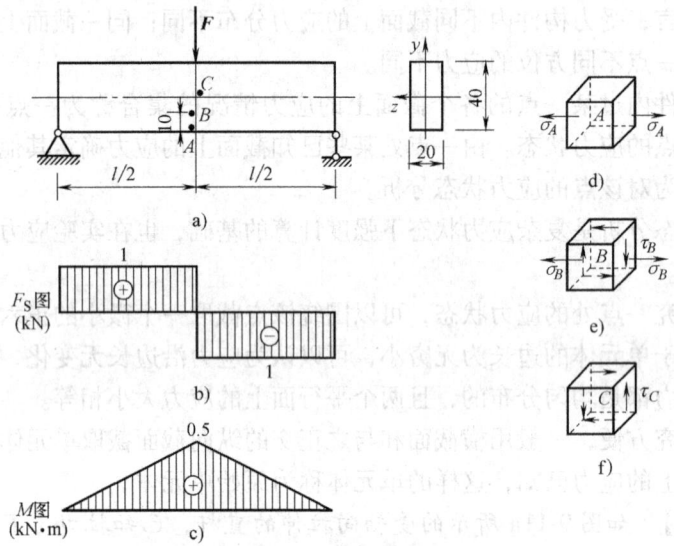

图 9-12  例 9-6 图

(2) 取单元体

取 A 点处的原始单元体如图9-12d 所示，其横截面上应力的方向由相应内力的方向确定。

取 B 点处的原始单元体如图9-12e 所示，其横截面上应力的方向由相应内力的方向确定。

取 C 点处的原始单元体如图9-12f 所示，其横截面上应力的方向由相应内力的方向确定。

(3) 求应力

$$\sigma_A = \frac{M}{W_z} = \frac{0.5 \times 10^6}{\frac{1}{6} \times 20 \times 40^2} \text{MPa} = 93.8 \text{MPa}$$

$$\sigma_B = \frac{M}{I_z} y_B = \frac{0.5 \times 10^6}{\frac{1}{12} \times 20 \times 40^3} \times 10 \text{MPa} = 46.9 \text{MPa}$$

$$\tau_B = \frac{F_S S_z^*}{I_z b} = \frac{1 \times 10^3 \times 20 \times 10 \times 15}{\frac{1}{12} \times 20 \times 40^3 \times 20} \text{MPa} = 1.4 \text{MPa}$$

$$\tau_C = \frac{3}{2} \frac{F_S}{A} = \frac{3}{2} \times \frac{1 \times 10^3}{20 \times 40} \text{MPa} = 1.9 \text{MPa}$$

进一步分析可知，如果单元体上三个互相垂直平面上的应力已知时，便可利用截面法，由静力平衡条件求出该点任意斜截面上的应力，也就是说这一点的应力状态完全确定了。

单元体上切应力为零的截面称为主平面，主平面上的正应力称为主应力。

在弹性力学中已经证明，过构件内任意点均存在三个互相垂直的主平面，由三对主平面截出的单元体称为主单元体。因而，每点都有三个主应力。这三个主应力按代数值由大到小的顺序排列，分别用 $\sigma_1$、$\sigma_2$、$\sigma_3$ 来表示，则有 $\sigma_1 \geq \sigma_2 \geq \sigma_3$。

按主应力是否为零的情况，可将应力状态作如下分类。

若三个主应力中只有一个主应力不为零时，则称为单向应力状态。

若三个主应力中有两个主应力不为零时，则称为二向应力状态，常称为平面应力状态。

当三个主应力都不为零时，则称为三向应力状态。例如，在滚动轴承中，滚珠与外圈接触点 $A$ 处就属于三向应力状态（图9-13）。

单向应力状态也称为简单应力状态，二向和三向应力状态也统称为复杂应力状态。

### 9.4.2 任意方向面上应力的确定

平面应力状态是工程中最常见的一种应力状态。对构件进行强度计算时，常需要知道构件在危险点处的主应力。这就要求我们首先能够确定过单元体的任一斜截面上的应力。

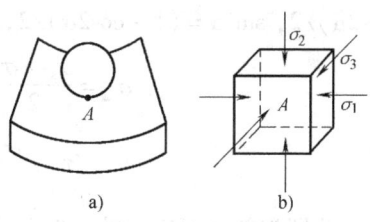

图 9-13 三向应力状态实例

平面应力状态的一般形式如图 9-14a 所示。即在 $x$ 面（外法线沿 $x$ 轴的平面）上作用有应力 $\sigma_x$、$\tau_x$；在 $y$ 面上作用有应力 $\sigma_y$、$\tau_y$。因为单元体前后面上的应力等于零，所以可以用如图 9-14b 所示的正投影来表示。

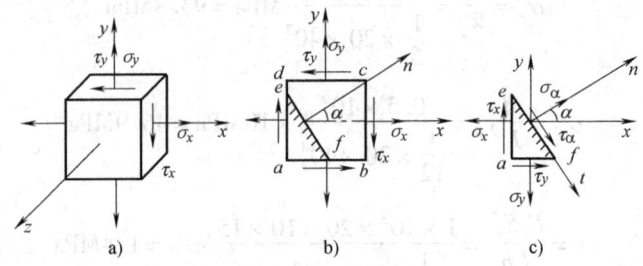

图 9-14　平面应力状态

现在研究任意斜截面 $ef$ 上的应力（图 9-14b）。斜截面 $ef$ 的外法线 $n$ 和 $x$ 轴的夹角为 $\alpha$，此面称 $\alpha$ 面。$\alpha$ 面上的应力分别用 $\sigma_\alpha$、$\tau_\alpha$ 表示。

各量的正负号规定如下：

正应力以拉应力为正，压应力为负。

切应力以企图使单元体沿顺时针转动者为正，反之为负。

方位角 $\alpha$ 则以从 $x$ 轴逆时针转到斜截面外法线 $n$ 时为正。

用截面法沿截面 $ef$ 将单元体分成两部分，并取 $aef$ 部分为研究对象（图 9-14c）。设 $ef$ 面的面积为 $dA$，则 $ae$ 面和 $af$ 面的面积分别为 $dA\cos\alpha$ 和 $dA\sin\alpha$。

由于单元体处于平衡状态，故截出的任意局部 $aef$ 部分也处于平衡状态。

$aef$ 部分沿斜截面外法线 $n$ 和切线 $t$ 的平衡方程可写成

$$\sum F_n = 0, \sigma_\alpha dA - (\sigma_x dA\cos\alpha)\cos\alpha + (\tau_x dA\cos\alpha)\sin\alpha$$
$$- (\sigma_y dA\sin\alpha)\sin\alpha + (\tau_y dA\sin\alpha)\cos\alpha = 0 \quad \text{ⓐ}$$

$$\sum F_t = 0, \tau_\alpha dA - (\sigma_x dA\cos\alpha)\sin\alpha - (\tau_x dA\cos\alpha)\cos\alpha$$
$$+ (\sigma_y dA\sin\alpha)\cos\alpha + (\tau_y dA\sin\alpha)\sin\alpha = 0 \quad \text{ⓑ}$$

由切应力互等定理可知 $\tau_x = \tau_y$，并利用 $2\sin\alpha\cos\alpha = \sin2\alpha$，$\cos^2\alpha = (1 + \cos2\alpha)/2$，$\sin^2\alpha = (1 - \cos2\alpha)/2$，将上两式简化为

$$\sigma_\alpha = \frac{\sigma_x + \sigma_y}{2} + \frac{\sigma_x - \sigma_y}{2}\cos2\alpha - \tau_x\sin2\alpha \quad (9-6)$$

$$\tau_\alpha = \frac{\sigma_x - \sigma_y}{2}\sin2\alpha + \tau_x\cos2\alpha \quad (9-7)$$

此即为斜截面应力的一般公式。利用该公式可由已知应力 $\sigma_x$、$\sigma_y$ 和 $\tau_x$ 计算任一方位截面上的应力 $\sigma_\alpha$ 和 $\tau_\alpha$。

【例 9-7】 分析轴向拉伸杆件的最大切应力作用面，说明低碳钢试件拉伸时发生屈服的主要原因。

**【解】** 杆件承受轴向拉伸时,其上任意一点处均为单向应力状态,如图9-15所示。

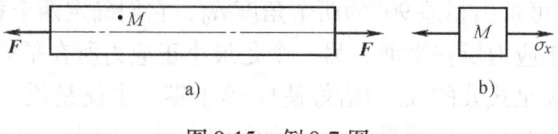

图 9-15 例 9-7 图

在本例的情形下,$\sigma_y = 0$,$\tau_x = 0$。于是,根据式 (9-6) 和 (9-7),任意斜截面上的正应力和切应力分别为

$$\sigma_\alpha = \frac{\sigma_x}{2} + \frac{\sigma_x}{2}\cos2\alpha$$

$$\tau_\alpha = \frac{\sigma_x}{2}\sin2\alpha$$

当 $\alpha = 45°$ 时,斜截面上既有正应力又有切应力,其值分别为

$$\sigma_{45°} = \frac{\sigma_x}{2}$$

$$\tau_{45°} = \frac{\sigma_x}{2}$$

不难看出,在所有的方向面中,45°斜截面上的正应力不是最大值,而切应力却是最大值。这表明,轴向拉伸时最大切应力发生在与轴线成45°角的斜面上,这正是低碳钢试件拉伸至屈服时表面出现滑移线的方向。因此,可以认为屈服是由最大切应力引起的。

### 9.4.3 应力状态中的主应力与最大切应力

式 (9-6)、式 (9-7) 表明:斜截面上的正应力 $\sigma_\alpha$ 和切应力 $\tau_\alpha$ 随截面方位角 $\alpha$ 的改变而变化,即 $\sigma_\alpha$ 和 $\tau_\alpha$ 都是 $\alpha$ 的函数。利用上述两式便可确定正应力和切应力的极值。

将式 (9-6) 对 $\alpha$ 求一阶导数,得

$$\frac{d\sigma_\alpha}{d\alpha} = -2\left(\frac{\sigma_x - \sigma_y}{2}\sin2\alpha + \tau_x\cos2\alpha\right) \qquad ⓒ$$

若 $\alpha = \alpha_0$ 时,能使导数 $\frac{d\sigma_\alpha}{d\alpha} = 0$,则在 $\alpha_0$ 所确定的截面上正应力为最大值或最小值。现以 $\alpha_0$ 代入式ⓒ,并令其等于零,得到

$$\frac{\sigma_x - \sigma_y}{2}\sin2\alpha_0 + \tau_x\cos2\alpha_0 = 0 \qquad ⓓ$$

从而可得

$$\tan 2\alpha_0 = \frac{-2\tau_x}{\sigma_x - \sigma_y} \qquad (9\text{-}8)$$

由式（9-8）可求出相差 90°的两个角度 $\alpha_0$，它们确定两个相互垂直的平面，其中一个是最大正应力所在平面，另一个是最小正应力所在平面。比较式（9-7）和式ⓓ，可见，满足式ⓓ的 $\alpha_0$ 角恰好使 $\tau_\alpha$ 等于零。也就是说，在切应力等于零的平面上，正应力为最大值或最小值，则它们就是主应力。即由式（9-8）可确定主应力所在平面的方位角。由式（9-8）求出 $\sin 2\alpha_0$ 和 $\cos 2\alpha_0$ 代入式（9-6），求得正应力极值为

$$\left.\begin{array}{c}\sigma'\\ \sigma''\end{array}\right\} = \frac{\sigma_x + \sigma_y}{2} \pm \sqrt{\left(\frac{\sigma_x - \sigma_y}{2}\right)^2 + \tau_x^2} \qquad (9\text{-}9)$$

此即平面应力状态求主应力的公式。

用完全相似的方法，可以确定最大和最小切应力以及它们所在的平面。将式（9-7）对 $\alpha$ 取导数，有

$$\frac{\mathrm{d}\tau_\alpha}{\mathrm{d}\alpha} = (\sigma_x - \sigma_y)\cos 2\alpha - 2\tau_x \sin 2\alpha \qquad ⓔ$$

若 $\alpha = \alpha_1$ 时，能使导数 $\dfrac{\mathrm{d}\tau_\alpha}{\mathrm{d}\alpha} = 0$，则在 $\alpha_1$ 所确定的斜截面上，切应力为最大或最小值。以 $\alpha_1$ 代入式ⓔ，且令其等于零，得

$$(\sigma_x - \sigma_y)\cos 2\alpha_1 - 2\tau_x \sin 2\alpha_1 = 0$$

由此可得

$$\tan 2\alpha_1 = \frac{\sigma_x - \sigma_y}{2\tau_x} \qquad (9\text{-}10)$$

由式（9-10）可求出两个角度 $\alpha_1$，它们相差 90°，从而可以确定两个互相垂直的平面，分别作用最大和最小切应力。由式（9-10）求出 $\sin 2\alpha_1$ 和 $\cos 2\alpha_1$，代入式（9-7）得到切应力极值为

$$\left.\begin{array}{c}\tau'\\ \tau''\end{array}\right\} = \pm\sqrt{\left(\frac{\sigma_x - \sigma_y}{2}\right)^2 + \tau_x^2} \qquad (9\text{-}11)$$

比较式（9-8）和式（9-10），可得

$$\tan 2\alpha_0 = -\frac{1}{\tan 2\alpha_1}$$

所以有

$$2\alpha_1 = 2\alpha_0 + \frac{\pi}{2}$$

得

$$\alpha_1 = \alpha_0 + \frac{\pi}{4}$$

即最大和最小切应力所在平面与主平面的夹角为45°。

需要特别指出的是，式（9-11）所示的切应力极值仅对垂直于 $xy$ 坐标面的方向面而言，因而称为面内最大切应力与面内最小切应力。二者不一定是过一点的所有方向面中切应力的最大值和最小值。

进一步分析（请参考其他书籍）可知，过一点应力状态中的最大切应力为

$$\tau_{max}=\frac{\sigma_1-\sigma_3}{2} \tag{9-12}$$

**【例9-8】** 某原始单元体各面上的应力如图9-16所示（应力单位为MPa）。试求：（1）$ab$ 斜截面上的正应力和切应力；（2）该点的主应力和最大切应力。

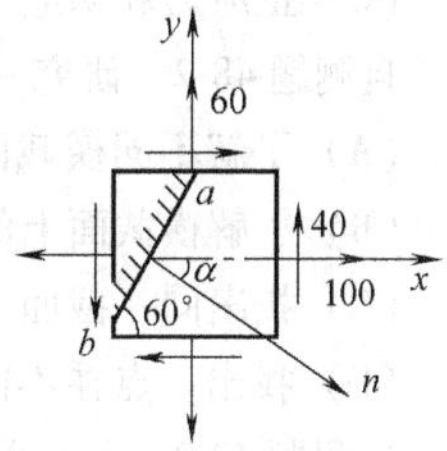


图9-16　例9-8图

**【解】**（1）求 $ab$ 斜截面上的正应力和切应力

若取水平轴为 $x$ 轴。根据正负号规定可知

$\sigma_x=100\text{MPa}$，$\tau_x=-40\text{MPa}$，$\sigma_y=60\text{MPa}$，$\alpha=-30°$

代入式（9-6）、式（9-7）可得

$$\begin{aligned}\sigma_\alpha&=\frac{\sigma_x+\sigma_y}{2}+\frac{\sigma_x-\sigma_y}{2}\cos2\alpha-\tau_x\sin2\alpha\\&=\frac{100+60}{2}+\frac{100-60}{2}\cos(-60°)-(-40)\sin(-60°)\\&=(80+10-34.64)\text{MPa}=55.36\text{MPa}\end{aligned}$$

$$\begin{aligned}\tau_\alpha&=\frac{\sigma_x-\sigma_y}{2}\sin2\alpha+\tau_x\cos2\alpha\\&=\frac{100-60}{2}\sin(-60°)+(-40)\cos(-60°)\\&=(-17.32-20)\text{MPa}=-37.32\text{MPa}\end{aligned}$$

（2）求主应力和最大切应力

由式（9-9）得

$$\begin{aligned}\left.\begin{matrix}\sigma'\\\sigma''\end{matrix}\right\}&=\frac{\sigma_x+\sigma_y}{2}\pm\sqrt{\left(\frac{\sigma_x-\sigma_y}{2}\right)^2+\tau_x^2}\\&=\frac{100+60}{2}\pm\sqrt{\left(\frac{100-60}{2}\right)^2+(-40)^2}\\&=(80\pm44.7)\text{MPa}=\begin{cases}124.7\text{MPa}\\35.3\text{MPa}\end{cases}\end{aligned}$$

根据主应力的定义可知，该应力状态的主应力为

$$\sigma_1=124.7\text{MPa}，\sigma_2=35.3\text{MPa}，\sigma_3=0$$

由式（9-12）得

$$\tau_{\max} = \frac{\sigma_1 - \sigma_3}{2} = \frac{124.7 - 0}{2}\text{MPa} = 62.35\text{MPa}$$

## 自测题 48

**自测题 48-1** 一般来说，过受力构件内的任意一点，随着所取截面方位的不同，各个面上的（　　）。
(A) 正应力相同，切应力不同；　　　　(B) 正应力不同，切应力相同；
(C) 正应力和切应力均相同；　　　　　(D) 正应力和切应力均不同。

**自测题 48-2** 研究一点应力状态的任务是（　　）。
(A) 了解不同横截面的应力变化情况；
(B) 了解横截面上的应力随外力的变化情况；
(C) 找出同一截面上应力变化的规律；
(D) 找出一点在不同方向截面上的应力变化规律。

**自测题 48-3** 下列关于单元体的说法中，正确的是（　　）。
(A) 单元体的形状必须是正六面体；
(B) 单元体的各个面中必须包含一对横截面；
(C) 单元体的各个面中必须有一对平行面；
(D) 单元体的三维尺寸必须为无穷小。

**自测题 48-4** 在单元体上，可以认为（　　）。
(A) 每个面上的应力是均匀分布的，一对平行面上的应力相等；
(B) 每个面上的应力是均匀分布的，一对平行面上的应力不等；
(C) 每个面上的应力是非均匀分布的，一对平行面上的应力相等；
(D) 每个面上的应力是非均匀分布的，一对平行面上的应力不等。

**自测题 48-5** 单元体最大正应力面上的切应力恒等于零。这一说法（　　）。
(A) 正确；　　　　　　　　　　　　(B) 错误。

**自测题 48-6** 单元体最大切应力面上的正应力恒等于零。这一说法（　　）。
(A) 正确；　　　　　　　　　　　　(B) 错误。

**自测题 48-7** 单元体切应力为零的截面上，正应力必有最大值或最小值。这一说法（　　）。
(A) 正确；　　　　　　　　　　　　(B) 错误。

**自测题 48-8** 受力构件内任一点处，若只有一对相互平行截面上的正应力和切应力同时等于零，则该点必是单向应力状态。这一说法（　　）。
(A) 正确；　　　　　　　　　　　　(B) 错误。

**自测题 48-9** 主方向是主应力所在截面的法线方向。这一说法（　　）。
(A) 正确；　　　　　　　　　　　　(B) 错误。

**自测题 48-10** 在单元体的主平面上（　　）。
(A) 正应力一定最大；　　　　　　　(B) 正应力一定为零；
(C) 切应力一定最小；　　　　　　　(D) 切应力一定为零。

自测题 48-11　任一单元体（　　）。
(A) 在最大正应力作用面上，切应力为零；
(B) 在最小正应力作用面上，切应力最大；
(C) 在最大切应力作用面上，正应力为零；
(D) 在最小切应力作用面上，正应力最大。

自测题 48-12　若单元体的主应力 $\sigma_1 > \sigma_2 > \sigma_3 > 0$，则其内最大切应力为（　　）。

(A) $\tau_{max} = \dfrac{\sigma_1 - \sigma_2}{2}$；　　　　　(B) $\tau_{max} = \dfrac{\sigma_2 - \sigma_3}{2}$；

(C) $\tau_{max} = \dfrac{\sigma_1 - \sigma_3}{2}$；　　　　　(D) $\tau_{max} = \dfrac{\sigma_1}{2}$。

## 9.5　广义胡克定律

在推导梁平面弯曲时横截面上的正应力公式和圆轴扭转时横截面上的切应力公式时都用到了物理关系，它们分别是单向应力状态的胡克定律和纯剪切应力状态的胡克定律。实际上，如果点的应力状态是复杂的，那么，应力和变形的关系也应该是复杂的。广义胡克定律就是复杂应力状态下的物理关系，对研究构件复杂受力时的应力和变形具有重要的意义。

杆件在轴向拉伸或压缩时，可由胡克定律计算轴向线应变

$$\varepsilon = \dfrac{\sigma}{E}$$

同时可得横向线应变

$$\varepsilon' = -\nu\varepsilon = -\nu\dfrac{\sigma}{E}$$

设有一三向应力状态下的单元体，如图 9-17 所示。单元体上三个主应力分别为 $\sigma_1$、$\sigma_2$ 和 $\sigma_3$，此单元体沿三个主应力方向产生的线应变分别为 $\varepsilon_1$、$\varepsilon_2$ 和 $\varepsilon_3$。由于是小变形，可将三向应力状态看作是由三个单向应力状态的叠加，根据单向应力状态时应力和变形的关系，以及横向线应变和轴向线应变的关系来研究 $\varepsilon_1$、$\varepsilon_2$ 和 $\varepsilon_3$ 的大小。

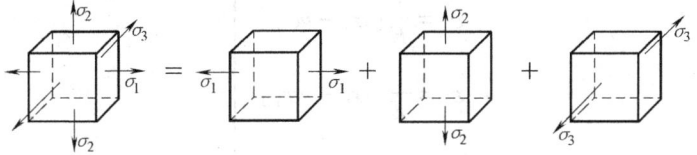

图 9-17　单元体应力的叠加

只有 $\sigma_1$ 的作用，在 $\sigma_1$、$\sigma_2$、$\sigma_3$ 三个方向产生的应变为

$$\varepsilon_1' = \frac{\sigma_1}{E}, \quad \varepsilon_2' = -\nu\frac{\sigma_1}{E}, \quad \varepsilon_3' = -\nu\frac{\sigma_1}{E}$$

只有 $\sigma_2$ 的作用时，在 $\sigma_1$、$\sigma_2$、$\sigma_3$ 三个方向产生的应变为

$$\varepsilon_1'' = -\nu\frac{\sigma_2}{E}, \quad \varepsilon_2'' = \frac{\sigma_2}{E}, \quad \varepsilon_3'' = -\nu\frac{\sigma_2}{E}$$

只有 $\sigma_3$ 的作用时，在 $\sigma_1$、$\sigma_2$、$\sigma_3$ 三个方向产生的应变为

$$\varepsilon_1''' = -\nu\frac{\sigma_3}{E}, \quad \varepsilon_2''' = -\nu\frac{\sigma_3}{E}, \quad \varepsilon_3''' = \frac{\sigma_3}{E}$$

在三个主应力共同作用下的主应变，可由上述结果叠加得到，即

$$\left.\begin{aligned}\varepsilon_1 &= \frac{1}{E}[\sigma_1 - \nu(\sigma_2 + \sigma_3)] \\ \varepsilon_2 &= \frac{1}{E}[\sigma_2 - \nu(\sigma_3 + \sigma_1)] \\ \varepsilon_3 &= \frac{1}{E}[\sigma_3 - \nu(\sigma_1 + \sigma_2)]\end{aligned}\right\} \quad (9\text{-}13)$$

式（9-13）称为广义胡克定律。其中，$E$ 为材料的弹性模量；$\nu$ 为材料的泊松比。与主应力方向一致的线应变 $\varepsilon_1$、$\varepsilon_2$ 和 $\varepsilon_3$ 称为主应变。计算时，式中的 $\sigma_1$、$\sigma_2$ 和 $\sigma_3$ 均应以代数值代入，求出的 $\varepsilon_1$、$\varepsilon_2$ 和 $\varepsilon_3$，正值表示伸长，负值表示缩短。

对于各向同性材料，在弹性范围内，切应力对线应变无影响，所以当单元体的各面上既有正应力又有切应力时，沿 $\sigma_x$、$\sigma_y$ 和 $\sigma_z$ 方向的线应变 $\varepsilon_x$、$\varepsilon_y$ 和 $\varepsilon_z$ 有与式（9-13）相似的关系。即

$$\left.\begin{aligned}\varepsilon_x &= \frac{1}{E}[\sigma_x - \nu(\sigma_y + \sigma_z)] \\ \varepsilon_y &= \frac{1}{E}[\sigma_y - \nu(\sigma_z + \sigma_x)] \\ \varepsilon_z &= \frac{1}{E}[\sigma_z - \nu(\sigma_x + \sigma_y)]\end{aligned}\right\} \quad (9\text{-}14)$$

对于平面应力状态，由于 $\sigma_z = 0$，所以式（9-14）可写成

$$\left.\begin{aligned}\varepsilon_x &= \frac{1}{E}[\sigma_x - \nu\sigma_y] \\ \varepsilon_y &= \frac{1}{E}[\sigma_y - \nu\sigma_x] \\ \varepsilon_z &= -\frac{\nu}{E}[\sigma_x + \sigma_y]\end{aligned}\right\} \quad (9\text{-}15)$$

这时，单元体上还有切应力 $\tau_x$，它与切应变 $\gamma_x$ 有如下关系：

$$\gamma_x = \frac{\tau_x}{G} \quad (9\text{-}16)$$

式（9-15）和式（9-16）是平面应力状态下的广义胡克定律。

注意：在平面应力状态下，虽然 $\sigma_z = 0$，但在 $z$ 方向的线应变 $\varepsilon_z$ 不等于零。因为 $\varepsilon_z$ 还受 $\sigma_x$、$\sigma_y$ 的影响。式（9-13）～式（9-16）只有当材料是各向同性，且处于线弹性范围内时才成立。

【例9-9】 图9-18a 所示的圆轴直径为 $d$，其两端承受外力偶矩 $M_e$ 作用。今由实验测得轴表面与轴线成 45°方向的线应变 $\varepsilon_{45°}$。试求外力偶矩 $M_e$ 之值。材料的弹性常数 $E$、$\nu$ 均为已知。

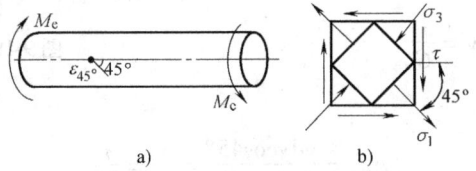

图9-18 例9-9图

【解】 在轴的表面某点取原始单元体，应力情况如图 9-18b 所示，可见为纯剪切应力状态，其三个主应力为 $\sigma_1 = \tau$，$\sigma_2 = 0$，$\sigma_3 = -\tau$，式中 $\tau$ 为横截面上圆周处的切应力。由第六章可知，$\tau = \dfrac{T}{W_p} = \dfrac{16M_e}{\pi d^3}$。如图 9-18b 所示，$\varepsilon_{45°}$ 方向为 $\sigma_1$ 方向，由广义胡克定律得

$$\varepsilon_{45°} = \varepsilon_1 = \frac{1}{E}[\sigma_1 - \nu(\sigma_2 + \sigma_3)]$$

$$= \frac{1}{E}[\tau - \nu(0 - \tau)] = \frac{1+\nu}{E}\tau$$

从而得

$$\tau = \frac{E}{1+\nu}\varepsilon_{45°}$$

即

$$\frac{16M_e}{\pi d^3} = \frac{E}{1+\nu}\varepsilon_{45°}$$

所以有

$$M_e = \frac{\pi d^3 E \varepsilon_{45°}}{16(1+\nu)}$$

【例9-10】 已知一点的应力状态如图 9-19a 所示，且单元体的边长 $dx = dy$，试求沿其对角线方向的线应变。

【解】 由于 $dx = dy$，所以对角线方向即 $\alpha = 45°$方向，根据广义胡克定律，其线应变应为

$$\varepsilon_{45°} = \frac{1}{E}(\sigma_{45°} - \nu\sigma_{135°})$$

式中，$\sigma_{45°}$ 与 $\sigma_{135°}$ 可用式（9-6）求得 $\sigma_{45°} = \tau$，$\sigma_{135°} = -\tau$，代入上式得

$$\varepsilon_{45°} = \frac{1+\nu}{E}\tau$$

而这一线应变还可通过单元体的切应变 $\gamma$ 来计算。对于图示的纯剪切应力状态，由剪切胡克定律知

$$\gamma = \frac{\tau}{G}$$

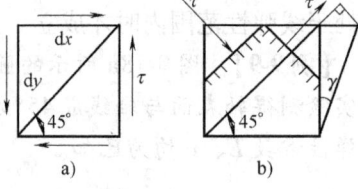

图 9-19　例 9-10 图

又由图 9-19b 知

$$\varepsilon_{45°} = \frac{\gamma dy\cos 45°}{dy/\cos 45°} = \frac{\gamma}{2} = \frac{\tau}{2G}$$

将上述两种方法求得的结果加以比较，得

$$G = \frac{E}{2(1+\nu)}$$

即各向同性材料三个弹性常数之间关系的证明。

## 自测题 49

自测题 49-1　关于弹性体受力后某一方向的应力与应变关系有下列论述，其中正确的是（　　）。

(A) 有应力一定有应变，有应变不一定有应力；

(B) 有应力不一定有应变，有应变不一定有应力；

(C) 有应力不一定有应变，有应变一定有应力；

(D) 有应力一定有应变，有应变一定有应力。

自测题 49-2　由一点的应力可以求出该点的应变。这一说法（　　）。

(A) 正确；　　　　　　　　　(B) 错误。

自测题 49-3　有应力作用的方向上可以没有变形。这一说法（　　）。

(A) 正确；　　　　　　　　　(B) 错误。

自测题 49-4　无应力作用的方向上必无变形。这一说法（　　）。

(A) 正确；　　　　　　　　　(B) 错误。

自测题 49-5　若受力构件中某点沿某方向上的线应变为零，则该方向上的正应力必为零。这一说法（　　）。

(A) 正确；　　　　　　　　　(B) 错误。

自测题 49-6　若受力构件中某点沿某相互垂直方向上的切应变为零，则该方向上的切应力必为零。这一说法（　　）。

(A) 正确；　　　　　　　　　(B) 错误。

## 9.6 强度理论和相当应力

构件的强度计算问题是材料力学研究的基本问题之一。当构件承受的载荷达到一定程度时,构件就会在其危险点处首先发生失效,进而影响构件的正常工作。为了保证构件能正常工作,除了要找出构件危险点的位置外,还要找出材料失效的原因,从而建立强度条件。

回顾材料在拉伸、压缩和扭转等实验中发生的破坏现象,不难发现材料破坏的基本形式有两种类型:一类是没有明显的塑性变形情况下发生突然断裂,称为脆性断裂,如铸铁试件在拉伸时沿横截面的断裂和铸铁圆试件在扭转时沿斜截面的断裂;另一类是材料产生显著的塑性变形而使构件丧失正常的工作能力,称为塑性屈服,如低碳钢试件在拉伸(压缩)或扭转时都会发生显著的塑性变形,低碳钢试件在拉伸时还会出现屈服现象。

材料破坏的原因十分复杂。对于单向应力状态,由于可直接做拉伸或压缩试验,通常就用破坏载荷除以试样的横截面面积而得到的极限应力(强度极限或屈服极限,见材料的力学性能)作为判断材料破坏的标志。若构件内危险点为平面应力状态,则有两个主应力不为零;若构件内危险点为三向应力状态,则三个主应力均不为零。因为不为零的应力分量有不同比例的无穷多个组合,所以不能用实验逐个确定。对于复杂应力状态下的强度计算,必须使用强度理论来建立强度条件。

长期以来,人们根据对破坏现象的分析与研究,提出了种种关于材料破坏规律的假说,这些假说通常称为强度理论。本节仅介绍在工程中常用的四个强度理论,它们是根据其诞生的先后来排序的。

### 9.6.1 第一强度理论(最大拉应力理论)

第一强度理论也称为最大拉应力理论。它最早是由伽利略在 1638 年提出,后由英国的兰金(W. J. M. Rankine)加以明确,主要适用于脆性材料的脆性断裂。该理论认为:无论材料处于何种应力状态,只要该点的最大拉伸主应力 $\sigma_1$ 达到了材料单向拉伸断裂时横截面上的极限应力 $\sigma_u$,材料就发生脆性断裂。因此,第一强度理论的破坏条件可写为

$$\sigma_1 = \sigma_u$$

考虑安全因数后,得第一强度理论(最大拉应力理论)的强度条件为

$$\sigma_1 \leqslant [\sigma] = \frac{\sigma_u}{n} \tag{9-17}$$

### 9.6.2 第二强度理论(最大伸长线应变理论)

第二强度理论又称为最大伸长线应变理论。它是根据 J.-V. 彭赛列的最大应

变理论改进而成的，弥补了第一强度理论中未考虑第二和第三主应力的不足，主要适用于脆性材料的脆性断裂。该理论认为：无论材料内一点的应力状态如何，只要材料内该点的最大伸长线应变 $\varepsilon_1$ 达到了材料单向拉伸断裂时最大伸长线应变的极限值 $\varepsilon_u$，材料就发生脆性断裂。因此，第二强度理论的破坏条件可写为

$$\varepsilon_1 = \frac{1}{E}[\sigma_1 - \nu(\sigma_2 + \sigma_3)] = \varepsilon_u$$

极限值 $\varepsilon_u$ 可通过单向拉伸试验来测定：单向拉伸断裂时，第一主应力方向的线应变值为 $\varepsilon_1 = \frac{\sigma_u}{E}$，即 $\varepsilon_u = \frac{\sigma_u}{E}$。因此，上式可写成

$$\frac{1}{E}[\sigma_1 - \nu(\sigma_2 + \sigma_3)] = \frac{\sigma_u}{E}$$

或

$$\sigma_1 - \nu(\sigma_2 + \sigma_3) = \sigma_u$$

考虑安全因数后，得第二强度理论（最大伸长线应变理论）的强度条件为

$$\sigma_1 - \nu(\sigma_2 + \sigma_3) \leqslant [\sigma] = \frac{\sigma_u}{n} \tag{9-18}$$

### 9.6.3　第三强度理论（最大切应力理论）

第三强度理论又称为最大切应力理论。法国的 C.-A. de 库仑于 1773 年，H. 特雷斯卡于 1868 年分别提出和研究过这一理论。该理论适用于塑性材料的塑性屈服。该理论认为：最大切应力是引起材料屈服的原因，即不论在什么样的应力状态下，只要材料内某处的最大切应力 $\tau_{max}$ 达到了材料单向拉伸屈服时切应力的极限值 $\tau_u$，材料就在该处出现显著塑性变形或屈服。因此，第三强度理论的破坏条件可写为

$$\tau_{max} = \frac{\sigma_1 - \sigma_3}{2} = \tau_u$$

极限值 $\tau_u$ 可通过单向拉伸试验来测定：单向拉伸屈服时，最大切应力 $\tau_{max} = \frac{\sigma_1 - \sigma_3}{2} = \frac{\sigma_u}{2}$，即 $\tau_u = \frac{\sigma_u}{2}$。因此，上式可写成

$$\sigma_1 - \sigma_3 = \sigma_u$$

考虑安全因数后，得第三强度理论（最大切应力理论）的强度条件为

$$\sigma_1 - \sigma_3 \leqslant [\sigma] = \frac{\sigma_u}{n} \tag{9-19}$$

### 9.6.4　第四强度理论（形状改变比能理论）

第四强度理论又称为形状改变比能理论。它是波兰的 M. T. 胡贝尔于 1904 年从总应变能理论改进而来的。德国的 R. von 米泽斯于 1913 年、H. 亨奇于 1925 年都对这一理论作过进一步的研究和阐述。该理论弥补了第三强度理论未

考虑第二主应力的不足,适用于塑性材料的塑性屈服。该理论认为:无论材料处于何种应力状态,只要该点的形状改变比能达到了材料单向拉伸屈服时的形状改变比能的极限值,材料就发生塑性屈服。这里略去详细的推导过程,直接给出第四强度理论(形状改变比能理论)的强度条件为

$$\sqrt{\frac{1}{2}[(\sigma_1-\sigma_2)^2+(\sigma_2-\sigma_3)^2+(\sigma_3-\sigma_1)^2]} \leq [\sigma] = \frac{\sigma_u}{n} \quad (9\text{-}20)$$

对于大多数塑性材料,第四强度理论比第三强度理论更符合实验结果。

### 9.6.5 相当应力

为方便应用,通常将上述四个强度理论的强度条件写成

$$\sigma_{ri} \leq [\sigma] \quad (9\text{-}21)$$

其中,$\sigma_{ri}$ 称为相当应力,可理解为与复杂应力状态危险程度相当的单向应力,$i=1$、2、3、4 分别对应于第一、第二、第三、第四强度理论。因此,有

$$\left.\begin{array}{l}\sigma_{r1}=\sigma_1\\ \sigma_{r2}=\sigma_1-\nu(\sigma_2+\sigma_3)\\ \sigma_{r3}=\sigma_1-\sigma_3\\ \sigma_{r4}=\sqrt{\dfrac{1}{2}[(\sigma_1-\sigma_2)^2+(\sigma_2-\sigma_3)^2+(\sigma_3-\sigma_1)^2]}\end{array}\right\} \quad (9\text{-}22)$$

必须指出,不同材料固然可以发生不同形式的破坏,但即使是同一材料,处于不同应力状态下也可能有不同的破坏形式。例如,碳钢在单向拉伸下以塑性屈服的形式破坏,但碳钢制成的螺纹根部因应力集中引起三向拉伸就会出现脆性断裂。又如,铸铁单向受拉时以断裂的形式破坏,但淬火钢球压在厚铸铁板上,接触点附近的材料处于三向受压状态,随着压力的增大,铸铁板会出现明显的凹坑,这表明已出现屈服现象。无论是塑性材料还是脆性材料,在三向拉应力相近的情况下,都将以脆性断裂的形式破坏,在三向压应力相近的情况下,都可引起塑性屈服。

应用强度理论解决实际问题的步骤:

(1)分析计算构件危险点上的应力。

(2)确定危险点的主应力。

(3)选用适当的强度理论计算其相当应力,然后运用强度条件进行强度计算。

【例 9-11】 已知某铸铁构件上危险点的原始单元体如图 9-20 所示,若铸铁的许用拉应力 $[\sigma]^+ = 40\text{MPa}$,试校核该构件的强度。

【解】 (1)根据原始单元体确定各面上的应力

由图 9-20 可得

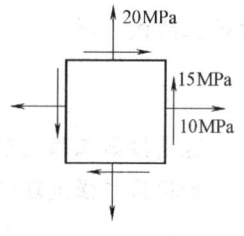

图 9-20 例 9-11 图

$$\sigma_x = 10\text{MPa}, \quad \sigma_y = 20\text{MPa}, \quad \tau_x = -15\text{MPa}$$

(2) 求主应力

$$\left.\begin{array}{r}\sigma' \\ \sigma''\end{array}\right\} = \frac{\sigma_x + \sigma_y}{2} \pm \sqrt{\left(\frac{\sigma_x - \sigma_y}{2}\right)^2 + \tau_x^2}$$

$$= \frac{10+20}{2} \pm \sqrt{\left(\frac{10-20}{2}\right)^2 + (-15)^2}$$

$$= 15 \pm 15.8 = \begin{cases} 30.8\text{MPa} \\ -0.8\text{MPa} \end{cases}$$

$$\sigma''' = 0$$

该点主应力为

$$\sigma_1 = 30.8\text{MPa}, \quad \sigma_2 = 0, \quad \sigma_3 = -0.8\text{MPa}$$

(3) 强度校核

根据所给的应力状态,在单元体各面上只有拉应力而无压应力。因此,可以认为铸铁在这种应力状态下发生脆性断裂,故采用第一强度理论,即

$$\sigma_{r1} = \sigma_1 = 30.8\text{MPa} < [\sigma]^+$$

故此危险点的强度足够。

【例9-12】 试按强度理论建立纯剪切应力状态的强度条件,并寻求塑性材料许用切应力 $[\tau]$ 与许用拉应力 $[\sigma]$ 之间的关系。

【解】 纯剪切应力状态为平面应力状态,如图9-21所示。其三个主应力分别为 $\sigma_1 = \tau$、$\sigma_2 = 0$、$\sigma_3 = -\tau$。对塑性材料应采用最大切应力理论。按第三强度理论得出的强度条件为

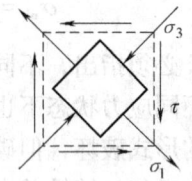

图9-21 例9-12图

$$\sigma_1 - \sigma_3 = \tau - (-\tau) = 2\tau \leq [\sigma]$$

$$\tau \leq \frac{[\sigma]}{2}$$

而剪切的强度条件为

$$\tau \leq [\tau]$$

比较上两式可得

$$[\tau] = \frac{[\sigma]}{2} = 0.5[\sigma]$$

这是按第三强度理论求得的 $[\tau]$ 与 $[\sigma]$ 之间的关系。

如按第四强度理论,则纯剪切的强度条件是

$$\sqrt{\frac{1}{2}[(\sigma_1 - \sigma_2)^2 + (\sigma_2 - \sigma_3)^2 + (\sigma_3 - \sigma_1)^2]}$$

$$= \sqrt{\frac{1}{2}\left[(\tau-0)^2+(0+\tau)^2+(-\tau-\tau)^2\right]}$$
$$= \sqrt{3}\tau \leq [\sigma]$$

与剪切强度条件 $\tau \leq [\tau]$ 比较,得

$$[\tau] = \frac{[\sigma]}{\sqrt{3}} = 0.577[\sigma] \approx 0.6[\sigma]$$

这是按第四强度理论得到的 $[\tau]$ 与 $[\sigma]$ 之间的关系。它与实验结果比较接近。

## 自测题 50

自测题 50-1　当材料处于_____应力状态时,应该用强度理论进行强度计算。

自测题 50-2　强度理论是确定材料失效的一些条件。这一说法(　　)。
(A) 正确;　　　　　　　　(B) 错误。

自测题 50-3　不同的强度理论适用于不同的材料和不同的应力状态。这一说法(　　)。
(A) 正确;　　　　　　　　(B) 错误。

自测题 50-4　第一强度理论认为,不论是拉应力还是压应力,最大的主应力是引起脆性断裂的主要原因。这一说法(　　)。
(A) 正确;　　　　　　　　(B) 错误。

自测题 50-5　第二强度理论认为,最大拉应变是引起各种材料破坏的主要原因。这一说法(　　)。
(A) 正确;　　　　　　　　(B) 错误。

自测题 50-6　第三强度理论认为,最大切应力是引起屈服的主要原因。这一说法(　　)。
(A) 正确;　　　　　　　　(B) 错误。

自测题 50-7　第四强度理论认为,最大形状改变比能是引起屈服的主要原因。这一说法(　　)。
(A) 正确;　　　　　　　　(B) 错误。

自测题 50-8　只要是脆性材料都可以用第一或第二强度理论进行强度计算。这一说法(　　)。
(A) 正确;　　　　　　　　(B) 错误。

自测题 50-9　只要是塑性材料都可以用第三或第四强度理论进行强度计算。这一说法(　　)。
(A) 正确;　　　　　　　　(B) 错误。

自测题 50-10　任何一种强度理论都不适用于纯剪切应力状态。这一说法(　　)。
(A) 正确;　　　　　　　　(B) 错误。

自测题 50-11　塑性材料如果处于三向拉伸应力状态,应该用第_____强度理论进行强度计算。

自测题 50-12　铸铁制的水管在冬天常有冻裂现象,这是因为_____。

## 9.7 圆轴承受弯扭组合变形时的强度计算

弯曲与扭转组合变形是工程与机械设备中最常见的组合变形形式。现以图 9-22 所示的操纵手柄为例来说明弯曲与扭转组合变形时的强度计算方法。

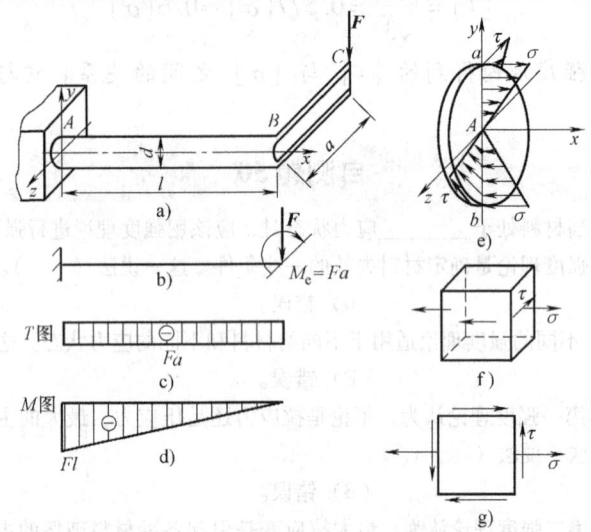

图 9-22 操纵手柄弯扭组合变形分析

(1) 外力分析

分析外力作用时，在不改变所研究构件段的内力和变形的前提下，可以用等效力系来代替原力系的作用。因此，在研究 AB 杆时，可以将作用在操纵手柄 C 点上的力 F 向 B 点平移，得一力 F 和一力偶 $M_e$，如图 9-22b 所示。

(2) 内力分析

力 F 使杆 AB 产生平面弯曲，力偶 $M_e$ 使杆 AB 产生扭转。于是，AB 杆为弯曲与扭转的组合变形。作扭矩图和弯矩图，如图 9-22c、d 所示。由此两图可以判断，固定端 A 截面为危险截面。

(3) 应力分析

在危险截面上，弯矩产生的弯曲正应力呈线性分布，离中性轴 z 最远的 a、b 两点分别具有最大拉应力和最大压应力。扭矩产生扭转切应力，截面的圆周上各点具有最大切应力。应力分布如图 9-22e 所示。

a、b 两点同时具有最大弯曲正应力和最大扭转切应力，因而是危险点。

现以 a 点为例进行研究。围绕 a 点取一原始单元体，如图 9-22f 所示。由于此单元体上下面上没有应力，可以用如图 9-22g 所示的平面应力状态来表示。图

上应力 $\sigma$ 和 $\tau$ 分别为

$$\sigma = \frac{M}{W_z}, \quad \tau = \frac{T}{W_P}$$

(4) 强度条件

危险点处于平面应力状态，其强度计算必需使用强度理论。
危险点 $a$ 的三个主应力为

$$\sigma_1 = \frac{\sigma}{2} + \sqrt{\left(\frac{\sigma}{2}\right)^2 + \tau^2}$$

$$\sigma_2 = 0$$

$$\sigma_3 = \frac{\sigma}{2} - \sqrt{\left(\frac{\sigma}{2}\right)^2 + \tau^2}$$

将主应力值代入式（9-22），得第三强度理论的强度条件为

$$\sigma_{r3} = \sqrt{\sigma^2 + 4\tau^2} \leq [\sigma] \tag{9-23}$$

第四强度理论的强度条件为

$$\sigma_{r4} = \sqrt{\sigma^2 + 3\tau^2} \leq [\sigma] \tag{9-24}$$

如将 $\sigma = \frac{M}{W_z}$ 和 $\tau = \frac{T}{W_P}$ 代入上面两式，并注意到圆轴的抗扭截面系数 $W_P = 2W$，最后得到圆轴弯扭组合变形时的第三强度理论另一表达形式为

$$\sigma_{r3} = \frac{\sqrt{M^2 + T^2}}{W} \leq [\sigma] \tag{9-25}$$

若按第四强度理论，则为

$$\sigma_{r4} = \frac{\sqrt{M^2 + 0.75T^2}}{W} \leq [\sigma] \tag{9-26}$$

式中，$M$ 和 $T$ 分别为危险截面的弯矩和扭矩；$W = \frac{\pi d^3}{32}$ 为圆截面的抗弯截面系数。

**【例 9-13】** 如图 9-23a 所示绞车，电机带动车轴旋转，从而起吊重物。已知：$l = 1\text{m}$，圆盘半径 $R = 0.2\text{m}$，重物的重量 $W = 1\text{kN}$，车轴的直径 $d = 30\text{mm}$，材料为 Q235 钢，许用应力 $[\sigma] = 120\text{MPa}$，不计支座摩擦力及重物惯性力的影响。试按第三强度理论校核车轴的强度。

**【解】** （1）外力分析

将重物的重量 $W$ 向车轴的轴线简化（平移），车轴的受力简图如图 9-23b 所示，车轴是弯曲和扭转的组合变形。

根据轴的平衡条件，由

$$\sum M_x = 0, \quad M_e - W \times R = 0$$

得

$$M_e = W \times R = 1 \times 0.2 \text{kN} \cdot \text{m} = 0.2 \text{kN} \cdot \text{m} = 200 \text{N} \cdot \text{m}$$

(2) 内力分析

作轴的扭矩图和弯矩图，分别如图9-23c、d所示。可见，C偏左的截面是危险截面。

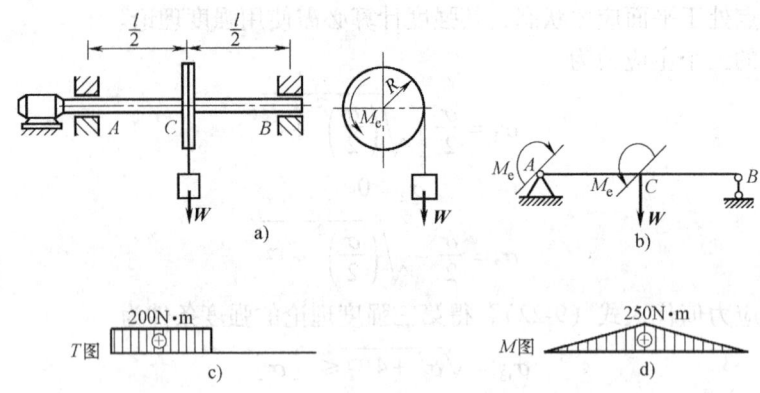

图 9-23　例 9-13 图

(3) 强度校核

将危险截面的弯矩值和扭矩值代入式 (9-25)，则有

$$\sigma_{r3} = \frac{\sqrt{M^2 + T^2}}{W} = \frac{\sqrt{250^2 + 200^2} \times 10^3}{\frac{\pi}{32} \times 30^3} \text{MPa} = 120.8 \text{MPa} > [\sigma]$$

由于

$$\frac{\sigma_{r3} - [\sigma]}{[\sigma]} \times 100\% = \frac{120.8 - 120}{120} \times 100\% = 0.67\% < 5\%$$

所以，该车轴的强度足够。

## 自测题 51

自测题 51-1　圆形等截面杆承受弯扭组合变形时，除轴线上的点外，其余任一点的应力状态都是复杂应力状态。这一说法（　　）。

(A) 正确；　　　　　　　　　(B) 错误。

自测题 51-2　在弯扭组合变形圆截面杆的外边界上，各点的应力状态都处于平面应力状态。这一说法（　　）。

(A) 正确；　　　　　　　　　(B) 错误。

自测题 51-3　在弯曲与扭转组合变形圆截面杆的外边界上，各点主应力必然是 $\sigma_1 > 0$，$\sigma_2 = 0$，$\sigma_3 < 0$。这一说法（　　）。

(A) 正确；　　　　　　　　　(B) 错误。

自测题 51-4  在拉伸、弯曲和扭转组合变形圆截面杆的外边界上,各点主应力必然是 $\sigma_1>0$, $\sigma_2=0$, $\sigma_3<0$。这一说法（　　）。
(A) 正确；　　　　　　　　(B) 错误。

自测题 51-5  圆形截面杆承受弯扭组合变形,用横截面上的应力表示第三强度理论的强度条件是＿＿＿＿＿＿＿＿＿＿＿＿＿＿＿＿＿＿；第四强度理论的强度条件是＿＿＿＿＿＿＿＿＿＿＿＿＿＿。

自测题 51-6  圆形截面杆承受弯扭组合变形,用内力表示第三强度理论的强度条件是＿＿＿＿＿＿＿＿＿＿＿＿＿＿＿＿＿＿；第四强度理论的强度条件是＿＿＿＿＿＿＿＿＿＿＿＿＿＿＿＿。

## 习 题 9

9-1  如习题 9-1 图所示起重架的最大起吊重量（包括行走小车等）为 $F=40\text{kN}$,横梁 $AC$ 由两根 No.18b 槽钢组成,许用应力为 $[\sigma]=120\text{MPa}$。试校核该横梁的强度。

9-2  矩形截面杆受力及尺寸如习题 9-2 图所示。若杆材料的许用应力 $[\sigma]=160\text{MPa}$,试求杆件许可载荷 $F$。

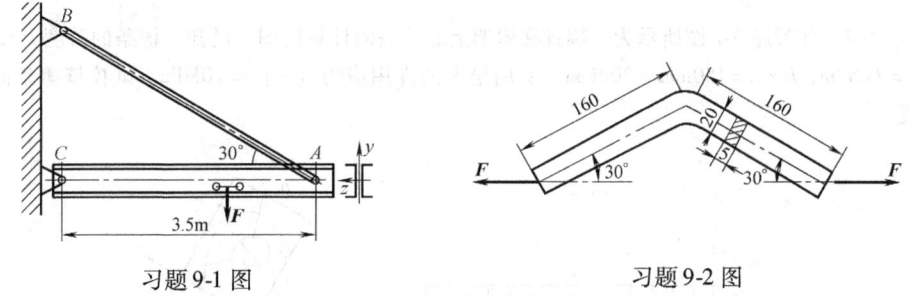

习题 9-1 图　　　　　　　　　　习题 9-2 图

9-3  如习题 9-3 图所示矩形截面杆 $h\times b=200\text{mm}\times100\text{mm}$, $F=20\text{kN}$,试计算杆内的最大正应力。

9-4  如习题 9-4 图所示夹具,在夹紧零件时受力 $F=2\text{kN}$,已知螺钉与夹具竖杆的中心距为 $e=60\text{mm}$,设夹具竖杆的横截面尺寸为 $b=10\text{mm}$, $h=24\text{mm}$,材料的许用应力 $[\sigma]=160\text{MPa}$,试校核该竖杆的强度。

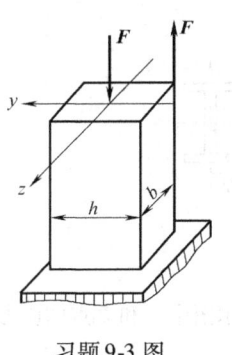
习题 9-3 图

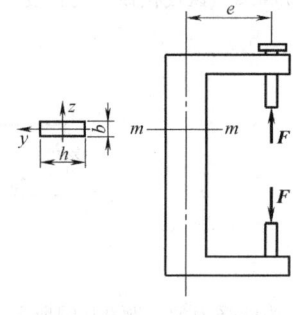
习题 9-4 图

9-5 钩头螺栓如习题 9-5 图所示，直径 $d = 20$mm，当拧紧螺母时承受偏心力 $F$ 的作用，若材料的许用应力 $[\sigma] = 120$MPa，试求许可载荷 $F$。

9-6 如习题 9-6 图所示，一受拉杆截面尺寸为 40mm × 5mm 的矩形，拉力 $F = 12$kN 通过杆的轴线，现需在拉杆上开一切口，如不计应力集中影响，材料的许用应力 $[\sigma] = 100$MPa，问切口的许可深度为多少？

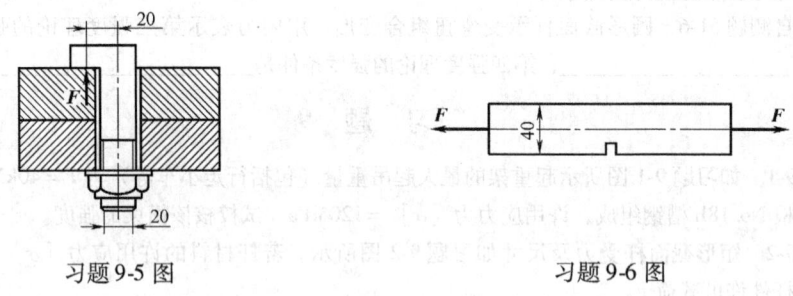

习题 9-5 图                    习题 9-6 图

9-7 如习题 9-7 图所示为一搁置在屋架上的檩条的计算简图。已知：檩条的跨度 $l = 5$m，$q = 2$kN/m，$b \times h = 150$mm × 200mm，所用松木的许用应力 $[\sigma] = 10$MPa。试校核檩条的强度。

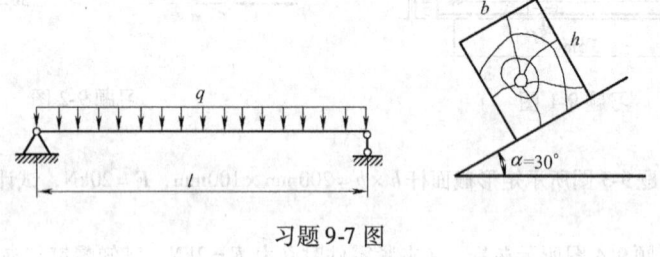

习题 9-7 图

9-8 简支梁选用 No. 25a 工字钢，受力及尺寸如习题 9-8 图所示。已知钢材的许用应力 $[\sigma] = 160$MPa。试校核该梁的强度。

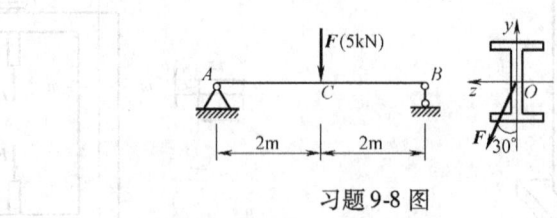

习题 9-8 图

9-9 构件受力如习题 9-9 图所示。试用原始单元体表示图中 $A$ 和 $B$ 点的应力状态，并写出应力的表达式。

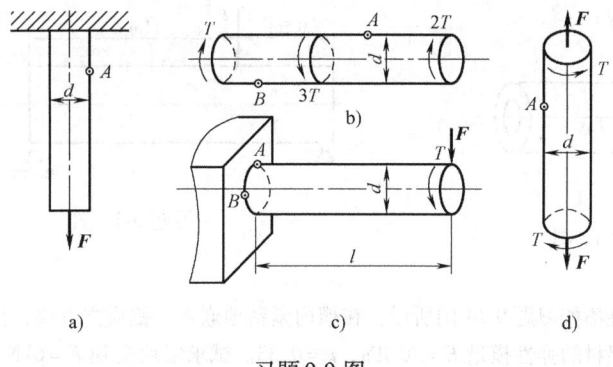

习题 9-9 图

9-10 已知应力状态如习题 9-10 图所示，图中应力单位为 MPa。试求：（1）指定斜截面上的应力；（2）主应力；（3）最大切应力。

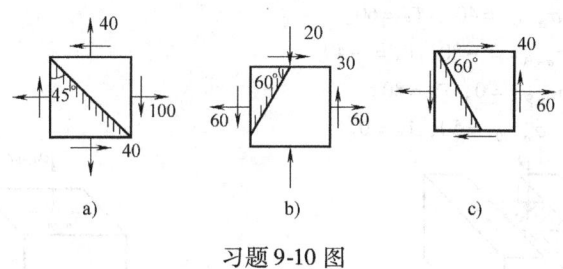

习题 9-10 图

9-11 一矩形截面梁，尺寸及载荷如习题 9-11 图所示，尺寸单位为 mm。试：（1）画出梁上 $A$、$B$、$C$ 点的原始单元体并求出各面上的应力；（2）求各点的主应力及最大切应力。

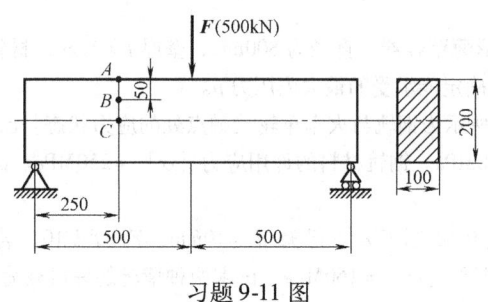

习题 9-11 图

9-12 现测得如习题 9-12 图所示受扭空心圆轴表面 $K$ 点与轴线成 $45°$ 方向的正应变 $\varepsilon_{45°}$。空心圆轴外径为 $D$，内外径之比为 $\alpha$。试求外力偶矩 $T$。材料的弹性常数 $E$、$\nu$ 均为已知。

9-13 现测得如习题 9-13 图所示矩形截面梁中性层上 $K$ 点与轴线成 $45°$ 方向的线应变 $\varepsilon_{45°} = 50 \times 10^{-6}$，材料的弹性模量 $E = 200\text{GPa}$，$\nu = 0.25$。试求梁上的载荷 $F$ 之值。

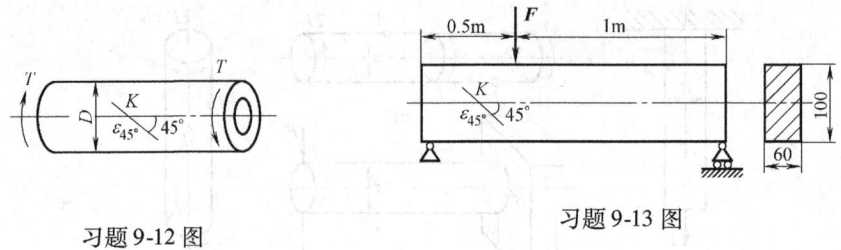

习题 9-12 图　　　　　　　　　习题 9-13 图

9-14　一刚性槽如习题 9-14 图所示。在槽内紧密地嵌入一铝质立方块，其尺寸为 10mm × 10mm × 10mm，铝材的弹性模量 $E = 70\text{GPa}$，$\nu = 0.33$。试求铝块受到 $F = 6\text{kN}$ 的作用时，铝块的三个主应力。

9-15　从零件中某点取出一单元体，其应力状态如习题 9-15 图所示。若材料为铸铁，试按第一和第二强度理论计算单元体的相当应力，泊松比 $\nu = 0.3$。若材料为低碳钢，试按第三和第四强度理论计算单元体的相当应力。单元体上的应力为（单位：MPa）。

（1）$\sigma_\alpha = 40$，$\sigma_{\alpha+90°} = 40$，$\tau_\alpha = 60$。

（2）$\sigma_\alpha = 60$，$\sigma_{\alpha+90°} = -80$，$\tau_\alpha = -40$。

（3）$\sigma_\alpha = 50$，$\sigma_{\alpha+90°} = 0$，$\tau_\alpha = 80$。

（4）$\sigma_\alpha = -40$，$\sigma_{\alpha+90°} = 50$，$\tau_\alpha = 0$。

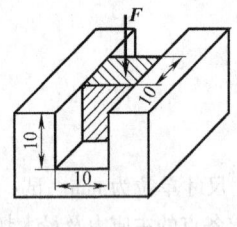 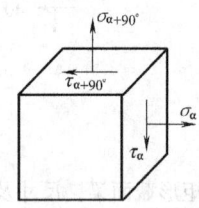

习题 9-14 图　　　　　　　　　习题 9-15 图

9-16　某钢制圆柱形薄壁容器，直径为 800mm，壁厚 $t = 4\text{mm}$，材料的许用应力 $[\sigma] = 120\text{MPa}$。试用强度理论确定能承受的最大内压力 $p$。

9-17　习题 9-17 图所示为钢轨与火车车轮接触点处的应力状态。已知 $\sigma_1 = -650\text{MPa}$，$\sigma_2 = -700\text{MPa}$，$\sigma_3 = -900\text{MPa}$。钢轨材料的许用应力 $[\sigma] = 250\text{MPa}$。试用强度理论校核接触点处材料的强度。

9-18　圆杆如习题 9-18 图所示。已知 $d = 10\text{mm}$，$T = Fd/10$，若材料为：（1）铸铁，$[\sigma]^+ = 30\text{MPa}$；（2）钢材，$[\sigma] = 160\text{MPa}$。试求两种情况的许可载荷 $F$。

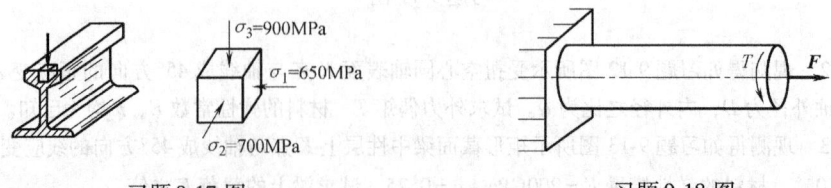

习题 9-17 图　　　　　　　　　习题 9-18 图

9-19　如习题9-19图所示电动机的功率 $P = 8.8$kW，转速 $n = 800$r/min，皮带轮的直径 $D = 250$mm，重量 $W = 700$N，轴可看成长为 $l = 120$mm 的悬臂梁，轴材料的许用应力 $[\sigma] = 100$MPa，试按第四强度理论设计轴的直径 $d$。

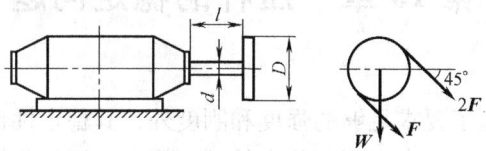

习题 9-19 图

9-20　手摇铰车如习题9-20图所示，轴的直径 $d = 35$mm，$F = 1$kN，材料的许用应力 $[\sigma] = 80$MPa。试按第三强度理论校核轴的强度。

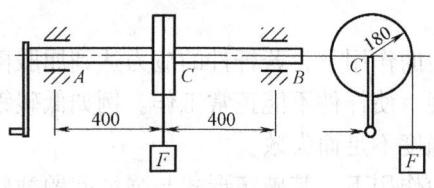

习题 9-20 图

# 第 10 章　压杆的稳定问题

构件正常工作除了要求足够的强度和刚度外，其稳定性也是工程中所关心的重要问题之一。本章重点介绍压杆稳定的基本概念、压杆临界力的计算方法及压杆的合理设计。

## 10.1　压杆稳定的概念

粗短杆在轴向压力的作用下，若杆件的应力达到屈服极限或强度极限，会产生塑性屈服或脆性断裂，使杆件不能正常工作。例如低碳钢短柱被压扁，铸铁短柱被压碎，都是由于强度不足而失效。

细长杆在轴向压力作用下，其破坏形式与强度问题截然不同。例如，一根型号为 $\phi 5$、长度为 1m 的圆钢，材料的抗压许用应力为 160MPa，若按抗压强度计算，其承载能力为 3140kN。而实际上，这样的压杆其实际承载能力最大不能超过 242kN，否则直杆会发生明显的弯曲变形，丧失继续承载的能力，从而导致破坏。此时的压杆属于压杆稳定问题。

如图 10-1a 所示的等截面直细长杆，在轴向压力 $F$ 作用下处于直线平衡状态。当压力逐渐增加但仍小于某一极限值时，压杆将一直保持直线平衡状态。即使给杆一个微小的横向干扰力，使杆发生微小的弯曲变形，当干扰力撤去后，杆件仍能恢复到原来的直线平衡状态（图 10-1b），这表明原有的直线平衡状态是稳定的；当轴向压力 $F$ 超过某一极限值时，撤去干扰力后压杆仍处于微弯状态，不能恢复其原有直线平衡状态，而保持曲线平衡状态（图 10-1c），这表明原有的直线平衡状态是不稳定的。如果轴向压力 $F$ 继续增大，则杆继续弯曲，产生显著的变形，甚至突然破坏。

中心受压直杆在直线状态下的平衡，由稳定平衡转变为不稳定平衡时所受轴向压力的界限值，称为临界压力或临界力，用 $F_{cr}$ 表示。压杆由稳定平衡转变为不稳定平衡的现象称为压杆丧失稳定，简称失稳。

显然，机器或结构中的细长压杆，要求其承受的轴向压力 $F$ 小于 $F_{cr}$，否则杆件失稳后，压力的

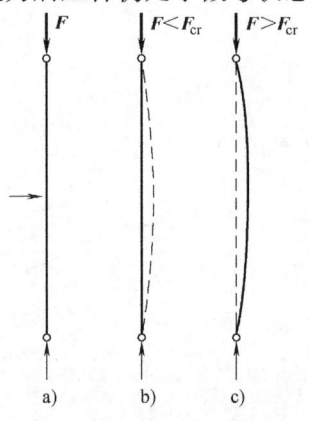

图 10-1　压杆的稳定性

微小增加将引起弯曲变形的显著增大，杆件因失稳而失效，可能导致整个机构的损坏。例如内燃机的连杆（图 10-2a）、冷拔机的撑杆（图 10-2b）和厂房的立柱等，在设计时，必须考虑其稳定性，以免引起压杆失稳破坏。

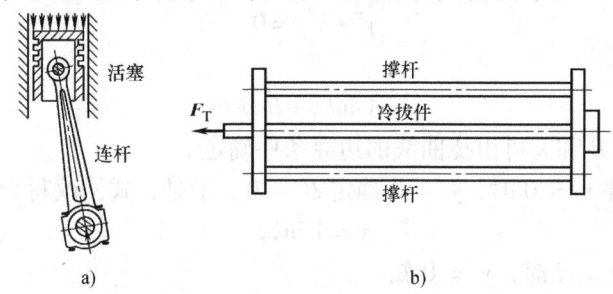

图 10-2 压杆稳定实例

### 自测题 52

自测题 52-1 压杆丧失稳定性是指细长杆受压时，其轴线_____的现象。

自测题 52-2 临界力是理想压杆维持直线稳定平衡状态的最大载荷。这一说法（　　）。
(A) 正确；　　　　　　(B) 错误。

自测题 52-3 横向干扰力越大，压杆越容易失稳。这一说法（　　）。
(A) 正确；　　　　　　(B) 错误。

## 10.2 两端铰支细长压杆的临界力

取两端球铰支座、长为 $l$ 的等截面细长中心受压直杆为例，推导其临界压力的计算公式。从前面的讨论可知，压杆在临界力 $F_{cr}$ 作用下，其轴线将由直线转变为曲线，如图 10-3 所示，并在这种微弯状态下维持平衡。

压杆在距离坐标原点 $x$ 处的横截面上的弯矩为

$$M(x) = -F_{cr} y \qquad \text{ⓐ}$$

得挠曲线近似微分方程为

$$EIy'' = M(x) = -F_{cr} y \qquad \text{ⓑ}$$

若令

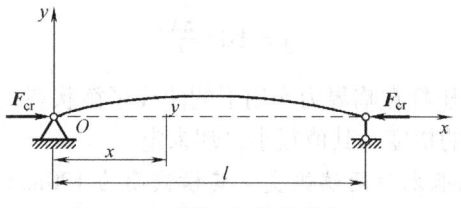

图 10-3 两端铰支压杆的临界力

$$k^2 = \frac{F_{cr}}{EI} \qquad \text{ⓒ}$$

则式ⓑ可写为二阶常系数线性微分方程

$$y'' + k^2 y = 0 \qquad \text{ⓓ}$$

其通解为

$$y = A\sin kx + B\cos kx \qquad \text{ⓔ}$$

式中,常数 $A$、$B$ 和 $k$ 可由挠曲线的边界条件确定。

由边界条件 $x = 0$ 时,$y = 0$ 确定 $B = 0$。于是,式ⓔ改写为

$$y = A\sin kx \qquad \text{ⓕ}$$

再由边界条件 $x = l$ 时,$y = 0$ 知

$$A\sin kl = 0$$

所以有

$$A = 0 \text{ 或 } \sin kl = 0$$

若 $A = 0$,则由式ⓕ可知压杆不发生弯曲,这与压杆的微弯状态相矛盾,故

$$\sin kl = 0$$

即得

$$kl = n\pi \,(n = 0, 1, 2, \cdots) \qquad \text{ⓖ}$$

将式ⓖ代入式ⓒ,可得

$$F_{cr} = \frac{n^2 \pi^2 EI}{l^2} \,(n = 0, 1, 2, \cdots)$$

显然,$n = 0$ 时,与上述讨论不符。而且临界力应是压杆在微弯状态下保持平衡的最小力,因此取 $n = 1$。故

$$F_{cr} = \frac{\pi^2 EI}{l^2} \qquad (10\text{-}1)$$

上式即两端铰支等截面细长中心受压直杆临界力 $F_{cr}$ 的计算公式。此式最早由欧拉导出,所以又称为欧拉公式。

欧拉公式表明,临界力 $F_{cr}$ 与压杆的弯曲刚度 $EI$ 成正比,与杆长 $l$ 平方成反比。且压杆在刚度最小的平面内弯曲,因此 $I$ 取横截面的最小惯性矩。

由以上推导知,当 $n = 1$ 时,$k = \dfrac{\pi}{l}$,代入式ⓕ,则

$$y = A\sin\frac{\pi x}{l}$$

即两端铰支约束时,压杆在临界力作用下的曲线平衡状态,其挠曲线为半波正弦曲线。$A$ 为压杆中点的挠度,其值很小,却未定。

【例10-1】 一细长木柱两端铰支,其横截面为 120mm × 160mm 的矩形,杆长 $l = 4$m,木材的弹性模量 $E = 10$GPa,求木柱的临界压力。

**【解】** 因为细长木柱在刚度最小的平面内弯曲，因此 $I$ 取横截面的最小惯性矩

$$I_{\min} = \frac{160 \times 120^3 \times 10^{-12}}{12} \text{m}^4 = 2.304 \times 10^{-5} \text{m}^4$$

由欧拉公式得木柱的临界压力

$$F_{cr} = \frac{\pi^2 EI}{l^2} = \frac{3.14^2 \times 10 \times 10^9 \times 2.304 \times 10^{-5}}{16} \text{N} = 141.9 \text{kN}$$

### 自测题 53

自测题 53-1　中心受压直杆的临界力值是不唯一的。这一说法（　　）。
（A）正确；　　　　　　　（B）错误。

自测题 53-2　两端铰支压杆在临界力作用下的曲线平衡状态，其挠曲线是一确定的半波正弦曲线。这一说法（　　）。
（A）正确；　　　　　　　（B）错误。

## 10.3　其他支承细长压杆的临界力

　　细长中心受压直杆除两端铰支约束外，还有其他多种约束形式，其临界力的计算公式可参考前面的方法导出。事实上，也可将两端铰支约束压杆的挠曲线形状作为基本情况，其他杆端约束条件下细长压杆的挠曲线形状与之比较，应用类比的方法得到相应杆端约束细长压杆的临界力计算公式。实践表明，细长中心受压直杆的两端约束情况直接影响其临界力 $F_{cr}$ 的大小，杆端约束刚性越好，杆的抗弯能力越大，临界力 $F_{cr}$ 也越高。为此，可将欧拉公式写成统一形式：

$$F_{cr} = \frac{\pi^2 EI}{(\mu l)^2} \tag{10-2}$$

式中，$\mu$ 称为压杆的长度因数，与杆端的约束情况有关，杆端约束刚性越好，$\mu$ 值越小。$\mu l$ 称为相当长度，表示将长为 $l$ 的不同杆端约束的压杆折算成两端铰支压杆的长度。几种典型的杆端约束情况下的长度因数 $\mu$ 值列于表 10-1 中。从表 10-1 中可以看出，两端铰支时，压杆在临界力作用下的挠曲线为半波正弦曲线；当一端固定一端铰支时，长为 $l$ 的压杆的挠曲线在距离固定端 $0.3l$ 的 $C$ 点处有一拐点，拐点处弯矩为零，即 $0.7l$ 长度内有一完整的半波正弦曲线，与长为 $l$ 的两端铰支压杆挠曲线形状相同，因此，这种约束的相当长度为 $0.7l$。其他约束情况下的相当长度可依此类推。

表10-1 不同杆端约束情况下细长中心受压直杆的长度因数 $\mu$

| 约束情况 | 两端铰支 | 一端固定一端铰支 | 两端固定 | 一端固定一端自由 |
|---|---|---|---|---|
| 失稳时挠曲线形状 | | | | |
| 相当长度 $\mu l$ | $l$ | $0.7l$ | $0.5l$ | $2l$ |
| 长度因数 $\mu$ | $\mu = 1$ | $\mu = 0.7$ | $\mu = 0.5$ | $\mu = 2$ |

【例10-2】 一细长圆截面活塞杆，工作时可将其视为一端固定另一端自由，平均外伸长度 $l = 900 \text{mm}$，直径 $d = 25 \text{mm}$，材料为 A3 钢，弹性模量 $E = 206 \text{GPa}$。试计算活塞杆的临界压力。

【解】 根据活塞杆的约束情况，可知 $\mu = 2$。

由公式（10-2）得

$$F_{cr} = \frac{\pi^2 EI}{(\mu l)^2} = \frac{3.14^2 \times 206 \times 10^9}{(2 \times 0.9)^2} \cdot \frac{3.14 \times 0.025^4}{64} \text{N} = 12 \text{kN}$$

## 自测题 54

自测题 54-1 压杆的临界力与_____、_____、_____以及_____等因素有关。

自测题 54-2 两端铰支的中心受压直杆的挠曲线形状为_____。

自测题 54-3 细长压杆的杆端约束刚性越好，$\mu$ 值越_____，压杆的临界力越_____，稳定性越_____。

自测题 54-4 相当长度 $\mu l$ 的物理意义是指将长为 $l$ 的_____压杆折算成_____压杆的长度。折算的依据是失稳时压杆的_____。

自测题 54-5 细长压杆，若其长度因数增加一倍，则（    ）。

(A) $F_{cr}$ 增加一倍；　　　　(B) $F_{cr}$ 增加到原来的四倍；
(C) $F_{cr}$ 为原来的四分之一倍；　(D) $F_{cr}$ 为原来的二分之一倍。

自测题 54-6 两根细长压杆 $a$ 与 $b$ 的长度、横截面面积、约束状态及材料均相同，若其横截面形状分别为正方形和圆形，则二压杆的临界压力 $F_{acr}$ 和 $F_{bcr}$ 的关系为（    ）。

(A) $F_{acr} = F_{bcr}$；　(B) $F_{acr} < F_{bcr}$；　(C) $F_{acr} > F_{bcr}$；　(D) 不确定。

## 10.4 欧拉公式的适用范围　临界应力总图

细长中心受压直杆的欧拉公式是在线弹性范围内推导的，因此，压杆在临界

力 $F_{cr}$ 作用下的应力不得超过材料的比例极限 $\sigma_p$，否则，挠曲线近似微分方程不成立，也就得不到欧拉公式。由此可见，欧拉公式的使用是有一定范围的。

### 10.4.1 临界应力和柔度的概念

压杆在临界压力 $F_{cr}$ 作用下，其横截面上的压应力称为压杆的临界应力，用 $\sigma_{cr}$ 表示。不同约束情况下细长中心受压直杆横截面上的应力均匀分布，为

$$\sigma_{cr} = \frac{F_{cr}}{A} = \frac{\pi^2 EI}{(\mu l)^2 A} \qquad \text{ⓐ}$$

利用惯性半径 $i$ 与惯性矩 $I$ 的关系：$i^2 = I/A$，并令

$$\lambda = \frac{\mu l}{i} \tag{10-3}$$

则式ⓐ可写为

$$\sigma_{cr} = \frac{\pi^2 E}{\lambda^2} \tag{10-4}$$

上式为欧拉公式的另一种表达形式，称为欧拉临界应力公式。式中，$\lambda$ 称为柔度或长细比，为一无量纲量，它综合反映了压杆的长度、截面几何性质与杆端约束对临界应力的影响，其值越大，$\sigma_{cr}$ 值越小，压杆越容易失稳。

### 10.4.2 欧拉公式的适用范围

根据前面的分析，要用欧拉公式计算压杆的临界力，必须满足

$$\sigma_{cr} = \frac{\pi^2 E}{\lambda^2} \leqslant \sigma_p$$

改写为

$$\lambda \geqslant \pi \sqrt{\frac{E}{\sigma_p}} = \lambda_p$$

式中，$\lambda_p$ 为与材料的弹性模量 $E$ 和比例极限 $\sigma_p$ 相关的量，所以仅随材料而异。即当 $\lambda \geqslant \lambda_p$ 时能够应用欧拉公式计算临界力，此时的压杆称为大柔度杆或细长杆。常见的 Q235 钢，取 $E = 206\text{GPa}$，$\sigma_p = 200\text{MPa}$，则 $\lambda_p \approx 100$，因此，由 Q235 钢制成的压杆，只有当其柔度 $\lambda \geqslant 100$ 时才能按欧拉公式计算其临界力。

### 10.4.3 经验公式　临界应力总图

在工程中，也经常见到柔度小于 $\lambda_p$ 的压杆，这类压杆的临界应力已经超过材料的比例极限 $\sigma_p$，欧拉公式不再适用，目前多采用经验公式计算。经验公式有直线公式和抛物线公式等，这里介绍一种直线公式。

压杆的临界应力 $\sigma_{cr}$ 与压杆的柔度 $\lambda$ 存在以下的直线关系：

$$\sigma_{cr} = a - b\lambda \tag{10-5}$$

式中，$a$、$b$ 是与材料性质有关的常数，单位为 MPa。表 10-2 列出了一些材料的 $a$ 和 $b$ 的数值。

表 10-2　直线公式的系数 $a$、$b$ 参考值

| 材料（$\sigma_s$、$\sigma_b$ 的单位 MPa） | $a$/MPa | $b$/MPa |
|---|---|---|
| Q235（$\sigma_s = 235$、$\sigma_b \geq 372$） | 304 | 1.12 |
| 优质碳钢（$\sigma_s = 306$、$\sigma_b \geq 471$） | 461 | 2.568 |
| 灰口铸铁 | 332.2 | 1.454 |
| 松木 | 28.7 | 0.19 |

上述经验公式也有适用范围，即应力不能超过材料的压缩极限应力，否则压杆会因强度不够而失效，对于塑性材料制成的压杆，要求

$$\sigma_{cr} = a - b\lambda \leq \sigma_s$$

改写为

$$\lambda \geq \frac{a - \sigma_s}{b} = \lambda_s$$

式中，$\lambda_s$ 同样仅随材料而异，是应用经验公式的柔度的最小值，即当 $\lambda_p \geq \lambda \geq \lambda_s$ 时才能应用经验公式计算临界力，此时的压杆称为中柔度杆或中长杆。实验表明，这种压杆的破坏形式接近于大柔度杆，有较明显的失稳现象，也属于稳定性问题。而对于柔度 $\lambda < \lambda_s$ 的压杆称为小柔度杆或粗短杆。实验表明，这种压杆是因为强度不足破坏的，属于强度问题。

总结以上三种柔度的压杆，其临界应力 $\sigma_{cr}$ 随柔度 $\lambda$ 的变化曲线如图 10-4 所示，称为临界应力总图。

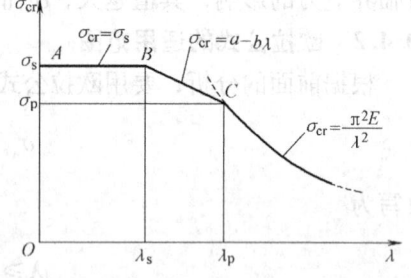

图 10-4　临界应力总图

【例 10-3】　某型号冷拔机的撑杆用钢管制成，外径 $D$ 和内径 $d$ 分别为 299mm 和 245mm，撑杆长度为 13m，其约束情况可近似为一端固定一端铰支。钢材为 Q235，其弹性模量 $E = 206$GPa，试计算该撑杆的临界压力。

【解】　(1) 计算柔度

撑杆横截面的惯性半径为

$$i = \sqrt{\frac{I}{A}} = \sqrt{\frac{\pi(D^4 - d^4)}{64} \cdot \frac{4}{\pi(D^2 - d^2)}} = \frac{\sqrt{D^2 + d^2}}{4} = 0.097 \text{m}$$

撑杆的约束为一端固定一端铰支，$\mu = 0.7$

根据式（10-3）得撑杆的柔度为

$$\lambda = \frac{\mu l}{i} = \frac{0.7 \times 13}{0.097} = 93.8$$

(2) 计算临界压力

因为撑杆材料为 Q235 钢，其 $\lambda_p \approx 100$，$\lambda_s \approx 60$，显然 $60 < \lambda < 100$，即撑杆属于中柔度杆，其临界压力应按经验公式计算。

根据式（10-5），得撑杆的临界应力为

$$\sigma_{cr} = a - b\lambda = 304 - 1.12 \times 93.8 = 198.9 \text{MPa}$$

临界压力为

$$F_{cr} = \sigma_{cr} A = \sigma_{cr} \cdot \frac{\pi(D^2 - d^2)}{4} = 198.9 \times 10^6 \times \frac{3.14 \times (0.299^2 - 0.245^2)}{4} \text{N}$$

$$= 4587 \text{kN}$$

### 自测题 55

自测题 55-1　决定压杆柔度的因素是_____、_____、_____。

自测题 55-2　若两根细长压杆的惯性半径 $i$ 相等，当_____相同时，它们的柔度相等，若两杆柔度相等，当_____相同时，它们的临界应力相等。

自测题 55-3　压杆临界应力总是低于材料的比例极限。这一说法（　　）。
(A) 正确；　　　　　　　　(B) 错误。

自测题 55-4　材料、柔度相等的两根压杆，临界载荷一定相等。这一说法（　　）。
(A) 正确；　　　　　　　　(B) 错误。

自测题 55-5　材料和柔度都相同的两根压杆（　　）。
(A) 临界应力一定相等，临界压力不一定相等；
(B) 临界应力不一定相等，临界压力一定相等；
(C) 临界应力和压力都一定相等；
(D) 临界应力和压力都不一定相等。

自测题 55-6　两端铰支的圆截面压杆，若 $\lambda_p = 100$，则压杆的长度与横截面直径之比在_____范围时，才能应用欧拉公式。

自测题 55-7　计算中柔度杆的临界力时，若误用欧拉公式计算 $F_{cr}$ 时，（　　）。
(A) 杆件稳定偏于不安全；　　(B) 杆件稳定偏于安全；
(C) 不会改变稳定性；　　　　(D) 不能确定。

## 10.5　压杆稳定条件　压杆的合理设计

### 10.5.1　压杆稳定条件

工程中的压杆，要使其不丧失稳定性而正常工作，必须要求压杆所承受的轴向压力 $F$（轴向应力 $\sigma$）小于该压杆的临界压力 $F_{cr}$（临界应力 $\sigma_{cr}$）。考虑到实际压杆一些难以避免的因素，比如杆件的初曲率、压力偏心、材料不均匀以及约束缺陷等会降低压杆临界（应）力，因此需要给压杆一定的稳定性储备，即将临界（应）力除以一个大于 1 的安全因数，于是，压杆的稳定条件为

$$F \leq \frac{F_{cr}}{n_{st}} \quad \text{或} \quad \sigma \leq \frac{\sigma_{cr}}{n_{st}} \tag{10-6}$$

式中，$n_{st}$ 称为规定的稳定安全因数，其值一般高于强度安全因数，可在设计手册或相关规范中查到。表10-3列出了部分常见压杆的规定稳定安全因数。

表10-3 常见压杆的规定稳定安全因数 $n_{st}$

| 实际压杆 | 金属结构中的压杆 | 矿山和冶金设备中压杆 | 机床丝杠 | 磨床油缸活塞杆 | 低速发动机挺杆 | 高速发动机挺杆 |
|---|---|---|---|---|---|---|
| $n_{st}$ | 1.8~3.0 | 4~8 | 2.5~4.0 | 2~5 | 4~6 | 2~5 |

一般工程计算中，压杆稳定条件写为

$$n = \frac{F_{cr}}{F} \geq n_{st} \quad \text{或} \quad n = \frac{\sigma_{cr}}{\sigma} \geq n_{st} \tag{10-7}$$

式中，$n$ 为压杆的工作稳定安全因数。这种建立稳定条件的方法称为安全因数法。

稳定计算时，压杆的稳定性取决于杆件的整体变形，可不必考虑杆件局部消弱（如铆钉孔）的影响，因此，采用未经消弱的截面面积和惯性矩计算。

【例10-4】 内燃机配气机构中的挺杆，打开气阀时挺杆所能承受的最大压力 $F_{max} = 1.75 \text{kN}$，已知挺杆长 $l = 255 \text{mm}$，圆截面直径 $d = 8 \text{mm}$。规定的稳定安全因数 $n_{st} = 3$，材料为普通钢材，$E = 206 \text{GPa}$，$\sigma_p = 200 \text{MPa}$。试校核挺杆的稳定性。

【解】 挺杆的截面为圆截面，可简化为两端铰支约束，$\mu = 1$，则柔度为

$$\lambda = \frac{\mu l}{i} = \frac{4\mu l}{d} = 127.5$$

普通钢材
$$\lambda_p = \pi \sqrt{\frac{E}{\sigma_p}} \approx 100$$

因为 $\lambda \geq \lambda_p$，所以用欧拉公式计算挺杆的临界压力

$$F_{cr} = \frac{\pi^2 EI}{(\mu l)^2} = \frac{3.14^2 \times 206 \times 10^9}{(1 \times 0.255)^2} \cdot \frac{3.14 \times 0.008^4}{64} \text{N} = 6.28 \text{kN}$$

挺杆的工作稳定安全因数为

$$n = \frac{F_{cr}}{F_{max}} = \frac{6.28}{1.75} = 3.6$$

显然，$n \geq n_{st}$，故挺杆满足稳定性要求。

### 10.5.2 压杆的合理设计

压杆的合理设计就是在用料最少的前提下提高压杆的稳定性。即在尽可能降

低材料的消耗量的同时提高压杆的临界力。因此，可以从以下几个方面考虑。

1. 合理选择材料

对于大柔度杆，由欧拉公式知，其临界压力仅与材料的弹性模量 $E$ 有关，虽然选择 $E$ 较大的材料可以提高细长压杆的临界力，但由于各种钢材的 $E$ 大致相等，约 200~210GPa 左右，因此，选用优质钢代替普通钢来提高细长压杆的稳定性，只会造成对材料的浪费。

对于中柔度杆，由经验公式知，其临界应力与材料的屈服极限 $\sigma_s$ 和强度极限 $\sigma_b$ 有关，而各种钢材的强度极限相差很大，材料强度越高，临界应力 $\sigma_{cr}$ 越大，压杆稳定性越好，因此，选用高强度钢有助于提高压杆的稳定性。

对于小柔度杆，破坏的主要因素是强度问题，而优质钢材的强度较高，因此，选用高强度钢可提高杆件的强度。

2. 合理选择截面形状

对于大柔度杆和中柔度杆，其临界力都与截面的几何性质有关，为了提高压杆的临界力，可从以下几个方面考虑。

(1) 截面面积相同时，截面惯性矩 $I$ 越大，压杆的临界力越大，其稳定性越好。因此，设计截面时，尽可能把材料放在离截面形心较远处，以取得较大的 $I$。比如，可采用空心截面代替实心截面，如图 10-5a 所示。若是型钢组合的截面，则需要分开安放，尽量避免集中放置在截面形心附近，如图 10-5b 所示四个角钢的组合截面，显然后者比前者安排合理。当然，过分增大 $I$，而使空心截面直径过大、厚度过薄，变成薄壁圆管，或各型钢之间距离过大，不能成为一个整体，最终导致局部失稳，稳定性反而降低。

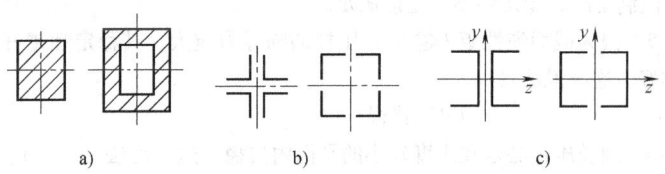

图 10-5 截面几何性质

(2) 如果压杆在各个纵向平面内的约束相同，应使截面对任一形心轴的惯性半径 $i$ 接近相等，使得压杆在任一纵向平面内有相近的稳定性。此时，满足 $I_y = I_z$ 的截面较为合理，如圆形、环形或正方形截面，若采用型钢组合，如图 10-5c 所示的槽钢组合中后者比前者合理。相反，如果同一个压杆在各个纵向平面内的约束不同，可考虑各个纵向平面取不同的惯性矩，从而使两个纵向平面内的柔度 $\lambda$ 接近相等，这样压杆在这两个纵向平面内也可有相近的稳定性。

3. 尽量减小压杆长度

压杆的临界力与长度 $l$ 的平方成反比，因此，在结构允许的情况下，应尽量减小压杆长度 $l$，从而显著提高压杆的稳定性。在压杆中间增加支座也可减小杆长，达到提高稳定性的目的。例如，在大型车床的丝杆上设置一些中间支撑，其中一个重要目的就是可提高丝杆的稳定性。

4. 改善压杆的约束条件

压杆的临界力与长度因数 $\mu$ 的平方成反比，约束的刚性越强，$\mu$ 值越小，临界力越大，压杆的稳定性越好。因此，可以通过增加约束刚性来提高压杆的稳定性。例如，把两端铰支的压杆改为两端固定，临界压力将变为原来的四倍，可有效提高其稳定性。

## 自测题 56

自测题 56-1　一般情况下，稳定安全因数比强度安全因数大，是因为实际压杆总是不可避免的存在_____、_____、_____等不利因素的影响。

自测题 56-2　一般工程计算中，压杆稳定条件为 $n \geq n_{st}$，其中 $n$ 为压杆的_____，其值等于_____，$n_{st}$ 为_____，可在设计规范中查到。

自测题 56-3　对无局部截面消弱的压杆，当稳定条件满足时，强度条件也一定能满足。这一说法（　　）。

（A）正确；　　　　　　（B）错误。

自测题 56-4　具有局部消弱的等截面压杆，以下结论中错误的是（　　）。

（A）对消弱的截面要进行强度校核；

（B）全杆的稳定性应按消弱的截面来计算柔度；

（C）稳定性能满足时，强度不一定能满足；

（D）强度能满足时，稳定性不一定能满足。

自测题 56-5　因为截面惯性矩 $I$ 越大，压杆的临界力越大，其稳定性越好，所以设计截面时，$I$ 越大越好。这一说法（　　）。

（A）正确；　　　　　　（B）错误。

自测题 56-6　细长压杆必定在刚度较小的平面内失稳。这一说法（　　）。

（A）正确；　　　　　　（B）错误。

自测题 56-7　压杆的合理设计就是降低_____且提高_____。

自测题 56-8　提高压杆稳定性的措施有_____、_____、_____。

## 习　题　10

10-1　一长为 3m 的细长中心受压直杆，两端为球形铰支，截面形状为 No.18 工字钢，材料弹性模量 $E=200$GPa，试用欧拉公式计算其临界压力 $F_{cr}$。

10-2　习题 10-2 图所示的 a、b、c 三根细长中心受压直杆，其直径均为 $d=160$mm，材料都是 Q235 钢，$E=206$GPa，但三者长度和约束条件不相同。试计算三杆的临界压力，并比较哪根杆的稳定性较好。

10-3 试分别计算习题 10-2 图中 a、b、c 三根杆的柔度 $\lambda$ 和临界应力 $\sigma_{cr}$。

10-4 习题 10-4 图所示 20mm×12mm 的矩形截面压杆 a 和 b，两压杆约束情况不同。杆长 $l$ = 200mm，弹性模量 $E$ = 70GPa，$\lambda_p$ = 55，$\lambda_s$ = 10，中柔度杆的直线经验公式中 $a$ = 382MPa，$b$ = 2.18MPa。试分别计算两压杆的临界应力。

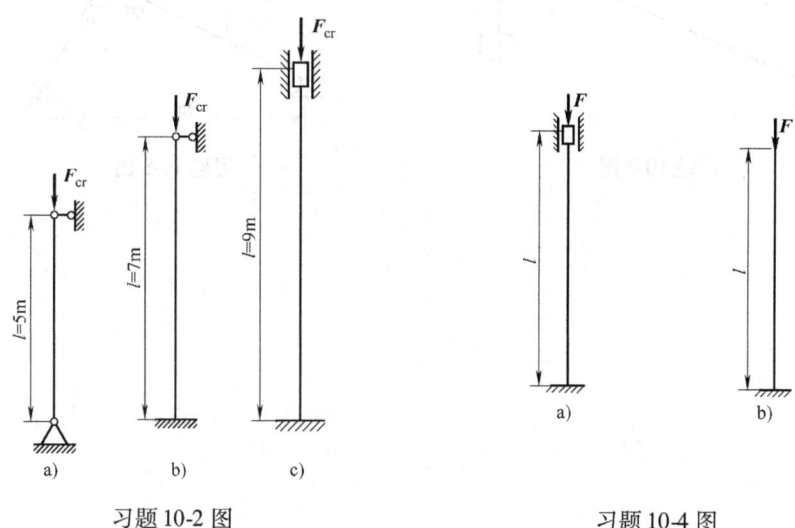

习题 10-2 图　　　　　　　　　　习题 10-4 图

10-5 习题 10-5 图所示压杆，横截面形状有三种，但其面积均为 $A$ = 30mm²，试分别计算其临界压力，并比较其稳定性。材料的力学性能参见习题 10-4。

10-6 如习题 10-6 图所示，横梁 AD 支撑于杆 BE 上，杆 BE 截面为矩形 20mm×30mm，两端为球铰，材料弹性模量 $E$ = 200GPa，$\lambda_p$ = 100，$\lambda_s$ = 60，直线经验公式系数 $a$ = 304MPa，$b$ = 1.12MPa，规定的稳定安全因数 $n_{st}$ = 2。试校核杆 BE 是否稳定。

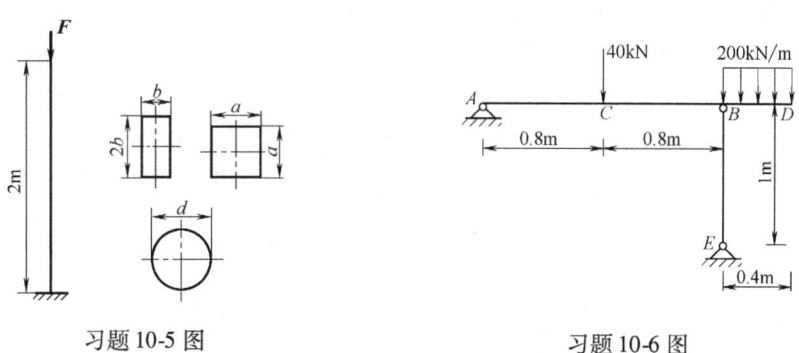

习题 10-5 图　　　　　　　　　　习题 10-6 图

10-7 简易起重机如习题 10-7 图所示，压杆 BD 为 No.20a 槽钢，材料为低碳钢，$E$ = 200GPa，$\lambda_p$ = 100，$\lambda_s$ = 60，直线经验公式系数 $a$ = 304MPa，$b$ = 1.12MPa。起重机的最大起吊重量 $F$ = 40kN，若规定稳定安全因数 $n_{st}$ = 5，试校核 BD 杆的稳定性。

10-8 习题 10-8 图所示结构，$AB$、$AC$ 均为圆截面杆，直径 $d = 80$mm，材料为低碳钢，$E = 200$GPa，$\lambda_p = 100$，求此结构的许可载荷 $F$。

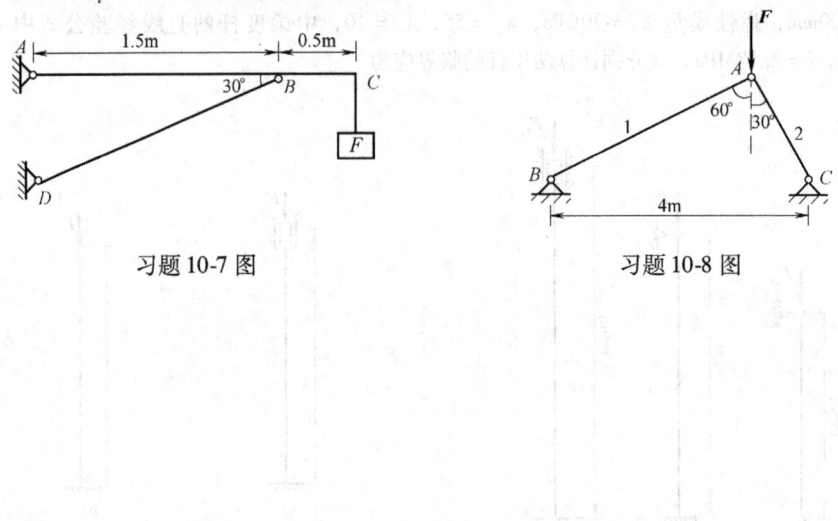

习题 10-7 图　　　　　　习题 10-8 图

# 附 录

## 附录 A 型钢规格表（GB/T 706—2008）

### 表 A-1 热轧等边角钢

符号意义：
$b$——边宽
$d$——边厚
$r$——内圆弧半径
$r_1$——边端内弧半径

$I$——惯性矩
$i$——惯性半径
$W$——截面模数
$Z_0$——重心距离

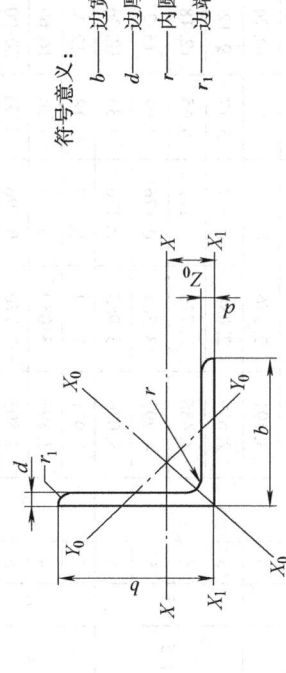

| 型号 | 截面尺寸/mm | | | 截面面积/cm² | 理论重量/(kg/m) | 外表面积/(m²/m) | 惯性矩/cm⁴ | | | | 惯性半径/cm | | | 截面模数/cm³ | | | 重心距离/cm |
|---|---|---|---|---|---|---|---|---|---|---|---|---|---|---|---|---|---|
| | $b$ | $d$ | $r$ | | | | $I_x$ | $I_{x1}$ | $I_{x0}$ | $I_{y0}$ | $i_x$ | $i_{x0}$ | $i_{y0}$ | $W_x$ | $W_{x0}$ | $W_{y0}$ | $Z_0$ |
| 2 | 20 | 3 | 3.5 | 1.132 | 0.889 | 0.078 | 0.40 | 0.81 | 0.63 | 0.17 | 0.59 | 0.75 | 0.39 | 0.29 | 0.45 | 0.20 | 0.60 |
| | | 4 | | 1.459 | 1.145 | 0.077 | 0.50 | 1.09 | 0.78 | 0.22 | 0.58 | 0.73 | 0.38 | 0.36 | 0.55 | 0.24 | 0.64 |
| 2.5 | 25 | 3 | 3.5 | 1.432 | 1.124 | 0.098 | 0.82 | 1.57 | 1.29 | 0.34 | 0.76 | 0.95 | 0.49 | 0.46 | 0.73 | 0.33 | 0.73 |
| | | 4 | | 1.859 | 1.459 | 0.097 | 1.03 | 2.11 | 1.62 | 0.43 | 0.74 | 0.93 | 0.48 | 0.59 | 0.92 | 0.40 | 0.76 |
| 3.0 | 30 | 3 | 4.5 | 1.749 | 1.373 | 0.117 | 1.46 | 2.71 | 2.31 | 0.61 | 0.91 | 1.15 | 0.59 | 0.68 | 1.09 | 0.51 | 0.85 |
| | | 4 | | 2.276 | 1.786 | 0.117 | 1.84 | 3.63 | 2.92 | 0.77 | 0.90 | 1.13 | 0.58 | 0.87 | 1.37 | 0.62 | 0.89 |

(续)

| 型号 | 截面尺寸/mm | | | 截面面积/cm² | 理论重量/(kg/m) | 外表面积/(m²/m) | 惯性矩/cm⁴ | | | | 惯性半径/cm | | | 截面模数/cm³ | | | 重心距离/cm |
|---|---|---|---|---|---|---|---|---|---|---|---|---|---|---|---|---|---|
| | $b$ | $d$ | $r$ | | | | $I_x$ | $I_{x1}$ | $I_{x0}$ | $I_{y0}$ | $i_x$ | $i_{x0}$ | $i_{y0}$ | $W_x$ | $W_{x0}$ | $W_{y0}$ | $Z_0$ |
| 3.6 | 36 | 3 | 4.5 | 2.109 | 1.656 | 0.141 | 2.58 | 4.68 | 4.09 | 1.07 | 1.11 | 1.39 | 0.71 | 0.99 | 1.61 | 0.76 | 1.00 |
| | | 4 | | 2.756 | 2.163 | 0.141 | 3.29 | 6.25 | 5.22 | 1.37 | 1.09 | 1.38 | 0.70 | 1.28 | 2.05 | 0.93 | 1.04 |
| | | 5 | | 3.382 | 2.654 | 0.141 | 3.95 | 7.84 | 6.24 | 1.65 | 1.08 | 1.36 | 0.70 | 1.56 | 2.45 | 1.00 | 1.07 |
| 4 | 40 | 3 | 5 | 2.359 | 1.852 | 0.157 | 3.59 | 6.41 | 5.69 | 1.49 | 1.23 | 1.55 | 0.79 | 1.23 | 2.01 | 0.96 | 1.09 |
| | | 4 | | 3.086 | 2.422 | 0.157 | 4.60 | 8.56 | 7.29 | 1.91 | 1.22 | 1.54 | 0.79 | 1.60 | 2.58 | 1.19 | 1.13 |
| | | 5 | | 3.791 | 2.976 | 0.156 | 5.53 | 10.74 | 8.76 | 2.30 | 1.21 | 1.52 | 0.78 | 1.96 | 3.10 | 1.39 | 1.17 |
| 4.5 | 45 | 3 | 5 | 2.659 | 2.088 | 0.177 | 5.17 | 9.12 | 8.20 | 2.14 | 1.40 | 1.76 | 0.89 | 1.58 | 2.58 | 1.24 | 1.22 |
| | | 4 | | 3.486 | 2.736 | 0.177 | 6.65 | 12.18 | 10.56 | 2.75 | 1.38 | 1.74 | 0.89 | 2.05 | 3.32 | 1.54 | 1.26 |
| | | 5 | | 4.292 | 3.369 | 0.176 | 8.04 | 15.2 | 12.74 | 3.33 | 1.37 | 1.72 | 0.88 | 2.51 | 4.00 | 1.81 | 1.30 |
| | | 6 | | 5.076 | 3.985 | 0.176 | 9.33 | 18.36 | 14.76 | 3.89 | 1.36 | 1.70 | 0.8 | 2.95 | 4.64 | 2.06 | 1.33 |
| 5 | 50 | 3 | 5.5 | 2.971 | 2.332 | 0.197 | 7.18 | 12.5 | 11.37 | 2.98 | 1.55 | 1.96 | 1.00 | 1.96 | 3.22 | 1.57 | 1.34 |
| | | 4 | | 3.897 | 3.059 | 0.197 | 9.26 | 16.69 | 14.70 | 3.82 | 1.54 | 1.94 | 0.99 | 2.56 | 4.16 | 1.96 | 1.38 |
| | | 5 | | 4.803 | 3.770 | 0.196 | 11.21 | 20.90 | 17.79 | 4.64 | 1.53 | 1.92 | 0.98 | 3.13 | 5.03 | 2.31 | 1.42 |
| | | 6 | | 5.688 | 4.465 | 0.196 | 13.05 | 25.14 | 20.68 | 5.42 | 1.52 | 1.91 | 0.98 | 3.68 | 5.85 | 2.63 | 1.46 |
| 5.6 | 56 | 3 | 6 | 3.343 | 2.624 | 0.221 | 10.19 | 17.56 | 16.14 | 4.24 | 1.75 | 2.20 | 1.13 | 2.48 | 4.08 | 2.02 | 1.48 |
| | | 4 | | 4.390 | 3.446 | 0.220 | 13.18 | 23.43 | 20.92 | 5.46 | 1.73 | 2.18 | 1.11 | 3.24 | 5.28 | 2.52 | 1.53 |
| | | 5 | | 5.415 | 4.251 | 0.220 | 16.02 | 29.33 | 25.42 | 6.61 | 1.72 | 2.17 | 1.10 | 3.97 | 6.42 | 2.98 | 1.57 |
| | | 6 | | 6.420 | 5.040 | 0.220 | 18.69 | 35.26 | 29.66 | 7.73 | 1.71 | 2.15 | 1.10 | 4.68 | 7.49 | 3.40 | 1.61 |
| | | 7 | | 7.404 | 5.812 | 0.219 | 21.23 | 41.23 | 33.63 | 8.82 | 1.69 | 2.13 | 1.09 | 5.36 | 8.49 | 3.80 | 1.64 |
| | | 8 | | 8.367 | 6.568 | 0.219 | 23.63 | 47.24 | 37.37 | 9.89 | 1.68 | 2.11 | 1.09 | 6.03 | 9.44 | 4.16 | 1.68 |
| 6 | 60 | 5 | 6.5 | 5.829 | 4.576 | 0.236 | 19.89 | 36.05 | 31.57 | 8.21 | 1.85 | 2.33 | 1.19 | 4.59 | 7.44 | 3.48 | 1.67 |
| | | 6 | | 6.914 | 5.427 | 0.235 | 23.25 | 43.33 | 36.89 | 9.60 | 1.83 | 2.31 | 1.18 | 5.41 | 8.70 | 3.98 | 1.70 |
| | | 7 | | 7.977 | 6.262 | 0.235 | 26.44 | 50.65 | 41.92 | 10.96 | 1.82 | 2.29 | 1.17 | 6.21 | 9.88 | 4.45 | 1.74 |
| | | 8 | | 9.020 | 7.081 | 0.235 | 29.47 | 58.02 | 46.66 | 12.28 | 1.81 | 2.27 | 1.17 | 6.98 | 11.00 | 4.88 | 1.78 |

(续)

| 型号 | 截面尺寸/mm | | | 截面面积/cm² | 理论重量/(kg/m) | 外表面积/(m²/m) | 惯性矩/cm⁴ | | | | 惯性半径/cm | | | 截面模数/cm³ | | | 重心距离/cm |
|---|---|---|---|---|---|---|---|---|---|---|---|---|---|---|---|---|---|
| | $b$ | $d$ | $r$ | | | | $I_x$ | $I_{x1}$ | $I_{x0}$ | $I_{y0}$ | $i_x$ | $i_{x0}$ | $i_{y0}$ | $W_x$ | $W_{x0}$ | $W_{y0}$ | $Z_0$ |
| 6.3 | 63 | 4 | 7 | 4.978 | 3.907 | 0.248 | 19.03 | 33.35 | 30.17 | 7.89 | 1.96 | 2.46 | 1.26 | 4.13 | 6.78 | 3.29 | 1.70 |
| | | 5 | | 6.143 | 4.822 | 0.248 | 23.17 | 41.73 | 36.77 | 9.57 | 1.94 | 2.45 | 1.25 | 5.08 | 8.25 | 3.90 | 1.74 |
| | | 6 | | 7.288 | 5.721 | 0.247 | 27.12 | 50.14 | 43.03 | 11.20 | 1.93 | 2.43 | 1.24 | 6.00 | 9.66 | 4.46 | 1.78 |
| | | 7 | | 8.412 | 6.603 | 0.247 | 30.87 | 58.60 | 48.96 | 12.79 | 1.92 | 2.41 | 1.23 | 6.88 | 10.99 | 4.98 | 1.82 |
| | | 8 | | 9.515 | 7.469 | 0.247 | 34.46 | 67.11 | 54.56 | 14.33 | 1.90 | 2.40 | 1.23 | 7.75 | 12.25 | 5.47 | 1.85 |
| | | 10 | | 11.657 | 9.151 | 0.246 | 41.09 | 84.31 | 64.85 | 17.33 | 1.88 | 2.36 | 1.22 | 9.39 | 14.56 | 6.36 | 1.93 |
| 7 | 70 | 4 | 8 | 5.570 | 4.372 | 0.275 | 26.39 | 45.74 | 41.80 | 10.99 | 2.18 | 2.74 | 1.40 | 5.14 | 8.44 | 4.17 | 1.86 |
| | | 5 | | 6.875 | 5.397 | 0.275 | 32.21 | 57.21 | 51.08 | 13.31 | 2.16 | 2.73 | 1.39 | 6.32 | 10.32 | 4.95 | 1.91 |
| | | 6 | | 8.160 | 6.406 | 0.275 | 37.77 | 68.73 | 59.93 | 15.61 | 2.15 | 2.71 | 1.38 | 7.48 | 12.11 | 5.67 | 1.95 |
| | | 7 | | 9.424 | 7.398 | 0.275 | 43.09 | 80.29 | 68.35 | 17.82 | 2.14 | 2.69 | 1.38 | 8.59 | 13.81 | 6.34 | 1.99 |
| | | 8 | | 10.667 | 8.373 | 0.274 | 48.17 | 91.92 | 76.37 | 19.98 | 2.12 | 2.68 | 1.37 | 9.68 | 15.43 | 6.98 | 2.03 |
| 7.5 | 75 | 5 | 9 | 7.412 | 5.818 | 0.295 | 39.97 | 70.56 | 63.30 | 16.63 | 2.33 | 2.92 | 1.50 | 7.32 | 11.94 | 5.77 | 2.04 |
| | | 6 | | 8.797 | 6.905 | 0.294 | 46.55 | 84.55 | 74.38 | 19.51 | 2.31 | 2.90 | 1.49 | 8.64 | 14.02 | 6.67 | 2.07 |
| | | 7 | | 10.160 | 7.976 | 0.294 | 53.57 | 98.71 | 84.96 | 22.18 | 2.30 | 2.89 | 1.48 | 9.93 | 16.02 | 7.44 | 2.11 |
| | | 8 | | 11.503 | 9.030 | 0.294 | 59.96 | 112.97 | 95.07 | 24.86 | 2.28 | 2.88 | 1.47 | 11.20 | 17.93 | 8.19 | 2.15 |
| | | 9 | | 12.825 | 10.068 | 0.294 | 66.10 | 127.30 | 104.71 | 27.48 | 2.27 | 2.86 | 1.46 | 12.43 | 19.75 | 8.89 | 2.18 |
| | | 10 | | 14.126 | 11.089 | 0.293 | 71.98 | 141.71 | 113.92 | 30.05 | 2.26 | 2.84 | 1.46 | 13.64 | 21.48 | 9.56 | 2.22 |
| 8 | 80 | 5 | 9 | 7.912 | 6.211 | 0.315 | 48.79 | 85.36 | 77.33 | 20.25 | 2.48 | 3.13 | 1.60 | 8.34 | 13.67 | 6.66 | 2.15 |
| | | 6 | | 9.397 | 7.376 | 0.314 | 57.35 | 102.50 | 90.98 | 23.72 | 2.47 | 3.11 | 1.59 | 9.87 | 16.08 | 7.65 | 2.19 |
| | | 7 | | 10.860 | 8.525 | 0.314 | 65.58 | 119.70 | 104.07 | 27.09 | 2.46 | 3.10 | 1.58 | 11.37 | 18.40 | 8.58 | 2.23 |
| | | 8 | | 12.303 | 9.658 | 0.314 | 73.49 | 136.97 | 116.60 | 30.39 | 2.44 | 3.08 | 1.57 | 12.83 | 20.61 | 9.46 | 2.27 |
| | | 9 | | 13.725 | 10.774 | 0.314 | 81.11 | 154.31 | 128.60 | 33.61 | 2.43 | 3.06 | 1.56 | 14.25 | 22.73 | 10.29 | 2.31 |
| | | 10 | | 15.126 | 11.874 | 0.313 | 88.43 | 171.74 | 140.09 | 36.77 | 2.42 | 3.04 | 1.56 | 15.64 | 24.76 | 11.08 | 2.35 |

(续)

| 型号 | 截面尺寸/mm | | | | 截面面积/cm² | 理论重量/(kg/m) | 外表面积/(m²/m) | 惯性矩/cm⁴ | | | | 惯性半径/cm | | | | 截面模数/cm³ | | | 重心距离/cm |
|---|---|---|---|---|---|---|---|---|---|---|---|---|---|---|---|---|---|---|---|
| | $b$ | $d$ | | $r$ | | | | $I_x$ | $I_{x1}$ | $I_{x0}$ | $I_{y0}$ | $i_x$ | $i_{x0}$ | | $i_{y0}$ | $W_x$ | $W_{x0}$ | $W_{y0}$ | $Z_0$ |
| 9 | 90 | 6 | | 10 | 10.637 | 8.350 | 0.354 | 82.77 | 145.87 | 131.26 | 34.28 | 2.79 | 3.51 | | 1.80 | 12.61 | 20.63 | 9.95 | 2.44 |
| | | 7 | | | 12.301 | 9.656 | 0.354 | 94.83 | 170.30 | 150.47 | 39.18 | 2.78 | 3.50 | | 1.78 | 14.54 | 23.64 | 11.19 | 2.48 |
| | | 8 | | | 13.944 | 10.946 | 0.353 | 106.47 | 194.80 | 168.97 | 43.97 | 2.76 | 3.48 | | 1.78 | 16.42 | 26.55 | 12.35 | 2.52 |
| | | 9 | | | 15.566 | 12.219 | 0.353 | 117.72 | 219.39 | 186.77 | 48.66 | 2.75 | 3.46 | | 1.77 | 18.27 | 29.35 | 13.46 | 2.56 |
| | | 10 | | | 17.167 | 13.476 | 0.353 | 128.58 | 244.07 | 203.90 | 53.26 | 2.74 | 3.45 | | 1.76 | 20.07 | 32.04 | 14.52 | 2.59 |
| | | 12 | | | 20.306 | 15.940 | 0.352 | 149.22 | 293.76 | 236.21 | 62.22 | 2.71 | 3.41 | | 1.75 | 23.57 | 37.12 | 16.49 | 2.67 |
| 10 | 100 | 6 | | 12 | 11.932 | 9.366 | 0.393 | 114.95 | 200.07 | 181.98 | 47.92 | 3.10 | 3.90 | | 2.00 | 15.68 | 25.74 | 12.69 | 2.67 |
| | | 7 | | | 13.796 | 10.830 | 0.393 | 131.86 | 233.54 | 208.97 | 54.74 | 3.09 | 3.89 | | 1.99 | 18.10 | 29.55 | 14.26 | 2.71 |
| | | 8 | | | 15.638 | 12.276 | 0.393 | 148.24 | 267.09 | 235.07 | 61.41 | 3.08 | 3.88 | | 1.98 | 20.47 | 33.24 | 15.75 | 2.76 |
| | | 9 | | | 17.462 | 13.708 | 0.392 | 164.12 | 300.73 | 260.30 | 67.95 | 3.07 | 3.86 | | 1.97 | 22.79 | 36.81 | 17.18 | 2.80 |
| | | 10 | | | 19.261 | 15.120 | 0.392 | 179.51 | 334.48 | 284.68 | 74.35 | 3.05 | 3.84 | | 1.96 | 25.06 | 40.26 | 18.54 | 2.84 |
| | | 12 | | | 22.800 | 17.898 | 0.391 | 208.90 | 402.34 | 330.95 | 86.84 | 3.03 | 3.81 | | 1.95 | 29.48 | 46.80 | 21.08 | 2.91 |
| | | 14 | | | 26.256 | 20.611 | 0.391 | 236.53 | 470.75 | 374.06 | 99.00 | 3.00 | 3.77 | | 1.94 | 33.73 | 52.90 | 23.44 | 2.99 |
| | | 16 | | | 29.627 | 23.257 | 0.390 | 262.53 | 539.80 | 414.16 | 110.89 | 2.98 | 3.74 | | 1.94 | 37.82 | 58.57 | 25.63 | 3.06 |
| 11 | 110 | 7 | | 12 | 15.196 | 11.928 | 0.433 | 177.16 | 310.64 | 280.94 | 73.38 | 3.41 | 4.30 | | 2.20 | 22.05 | 36.12 | 17.51 | 2.96 |
| | | 8 | | | 17.238 | 13.535 | 0.433 | 199.46 | 355.20 | 316.49 | 82.42 | 3.40 | 4.28 | | 2.19 | 24.95 | 40.69 | 19.39 | 3.01 |
| | | 10 | | | 21.261 | 16.690 | 0.432 | 242.19 | 444.65 | 384.39 | 99.98 | 3.38 | 4.25 | | 2.17 | 30.60 | 49.42 | 22.91 | 3.09 |
| | | 12 | | | 25.200 | 19.782 | 0.431 | 282.55 | 534.60 | 448.17 | 116.93 | 3.35 | 4.22 | | 2.15 | 36.05 | 57.62 | 26.15 | 3.16 |
| | | 14 | | | 29.056 | 22.809 | 0.431 | 320.71 | 625.16 | 508.01 | 133.40 | 3.32 | 4.18 | | 2.14 | 41.31 | 65.31 | 29.14 | 3.24 |
| 12.5 | 125 | 8 | | 14 | 19.750 | 15.504 | 0.492 | 297.03 | 521.01 | 470.89 | 123.16 | 3.88 | 4.88 | | 2.50 | 32.52 | 53.28 | 25.86 | 3.37 |
| | | 10 | | | 24.373 | 19.133 | 0.491 | 361.67 | 651.93 | 573.89 | 149.46 | 3.85 | 4.85 | | 2.48 | 39.97 | 64.93 | 30.62 | 3.45 |
| | | 12 | | | 28.912 | 22.696 | 0.491 | 423.16 | 783.42 | 671.44 | 174.88 | 3.83 | 4.82 | | 2.46 | 41.17 | 75.96 | 35.03 | 3.53 |
| | | 14 | | | 33.367 | 26.193 | 0.490 | 481.65 | 915.61 | 763.73 | 199.57 | 3.80 | 4.78 | | 2.45 | 54.16 | 86.41 | 39.13 | 3.61 |
| | | 16 | | | 37.739 | 29.625 | 0.489 | 537.31 | 1048.62 | 850.98 | 223.65 | 3.77 | 4.75 | | 2.43 | 60.93 | 96.28 | 42.96 | 3.68 |

(续)

| 型号 | 截面尺寸/mm | | | | 截面面积/cm² | 理论重量/(kg/m) | 外表面积/(m²/m) | 惯性矩/cm⁴ | | | | 惯性半径/cm | | | 截面模数/cm³ | | | 重心距离/cm |
|---|---|---|---|---|---|---|---|---|---|---|---|---|---|---|---|---|---|---|
| | b | d | r | | | | | $I_x$ | $I_{x1}$ | $I_{x0}$ | $I_{y0}$ | $i_x$ | $i_{x0}$ | $i_{y0}$ | $W_x$ | $W_{x0}$ | $W_{y0}$ | $Z_0$ |
| 14 | 140 | 10 | 14 | | 27.373 | 21.488 | 0.551 | 514.65 | 915.11 | 817.27 | 212.04 | 4.34 | 5.46 | 2.78 | 50.58 | 82.56 | 39.20 | 3.82 |
| | | 12 | | | 32.512 | 25.522 | 0.551 | 603.68 | 1099.28 | 958.79 | 248.57 | 4.31 | 5.43 | 2.76 | 59.80 | 96.85 | 45.02 | 3.90 |
| | | 14 | | | 37.567 | 29.490 | 0.550 | 688.81 | 1284.22 | 1093.56 | 284.06 | 4.28 | 5.40 | 2.75 | 68.75 | 110.47 | 50.45 | 3.98 |
| | | 16 | | | 42.539 | 33.393 | 0.549 | 770.24 | 1470.07 | 1221.81 | 318.67 | 4.26 | 5.36 | 2.74 | 77.46 | 123.42 | 55.55 | 4.06 |
| 15 | 150 | 8 | | | 23.750 | 18.644 | 0.592 | 521.37 | 899.55 | 827.49 | 215.25 | 4.69 | 5.90 | 3.01 | 47.36 | 78.02 | 38.14 | 3.99 |
| | | 10 | | | 29.373 | 23.058 | 0.591 | 637.50 | 1125.09 | 1012.79 | 262.21 | 4.66 | 5.87 | 2.99 | 58.35 | 95.49 | 45.51 | 4.08 |
| | | 12 | | | 34.912 | 27.406 | 0.591 | 748.85 | 1351.26 | 1189.97 | 307.73 | 4.63 | 5.84 | 2.97 | 69.04 | 112.19 | 52.38 | 4.15 |
| | | 14 | | | 40.367 | 31.688 | 0.590 | 855.64 | 1578.25 | 1359.30 | 351.98 | 4.60 | 5.80 | 2.95 | 79.45 | 128.16 | 58.83 | 4.23 |
| | | 15 | | | 43.063 | 33.804 | 0.590 | 907.39 | 1692.10 | 1441.09 | 373.69 | 4.59 | 5.78 | 2.95 | 84.56 | 135.87 | 61.90 | 4.27 |
| | | 16 | | | 45.739 | 35.905 | 0.589 | 958.08 | 1806.21 | 1521.02 | 395.14 | 4.58 | 5.77 | 2.94 | 89.59 | 143.40 | 64.89 | 4.31 |
| 16 | 160 | 10 | 16 | | 31.502 | 24.729 | 0.630 | 779.53 | 1365.33 | 1237.30 | 321.76 | 4.98 | 6.27 | 3.20 | 66.70 | 109.36 | 52.76 | 4.31 |
| | | 12 | | | 37.441 | 29.391 | 0.630 | 916.58 | 1639.57 | 1455.68 | 377.49 | 4.95 | 6.24 | 3.18 | 78.98 | 128.67 | 60.74 | 4.39 |
| | | 14 | | | 43.296 | 33.987 | 0.629 | 1048.36 | 1914.68 | 1665.02 | 431.70 | 4.92 | 6.20 | 3.16 | 90.95 | 147.17 | 68.24 | 4.47 |
| | | 16 | | | 49.067 | 38.518 | 0.629 | 1175.08 | 2190.82 | 1865.57 | 484.59 | 4.89 | 6.17 | 3.14 | 102.63 | 164.89 | 75.31 | 4.55 |
| 18 | 180 | 12 | | | 42.241 | 33.159 | 0.710 | 1321.35 | 2332.80 | 2100.10 | 542.61 | 5.59 | 7.05 | 3.58 | 100.82 | 165.00 | 78.41 | 4.89 |
| | | 14 | | | 48.896 | 38.383 | 0.709 | 1514.48 | 2723.48 | 2407.42 | 621.53 | 5.56 | 7.02 | 3.56 | 116.25 | 189.14 | 88.38 | 4.97 |
| | | 16 | | | 55.467 | 43.542 | 0.709 | 1700.99 | 3115.29 | 2703.37 | 698.60 | 5.54 | 6.98 | 3.55 | 131.13 | 212.40 | 97.83 | 5.05 |
| | | 18 | | | 61.055 | 48.634 | 0.708 | 1875.12 | 3502.43 | 2988.24 | 762.01 | 5.50 | 6.94 | 3.51 | 145.64 | 234.78 | 105.14 | 5.13 |

(续)

| 型号 | 截面尺寸/mm | | | 截面面积/cm² | 理论重量/(kg/m) | 外表面积/(m²/m) | 惯性矩/cm⁴ | | | | 惯性半径/cm | | | 截面模数/cm³ | | | 重心距离/cm |
|---|---|---|---|---|---|---|---|---|---|---|---|---|---|---|---|---|---|
| | b | d | r | | | | $I_x$ | $I_{x1}$ | $I_{x0}$ | $I_{y0}$ | $i_x$ | $i_{x0}$ | $i_{y0}$ | $W_x$ | $W_{x0}$ | $W_{y0}$ | $Z_0$ |
| 20 | 200 | 14 | 18 | 54.642 | 42.894 | 0.788 | 2103.55 | 3734.10 | 3343.26 | 863.83 | 6.20 | 7.82 | 3.98 | 144.70 | 236.40 | 111.82 | 5.46 |
| | | 16 | | 62.013 | 48.680 | 0.788 | 2366.15 | 4270.39 | 3760.89 | 971.41 | 6.18 | 7.79 | 3.96 | 163.65 | 265.93 | 123.96 | 5.54 |
| | | 18 | | 69.301 | 54.401 | 0.787 | 2620.64 | 4808.13 | 4164.54 | 1076.74 | 6.15 | 7.75 | 3.94 | 182.22 | 294.48 | 135.52 | 5.62 |
| | | 20 | | 76.505 | 60.056 | 0.787 | 2867.30 | 5347.51 | 4554.55 | 1180.04 | 6.12 | 7.72 | 3.93 | 200.42 | 322.06 | 146.55 | 5.69 |
| | | 24 | | 90.661 | 71.168 | 0.785 | 3338.25 | 6457.16 | 5294.97 | 1381.53 | 6.07 | 7.64 | 3.90 | 236.17 | 374.41 | 166.65 | 5.87 |
| 22 | 220 | 16 | 21 | 68.664 | 53.901 | 0.866 | 3187.36 | 5681.62 | 5063.73 | 1310.99 | 6.81 | 8.59 | 4.37 | 199.55 | 325.51 | 153.81 | 6.03 |
| | | 18 | | 76.752 | 60.250 | 0.866 | 3534.30 | 6395.93 | 5615.32 | 1453.27 | 6.79 | 8.55 | 4.35 | 222.37 | 360.97 | 168.29 | 6.11 |
| | | 20 | | 84.756 | 66.533 | 0.865 | 3871.49 | 7112.04 | 6150.08 | 1592.90 | 6.76 | 8.52 | 4.34 | 244.77 | 395.34 | 182.16 | 6.18 |
| | | 22 | | 92.676 | 72.751 | 0.865 | 4199.23 | 7830.19 | 6668.37 | 1730.10 | 6.73 | 8.48 | 4.32 | 266.78 | 428.66 | 195.45 | 6.26 |
| | | 24 | | 100.512 | 78.902 | 0.864 | 4517.83 | 8550.57 | 7170.55 | 1865.11 | 6.70 | 8.45 | 4.31 | 288.39 | 460.94 | 208.21 | 6.33 |
| | | 26 | | 108.264 | 84.987 | 0.864 | 4827.58 | 9273.39 | 7656.98 | 1998.17 | 6.68 | 8.41 | 4.30 | 309.62 | 492.21 | 220.49 | 6.41 |
| 25 | 250 | 18 | 24 | 87.842 | 68.956 | 0.985 | 5268.22 | 9379.11 | 8369.04 | 2167.41 | 7.74 | 9.76 | 4.97 | 290.12 | 473.42 | 224.03 | 6.84 |
| | | 20 | | 97.045 | 76.180 | 0.984 | 5779.34 | 10426.97 | 9181.94 | 2376.74 | 7.72 | 9.73 | 4.95 | 319.66 | 519.41 | 242.85 | 6.92 |
| | | 22 | | 106.125 | | | | | | | | | | | | | |
| | | 24 | | 115.201 | 90.433 | 0.983 | 6763.93 | 12529.74 | 10742.67 | 2785.19 | 7.66 | 9.66 | 4.92 | 377.34 | 607.70 | 278.38 | 7.07 |
| | | 26 | | 124.154 | 97.461 | 0.982 | 7238.08 | 13585.18 | 11491.33 | 2984.84 | 7.63 | 9.62 | 4.90 | 405.50 | 650.05 | 295.19 | 7.15 |
| | | 28 | | 133.022 | 104.422 | 0.982 | 7700.60 | 14643.62 | 12219.39 | 3181.81 | 7.61 | 9.58 | 4.89 | 433.22 | 691.23 | 311.42 | 7.22 |
| | | 30 | | 141.807 | 111.318 | 0.981 | 8151.80 | 15705.30 | 12927.26 | 3376.34 | 7.58 | 9.55 | 4.88 | 460.51 | 731.28 | 327.12 | 7.30 |
| | | 32 | | 150.508 | 118.149 | 0.981 | 8592.01 | 16770.41 | 13615.32 | 3568.71 | 7.56 | 9.51 | 4.87 | 487.39 | 770.20 | 342.33 | 7.37 |
| | | 35 | | 163.402 | 128.271 | 0.980 | 9232.44 | 18374.95 | 14611.16 | 3853.72 | 7.52 | 9.46 | 4.86 | 526.97 | 826.53 | 364.30 | 7.48 |

注：截面图中的 $r_1 = 1/3d$ 及表中 $r$ 的数据用于孔型设计，不做交货条件。

## 表 A-2 热轧不等边角钢

符号意义：
- $B$ —— 长边宽度
- $b$ —— 短边宽度
- $d$ —— 边厚
- $r$ —— 内圆弧半径
- $r_1$ —— 边端内弧半径
- $i$ —— 惯性半径
- $I$ —— 惯性矩
- $W$ —— 截面模数
- $X_0$ —— 重心距离
- $Y_0$ —— 重心距离

| 型号 | 截面尺寸/mm | | | | 截面面积 /cm² | 理论重量 /(kg/m) | 外表面积 /(m²/m) | 惯性矩/cm⁴ | | | | | 惯性半径/cm | | | 截面模数/cm³ | | | tgα | 重心距离/cm | |
|---|---|---|---|---|---|---|---|---|---|---|---|---|---|---|---|---|---|---|---|---|---|
| | $B$ | $b$ | $d$ | $r$ | | | | $I_x$ | $I_{x1}$ | $I_y$ | $I_{y1}$ | $I_u$ | $i_x$ | $i_y$ | $i_u$ | $W_x$ | $W_y$ | $W_u$ | | $X_0$ | $Y_0$ |
| 2.5/1.6 | 25 | 16 | 3 | 3.5 | 1.162 | 0.912 | 0.080 | 0.70 | 1.56 | 0.22 | 0.43 | 0.14 | 0.78 | 0.44 | 0.34 | 0.43 | 0.19 | 0.16 | 0.392 | 0.42 | 0.86 |
| | | | 4 | | 1.499 | 1.176 | 0.079 | 0.88 | 2.09 | 0.27 | 0.59 | 0.17 | 0.77 | 0.43 | 0.34 | 0.55 | 0.24 | 0.20 | 0.381 | 0.46 | 1.86 |
| 3.2/2 | 32 | 20 | 3 | | 1.492 | 1.171 | 0.102 | 1.53 | 3.27 | 0.46 | 0.82 | 0.28 | 1.01 | 0.55 | 0.43 | 0.72 | 0.30 | 0.25 | 0.382 | 0.49 | 0.90 |
| | | | 4 | | 1.939 | 1.522 | 0.101 | 1.93 | 4.37 | 0.57 | 1.12 | 0.35 | 1.00 | 0.54 | 0.42 | 0.93 | 0.39 | 0.32 | 0.374 | 0.53 | 1.08 |
| 4/2.5 | 40 | 25 | 3 | 4 | 1.890 | 1.484 | 0.127 | 3.08 | 5.39 | 0.93 | 1.59 | 0.56 | 1.28 | 0.70 | 0.54 | 1.15 | 0.49 | 0.40 | 0.385 | 0.59 | 1.12 |
| | | | 4 | | 2.467 | 1.936 | 0.127 | 3.93 | 8.53 | 1.18 | 2.14 | 0.71 | 1.36 | 0.69 | 0.54 | 1.49 | 0.63 | 0.52 | 0.381 | 0.63 | 1.32 |
| 4.5/2.8 | 45 | 28 | 3 | 5 | 2.149 | 1.687 | 0.143 | 4.45 | 9.10 | 1.34 | 2.23 | 0.80 | 1.44 | 0.79 | 0.61 | 1.47 | 0.62 | 0.51 | 0.383 | 0.64 | 1.37 |
| | | | 4 | | 2.806 | 2.203 | 0.143 | 5.69 | 12.13 | 1.70 | 3.00 | 1.02 | 1.42 | 0.78 | 0.60 | 1.91 | 0.80 | 0.66 | 0.380 | 0.68 | 1.47 |
| 5/3.2 | 50 | 32 | 3 | 5.5 | 2.431 | 1.908 | 0.161 | 6.24 | 12.49 | 2.02 | 3.31 | 1.20 | 1.60 | 0.91 | 0.70 | 1.84 | 0.82 | 0.68 | 0.404 | 0.73 | 1.51 |
| | | | 4 | | 3.177 | 2.494 | 0.160 | 8.02 | 16.65 | 2.58 | 4.45 | 1.53 | 1.59 | 0.90 | 0.69 | 2.39 | 1.06 | 0.87 | 0.402 | 0.77 | 1.60 |
| 5.6/3.6 | 56 | 36 | 3 | 6 | 2.743 | 2.153 | 0.181 | 8.88 | 17.54 | 2.92 | 4.70 | 1.73 | 1.80 | 1.03 | 0.79 | 2.32 | 1.05 | 0.87 | 0.408 | 0.80 | 1.65 |
| | | | 4 | | 3.590 | 2.818 | 0.180 | 11.45 | 23.39 | 3.76 | 6.33 | 2.23 | 1.79 | 1.02 | 0.79 | 3.03 | 1.37 | 1.13 | 0.408 | 0.85 | 1.78 |
| | | | 5 | | 4.415 | 3.466 | 0.180 | 13.86 | 29.25 | 4.49 | 7.94 | 2.67 | 1.77 | 1.01 | 0.78 | 3.71 | 1.65 | 1.36 | 0.404 | 0.88 | 1.82 |

(续)

| 型号 | 截面尺寸/mm | | | | 截面面积/cm² | 理论重量/(kg/m) | 外表面积/(m²/m) | 惯性矩/cm⁴ | | | | | 惯性半径/cm | | | 截面模数/cm³ | | | $tg\alpha$ | 重心距离/cm | |
|---|---|---|---|---|---|---|---|---|---|---|---|---|---|---|---|---|---|---|---|---|---|
| | $B$ | $b$ | $d$ | $r$ | | | | $I_x$ | $I_{x1}$ | $I_y$ | $I_{y1}$ | $I_u$ | $i_x$ | $i_y$ | $i_u$ | $W_x$ | $W_y$ | $W_u$ | | $X_0$ | $Y_0$ |
| 6.3/4 | 63 | 40 | 4 | 7 | 4.058 | 3.185 | 0.202 | 16.49 | 33.30 | 5.23 | 8.63 | 3.12 | 2.02 | 1.14 | 0.88 | 3.87 | 1.70 | 1.40 | 0.398 | 0.92 | 1.87 |
| | | | 5 | | 4.993 | 3.920 | 0.202 | 20.02 | 41.63 | 6.31 | 10.86 | 3.76 | 2.00 | 1.12 | 0.87 | 4.74 | 2.07 | 1.71 | 0.396 | 0.95 | 2.04 |
| | | | 6 | | 5.908 | 4.638 | 0.201 | 23.36 | 49.98 | 7.29 | 13.12 | 4.34 | 1.96 | 1.11 | 0.86 | 5.59 | 2.43 | 1.99 | 0.393 | 0.99 | 2.08 |
| | | | 7 | | 6.802 | 5.339 | 0.201 | 26.53 | 58.07 | 8.24 | 15.47 | 4.97 | 1.98 | 1.10 | 0.86 | 6.40 | 2.78 | 2.29 | 0.389 | 1.03 | 2.12 |
| 7/4.5 | 70 | 45 | 4 | 7.5 | 4.547 | 3.570 | 0.226 | 23.17 | 45.92 | 7.55 | 12.26 | 4.40 | 2.26 | 1.29 | 0.98 | 4.86 | 2.17 | 1.77 | 0.410 | 1.02 | 2.15 |
| | | | 5 | | 5.609 | 4.403 | 0.225 | 27.95 | 57.10 | 9.13 | 15.39 | 5.40 | 2.23 | 1.28 | 0.98 | 5.92 | 2.65 | 2.19 | 0.407 | 1.06 | 2.24 |
| | | | 6 | | 6.647 | 5.218 | 0.225 | 32.54 | 68.35 | 10.62 | 18.58 | 6.35 | 2.21 | 1.26 | 0.98 | 6.95 | 3.12 | 2.59 | 0.404 | 1.09 | 2.28 |
| | | | 7 | | 7.657 | 6.011 | 0.225 | 37.22 | 79.99 | 12.01 | 21.84 | 7.16 | 2.20 | 1.25 | 0.97 | 8.03 | 3.57 | 2.94 | 0.402 | 1.13 | 2.32 |
| 7.5/5 | 75 | 50 | 5 | 8 | 6.125 | 4.808 | 0.245 | 34.86 | 70.00 | 12.61 | 21.04 | 7.41 | 2.39 | 1.44 | 1.10 | 6.83 | 3.30 | 2.74 | 0.435 | 1.17 | 2.36 |
| | | | 6 | | 7.260 | 5.699 | 0.245 | 41.12 | 84.30 | 14.70 | 25.37 | 8.54 | 2.38 | 1.42 | 1.08 | 8.12 | 3.88 | 3.19 | 0.435 | 1.21 | 2.40 |
| | | | 8 | | 9.467 | 7.431 | 0.244 | 52.39 | 112.50 | 18.53 | 34.23 | 10.87 | 2.35 | 1.40 | 1.07 | 10.52 | 4.99 | 4.10 | 0.429 | 1.29 | 2.44 |
| | | | 10 | | 11.590 | 9.098 | 0.244 | 62.71 | 140.80 | 21.96 | 43.43 | 13.10 | 2.33 | 1.38 | 1.06 | 12.79 | 6.04 | 4.99 | 0.423 | 1.36 | 2.52 |
| 8/5 | 80 | 50 | 5 | 8 | 6.375 | 5.005 | 0.255 | 41.96 | 85.21 | 12.82 | 21.06 | 7.66 | 2.56 | 1.42 | 1.10 | 7.78 | 3.32 | 2.74 | 0.388 | 1.14 | 2.60 |
| | | | 6 | | 7.560 | 5.935 | 0.255 | 49.49 | 102.53 | 14.95 | 25.41 | 8.85 | 2.56 | 1.41 | 1.08 | 9.25 | 3.91 | 3.20 | 0.387 | 1.18 | 2.65 |
| | | | 7 | | 8.724 | 6.848 | 0.255 | 56.46 | 119.33 | 46.96 | 29.82 | 10.18 | 2.54 | 1.39 | 1.08 | 10.58 | 4.48 | 3.70 | 0.384 | 1.21 | 2.69 |
| | | | 8 | | 9.867 | 7.745 | 0.254 | 62.83 | 136.41 | 18.85 | 34.32 | 11.38 | 2.52 | 1.38 | 1.07 | 11.92 | 5.03 | 4.16 | 0.381 | 1.25 | 2.73 |
| 9/5.6 | 90 | 56 | 5 | 9 | 7.212 | 5.661 | 0.287 | 60.45 | 121.32 | 18.32 | 29.53 | 10.98 | 2.90 | 1.59 | 1.23 | 9.92 | 4.21 | 3.49 | 0.385 | 1.25 | 2.91 |
| | | | 6 | | 8.557 | 6.717 | 0.286 | 71.03 | 145.59 | 21.42 | 35.58 | 12.90 | 2.88 | 1.58 | 1.23 | 11.74 | 4.96 | 4.13 | 0.384 | 1.29 | 2.95 |
| | | | 7 | | 9.880 | 7.756 | 0.286 | 81.01 | 169.60 | 24.36 | 41.71 | 14.67 | 2.86 | 1.57 | 1.22 | 13.49 | 5.70 | 4.72 | 0.382 | 1.33 | 3.00 |
| | | | 8 | | 11.183 | 8.779 | 0.286 | 91.03 | 194.17 | 27.15 | 47.93 | 16.34 | 2.85 | 1.56 | 1.21 | 15.27 | 6.41 | 5.29 | 0.380 | 1.36 | 3.04 |

(续)

| 型号 | 截面尺寸/mm | | | | 截面面积/cm² | 理论重量/(kg/m) | 外表面积/(m²/m) | 惯性矩/cm⁴ | | | | | 惯性半径/cm | | | 截面模数/cm³ | | | $tg\alpha$ | 重心距离/cm | |
|---|---|---|---|---|---|---|---|---|---|---|---|---|---|---|---|---|---|---|---|---|---|
| | B | b | d | r | | | | $I_x$ | $I_{x1}$ | $I_y$ | $I_{y1}$ | $I_u$ | $i_x$ | $i_y$ | $i_u$ | $W_x$ | $W_y$ | $W_u$ | | $X_0$ | $Y_0$ |
| 10/6.3 | 100 | 63 | 6 | 10 | 9.617 | 7.550 | 0.320 | 99.06 | 199.71 | 30.94 | 50.50 | 18.42 | 3.21 | 1.79 | 1.38 | 14.64 | 6.35 | 5.25 | 0.394 | 1.43 | 3.24 |
| | | | 7 | | 11.111 | 8.722 | 0.320 | 113.45 | 233.00 | 35.26 | 59.14 | 21.00 | 3.20 | 1.78 | 1.38 | 16.88 | 7.29 | 6.02 | 0.394 | 1.47 | 3.28 |
| | | | 8 | | 12.534 | 9.878 | 0.319 | 127.37 | 266.32 | 39.39 | 67.88 | 23.50 | 3.18 | 1.77 | 1.37 | 19.08 | 8.21 | 6.78 | 0.391 | 1.50 | 3.32 |
| | | | 10 | | 15.467 | 12.142 | 0.319 | 153.81 | 333.06 | 47.12 | 85.73 | 28.33 | 3.15 | 1.74 | 1.35 | 23.32 | 9.98 | 8.24 | 0.387 | 1.58 | 3.40 |
| 10/8 | 100 | 80 | 6 | 10 | 10.637 | 8.350 | 0.354 | 107.04 | 199.83 | 61.24 | 102.68 | 31.65 | 3.17 | 2.40 | 1.72 | 15.19 | 10.16 | 8.37 | 0.627 | 1.97 | 2.95 |
| | | | 7 | | 12.301 | 9.656 | 0.354 | 122.73 | 233.20 | 70.08 | 119.98 | 36.17 | 3.16 | 2.39 | 1.72 | 17.52 | 11.71 | 9.60 | 0.626 | 2.01 | 3.0 |
| | | | 8 | | 13.944 | 10.946 | 0.353 | 137.92 | 266.61 | 78.58 | 137.37 | 40.58 | 3.14 | 2.37 | 1.71 | 19.81 | 13.21 | 10.80 | 0.625 | 2.05 | 3.04 |
| | | | 10 | | 17.167 | 13.476 | 0.353 | 166.87 | 333.63 | 94.65 | 172.48 | 49.10 | 3.12 | 2.35 | 1.69 | 24.24 | 16.12 | 13.12 | 0.622 | 2.13 | 3.12 |
| 11/7 | 110 | 70 | 6 | 10 | 10.637 | 8.350 | 0.354 | 133.37 | 265.78 | 42.92 | 69.08 | 25.36 | 3.54 | 2.01 | 1.54 | 17.85 | 7.90 | 6.53 | 0.403 | 1.57 | 3.53 |
| | | | 7 | | 12.301 | 9.656 | 0.354 | 153.00 | 310.07 | 49.01 | 80.82 | 28.95 | 3.53 | 2.00 | 1.53 | 20.60 | 9.09 | 7.50 | 0.402 | 1.61 | 3.57 |
| | | | 8 | | 13.944 | 10.946 | 0.353 | 172.04 | 354.39 | 54.87 | 92.70 | 32.45 | 3.51 | 1.98 | 1.53 | 23.30 | 10.25 | 8.45 | 0.401 | 1.65 | 3.62 |
| | | | 10 | | 17.167 | 13.476 | 0.353 | 208.39 | 443.13 | 65.88 | 116.83 | 39.20 | 3.48 | 1.96 | 1.51 | 28.54 | 12.48 | 10.29 | 0.397 | 1.72 | 3.70 |
| 12.5/8 | 125 | 80 | 7 | 11 | 14.096 | 11.066 | 0.403 | 227.98 | 454.99 | 74.42 | 120.32 | 43.81 | 4.02 | 2.30 | 1.76 | 26.86 | 12.01 | 9.92 | 0.408 | 1.80 | 4.01 |
| | | | 8 | | 15.989 | 12.551 | 0.403 | 256.77 | 519.99 | 83.49 | 137.85 | 49.15 | 4.01 | 2.28 | 1.75 | 30.41 | 13.56 | 11.18 | 0.407 | 1.84 | 4.06 |
| | | | 10 | | 19.712 | 15.474 | 0.402 | 312.04 | 650.09 | 100.67 | 173.40 | 59.45 | 3.98 | 2.26 | 1.74 | 37.33 | 16.56 | 13.64 | 0.404 | 1.92 | 4.14 |
| | | | 12 | | 23.351 | 18.330 | 0.402 | 364.41 | 780.39 | 116.67 | 209.67 | 69.35 | 3.95 | 2.24 | 1.72 | 44.01 | 19.43 | 16.01 | 0.400 | 2.00 | 4.22 |
| 14/9 | 140 | 90 | 8 | 12 | 18.038 | 14.160 | 0.453 | 365.64 | 730.53 | 120.69 | 195.79 | 70.83 | 4.50 | 2.59 | 1.98 | 38.48 | 17.34 | 14.31 | 0.411 | 2.04 | 4.50 |
| | | | 10 | | 22.261 | 17.475 | 0.452 | 445.50 | 913.20 | 140.03 | 245.92 | 85.82 | 4.47 | 2.56 | 1.96 | 47.31 | 21.22 | 17.48 | 0.409 | 2.12 | 4.58 |
| | | | 12 | | 26.400 | 20.724 | 0.451 | 521.59 | 1 096.09 | 169.79 | 296.89 | 100.21 | 4.44 | 2.54 | 1.95 | 55.87 | 24.95 | 20.54 | 0.406 | 2.19 | 4.66 |
| | | | 14 | | 30.456 | 23.908 | 0.451 | 594.10 | 1 279.26 | 192.10 | 348.82 | 114.13 | 4.42 | 2.51 | 1.94 | 64.18 | 28.54 | 23.52 | 0.403 | 2.27 | 4.74 |

(续)

| 型号 | 截面尺寸/mm | | | | 截面面积/cm² | 理论重量/(kg/m) | 外表面积/(m²/m) | 惯性矩/cm⁴ | | | | | 惯性半径/cm | | | 截面模数/cm³ | | | $tg\alpha$ | 重心距离/cm | |
|---|---|---|---|---|---|---|---|---|---|---|---|---|---|---|---|---|---|---|---|---|---|
| | $B$ | $b$ | $d$ | $r$ | | | | $I_x$ | $I_{x1}$ | $I_y$ | $I_{y1}$ | $I_u$ | $i_x$ | $i_y$ | $i_u$ | $W_x$ | $W_y$ | $W_u$ | | $X_0$ | $Y_0$ |
| 15/9 | 150 | 90 | 8 | 12 | 18.839 | 14.788 | 0.473 | 442.05 | 898.35 | 122.80 | 195.96 | 74.14 | 4.84 | 2.55 | 1.98 | 43.86 | 17.47 | 14.48 | 0.364 | 1.97 | 4.92 |
| | | | 10 | | 23.261 | 18.260 | 0.472 | 539.24 | 1122.85 | 148.62 | 246.26 | 89.86 | 4.81 | 2.53 | 1.97 | 53.97 | 21.38 | 17.69 | 0.362 | 2.05 | 5.01 |
| | | | 12 | | 27.600 | 21.666 | 0.471 | 632.08 | 1347.50 | 172.85 | 297.46 | 104.95 | 4.79 | 2.50 | 1.95 | 63.79 | 25.14 | 20.80 | 0.359 | 2.12 | 5.09 |
| | | | 14 | | 31.856 | 25.007 | 0.471 | 720.77 | 1572.38 | 195.62 | 349.74 | 119.53 | 4.76 | 2.48 | 1.94 | 73.33 | 28.77 | 23.84 | 0.356 | 2.20 | 5.17 |
| | | | 15 | | 33.952 | 26.652 | 0.471 | 763.62 | 1684.93 | 206.50 | 376.33 | 126.67 | 4.74 | 2.47 | 1.93 | 77.99 | 30.53 | 25.33 | 0.354 | 2.24 | 5.21 |
| | | | 16 | | 36.027 | 28.281 | 0.470 | 805.51 | 1797.55 | 217.07 | 403.24 | 133.72 | 4.73 | 2.45 | 1.93 | 82.60 | 32.27 | 26.82 | 0.352 | 2.27 | 5.25 |
| 16/10 | 160 | 100 | 10 | 13 | 23.315 | 19.872 | 0.512 | 668.69 | 1362.89 | 205.03 | 336.59 | 121.74 | 5.14 | 2.85 | 2.19 | 62.13 | 26.56 | 21.92 | 0.390 | 2.28 | 5.24 |
| | | | 12 | | 30.054 | 23.592 | 0.511 | 784.91 | 1635.56 | 239.06 | 405.94 | 142.33 | 5.11 | 2.82 | 2.17 | 73.49 | 31.28 | 25.79 | 0.388 | 2.36 | 5.32 |
| | | | 14 | | 34.709 | 27.247 | 0.510 | 896.30 | 1908.50 | 271.20 | 476.42 | 162.23 | 5.08 | 2.80 | 2.16 | 84.56 | 35.83 | 29.56 | 0.385 | 2.43 | 5.40 |
| | | | 16 | | 29.281 | 30.835 | 0.510 | 1003.04 | 2181.79 | 301.60 | 548.22 | 182.57 | 5.05 | 2.77 | 2.16 | 95.33 | 40.24 | 33.44 | 0.382 | 2.51 | 5.48 |
| 18/11 | 180 | 110 | 10 | 14 | 28.373 | 22.273 | 0.571 | 956.25 | 1940.40 | 278.11 | 447.22 | 166.50 | 5.80 | 3.13 | 2.42 | 78.96 | 32.49 | 26.88 | 0.376 | 2.44 | 5.89 |
| | | | 12 | | 33.712 | 26.440 | 0.571 | 1124.72 | 2328.38 | 325.03 | 538.94 | 194.87 | 5.78 | 3.10 | 2.40 | 93.53 | 38.32 | 31.66 | 0.374 | 2.52 | 5.98 |
| | | | 14 | | 38.967 | 30.589 | 0.570 | 1286.91 | 2716.60 | 369.55 | 631.95 | 222.30 | 5.75 | 3.08 | 2.39 | 107.76 | 43.97 | 36.32 | 0.372 | 2.59 | 6.06 |
| | | | 16 | | 44.139 | 34.649 | 0.569 | 1443.06 | 3105.15 | 411.85 | 726.46 | 248.94 | 5.72 | 3.06 | 2.38 | 121.64 | 49.44 | 40.87 | 0.369 | 2.67 | 6.14 |
| 20/12.5 | 200 | 125 | 12 | 14 | 37.912 | 29.761 | 0.641 | 1570.90 | 3193.85 | 483.16 | 787.74 | 285.79 | 6.44 | 3.57 | 2.74 | 116.73 | 49.99 | 41.23 | 0.392 | 2.83 | 6.54 |
| | | | 14 | | 43.687 | 34.436 | 0.640 | 1800.97 | 3726.17 | 550.83 | 922.47 | 326.58 | 6.41 | 3.54 | 2.73 | 134.65 | 57.44 | 47.34 | 0.390 | 2.91 | 6.62 |
| | | | 16 | | 49.739 | 39.045 | 0.639 | 2023.35 | 4258.86 | 615.44 | 1058.86 | 366.21 | 6.38 | 3.52 | 2.71 | 152.18 | 64.89 | 53.32 | 0.388 | 2.99 | 6.70 |
| | | | 18 | | 55.526 | 43.588 | 0.639 | 2238.30 | 4792.00 | 677.19 | 1197.13 | 404.83 | 6.35 | 3.49 | 2.70 | 169.33 | 71.74 | 59.18 | 0.385 | 3.06 | 6.78 |

注:截面图中的 $r_1 = 1/3d$ 及表中 $r$ 的数据用于孔型设计,不做交货条件。

## 表 A-3 热轧普通槽钢

符号意义：
- $h$ —— 高度
- $b$ —— 腿宽
- $d$ —— 腰厚
- $t$ —— 平均腿厚
- $r$ —— 内圆弧半径
- $r_1$ —— 腿端圆弧半径
- $I$ —— 惯性矩
- $W$ —— 截面模数
- $Z_0$ —— $Y$-$Y$ 与 $Y_1$-$Y_1$ 轴线间距离

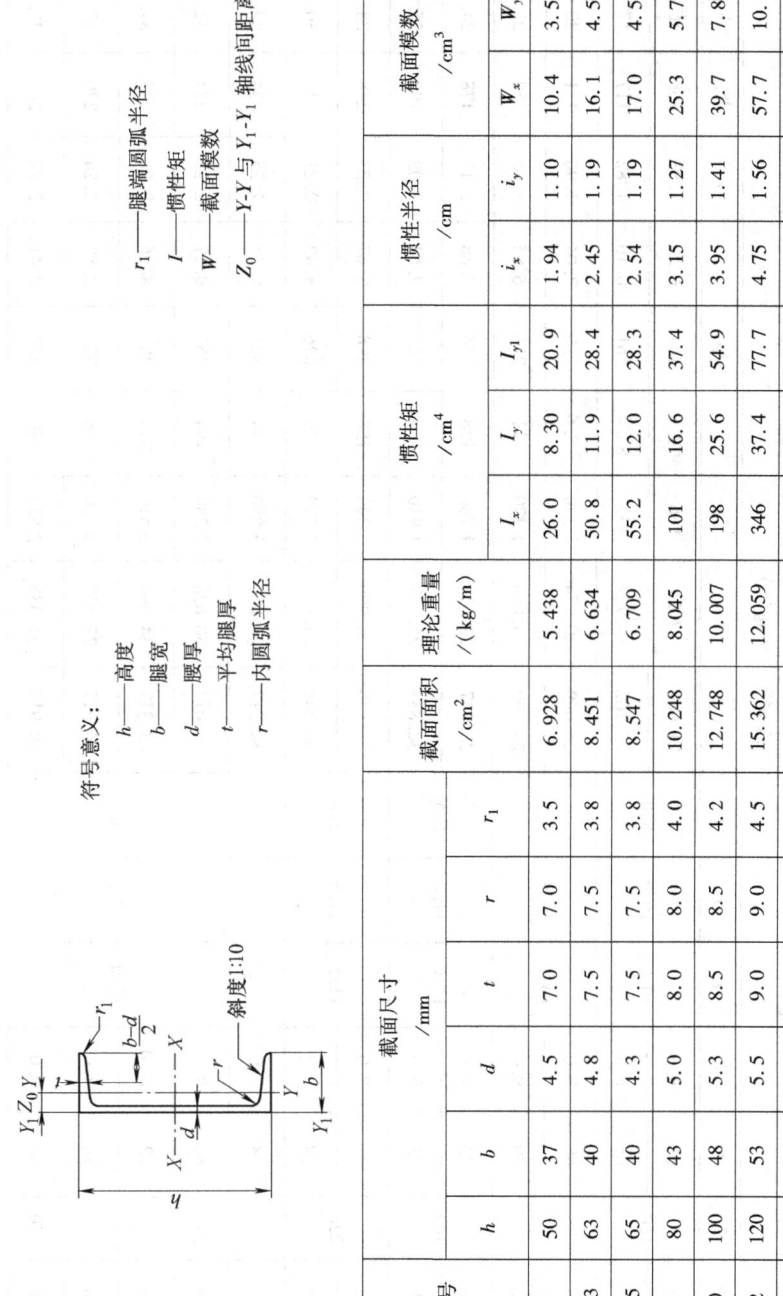

| 型号 | 截面尺寸 /mm | | | | | | 截面面积 /cm² | 理论重量 /(kg/m) | 惯性矩 /cm⁴ | | | 惯性半径 /cm | | 截面模数 /cm³ | | 重心距离 /cm |
|---|---|---|---|---|---|---|---|---|---|---|---|---|---|---|---|---|
| | $h$ | $b$ | $d$ | $t$ | $r$ | $r_1$ | | | $I_x$ | $I_y$ | $I_{y1}$ | $i_x$ | $i_y$ | $W_x$ | $W_y$ | $Z_0$ |
| 5 | 50 | 37 | 4.5 | 7.0 | 7.0 | 3.5 | 6.928 | 5.438 | 26.0 | 8.30 | 20.9 | 1.94 | 1.10 | 10.4 | 3.55 | 1.35 |
| 6.3 | 63 | 40 | 4.8 | 7.5 | 7.5 | 3.8 | 8.451 | 6.634 | 50.8 | 11.9 | 28.4 | 2.45 | 1.19 | 16.1 | 4.50 | 1.36 |
| 6.5 | 65 | 40 | 4.3 | 7.5 | 7.5 | 3.8 | 8.547 | 6.709 | 55.2 | 12.0 | 28.3 | 2.54 | 1.19 | 17.0 | 4.59 | 1.38 |
| 8 | 80 | 43 | 5.0 | 8.0 | 8.0 | 4.0 | 10.248 | 8.045 | 101 | 16.6 | 37.4 | 3.15 | 1.27 | 25.3 | 5.79 | 1.43 |
| 10 | 100 | 48 | 5.3 | 8.5 | 8.5 | 4.2 | 12.748 | 10.007 | 198 | 25.6 | 54.9 | 3.95 | 1.41 | 39.7 | 7.80 | 1.52 |
| 12 | 120 | 53 | 5.5 | 9.0 | 9.0 | 4.5 | 15.362 | 12.059 | 346 | 37.4 | 77.7 | 4.75 | 1.56 | 57.7 | 10.2 | 1.62 |
| 12.6 | 126 | 53 | 5.5 | 9.0 | 9.0 | 4.5 | 15.692 | 12.318 | 391 | 38.0 | 77.1 | 4.95 | 1.57 | 62.1 | 10.2 | 1.59 |
| 14a | 140 | 58 | 6.0 | 9.5 | 9.5 | 4.8 | 18.516 | 14.535 | 564 | 53.2 | 107 | 5.52 | 1.70 | 80.5 | 13.0 | 1.71 |
| 14b | 140 | 60 | 8.0 | 9.5 | 9.5 | 4.8 | 21.316 | 16.733 | 609 | 61.1 | 121 | 5.35 | 1.69 | 87.1 | 14.1 | 1.67 |

(续)

| 型号 | 截面尺寸/mm | | | | | | 截面面积/cm² | 理论重量/(kg/m) | 惯性矩/cm⁴ | | | 惯性半径/cm | | 截面模数/cm³ | | 重心距离/cm |
| --- | --- | --- | --- | --- | --- | --- | --- | --- | --- | --- | --- | --- | --- | --- | --- | --- |
| | $h$ | $b$ | $d$ | $t$ | $r$ | $r_1$ | | | $I_x$ | $I_y$ | $I_{y1}$ | $i_x$ | $i_y$ | $W_x$ | $W_y$ | $Z_0$ |
| 16a | 160 | 63 | 6.5 | 10.0 | 10.0 | 5.0 | 21.962 | 17.24 | 866 | 73.3 | 144 | 6.28 | 1.83 | 108 | 16.3 | 1.80 |
| 16b | 160 | 65 | 8.5 | 10.0 | 10.0 | 5.0 | 25.162 | 19.752 | 935 | 83.4 | 161 | 6.10 | 1.82 | 117 | 17.6 | 1.75 |
| 18a | 180 | 68 | 7.0 | 10.5 | 10.5 | 5.2 | 25.699 | 20.174 | 1270 | 98.6 | 190 | 7.04 | 1.96 | 141 | 20.0 | 1.88 |
| 18b | 180 | 70 | 9.0 | 10.5 | 10.5 | 5.2 | 29.299 | 23.000 | 1370 | 111 | 210 | 6.84 | 1.95 | 152 | 21.5 | 1.84 |
| 20a | 200 | 73 | 7.0 | 11.0 | 11.0 | 5.5 | 28.837 | 22.637 | 1780 | 128 | 244 | 7.86 | 2.11 | 178 | 24.2 | 2.01 |
| 20b | 200 | 75 | 9.0 | 11.0 | 11.0 | 5.5 | 32.837 | 25.777 | 1910 | 144 | 268 | 7.64 | 2.09 | 191 | 25.9 | 1.95 |
| 22a | 220 | 77 | 7.0 | 11.5 | 11.5 | 5.8 | 31.846 | 24.999 | 2390 | 158 | 298 | 8.67 | 2.23 | 218 | 28.2 | 2.10 |
| 22b | 220 | 79 | 9.0 | 11.5 | 11.5 | 5.8 | 36.246 | 28.453 | 2570 | 176 | 326 | 8.42 | 2.21 | 234 | 30.1 | 2.03 |
| 24a | 240 | 78 | 7.0 | 12.0 | 12.0 | 6.0 | 34.217 | 26.860 | 3050 | 174 | 325 | 9.45 | 2.25 | 254 | 30.5 | 2.10 |
| 24b | 240 | 80 | 9.0 | 12.0 | 12.0 | 6.0 | 39.017 | 30.628 | 3280 | 194 | 355 | 9.17 | 2.23 | 274 | 32.5 | 2.03 |
| 24c | 240 | 82 | 11.0 | 12.0 | 12.0 | 6.0 | 43.817 | 34.396 | 3510 | 213 | 388 | 8.96 | 2.21 | 293 | 34.4 | 2.00 |
| 25a | 250 | 78 | 7.0 | 12.0 | 12.0 | 6.0 | 34.917 | 27.410 | 3370 | 176 | 322 | 9.82 | 2.24 | 270 | 30.6 | 2.07 |
| 25b | 250 | 80 | 9.0 | 12.0 | 12.0 | 6.0 | 39.917 | 31.335 | 3530 | 196 | 353 | 9.41 | 2.22 | 282 | 32.7 | 1.98 |
| 25c | 250 | 82 | 11.0 | 12.0 | 12.0 | 6.0 | 44.917 | 35.260 | 3690 | 218 | 384 | 9.07 | 2.21 | 295 | 35.9 | 1.92 |

(续)

| 型号 | 截面尺寸 /mm | | | | | | 截面面积 /cm² | 理论重量 /(kg/m) | 惯性矩 /cm⁴ | | | 惯性半径 /cm | | 截面模数 /cm³ | | 重心距离 /cm |
|---|---|---|---|---|---|---|---|---|---|---|---|---|---|---|---|---|
| | $h$ | $b$ | $d$ | $t$ | $r$ | $r_1$ | | | $I_x$ | $I_y$ | $I_{y1}$ | $i_x$ | $i_y$ | $W_x$ | $W_y$ | $Z_0$ |
| 27a | 270 | 82 | 7.5 | 12.5 | 12.5 | 6.2 | 39.284 | 30.838 | 4 360 | 216 | 393 | 10.5 | 2.34 | 323 | 35.5 | 2.13 |
| 27b | 270 | 84 | 9.5 | 12.5 | 12.5 | 6.2 | 44.684 | 35.077 | 4 690 | 239 | 428 | 10.3 | 2.31 | 347 | 37.7 | 2.06 |
| 27c | 270 | 86 | 11.5 | 12.5 | 12.5 | 6.2 | 50.084 | 39.316 | 5 020 | 261 | 467 | 10.1 | 2.28 | 372 | 39.8 | 2.03 |
| 28a | 280 | 82 | 7.5 | 12.5 | 12.5 | 6.2 | 40.034 | 31.427 | 4 760 | 218 | 388 | 10.9 | 2.33 | 340 | 35.7 | 2.10 |
| 28b | 280 | 84 | 9.5 | 12.5 | 12.5 | 6.2 | 45.634 | 35.823 | 5 130 | 242 | 428 | 10.6 | 2.30 | 366 | 37.9 | 2.02 |
| 28c | 280 | 86 | 11.5 | 12.5 | 12.5 | 6.2 | 51.234 | 40.219 | 5 500 | 268 | 463 | 10.4 | 2.29 | 393 | 40.3 | 1.95 |
| 30a | 300 | 85 | 7.5 | 13.5 | 13.5 | 6.8 | 43.902 | 34.463 | 6 050 | 260 | 467 | 11.7 | 2.43 | 403 | 41.1 | 2.17 |
| 30b | 300 | 87 | 9.5 | 13.5 | 13.5 | 6.8 | 49.902 | 39.173 | 6 500 | 289 | 515 | 11.4 | 2.41 | 433 | 44.0 | 2.13 |
| 30c | 300 | 89 | 11.5 | 13.5 | 13.5 | 6.8 | 55.902 | 43.883 | 6 950 | 316 | 560 | 11.2 | 2.38 | 463 | 46.4 | 2.09 |
| 32a | 320 | 88 | 8.0 | 14.0 | 14.0 | 7.0 | 48.513 | 38.083 | 7 600 | 305 | 552 | 12.5 | 2.50 | 475 | 46.5 | 2.24 |
| 32b | 320 | 90 | 10.0 | 14.0 | 14.0 | 7.0 | 54.913 | 43.107 | 8 140 | 336 | 593 | 12.2 | 2.47 | 509 | 49.2 | 2.16 |
| 32c | 320 | 92 | 12.0 | 14.0 | 14.0 | 7.0 | 61.313 | 48.131 | 8 690 | 374 | 643 | 11.9 | 2.47 | 543 | 52.6 | 2.09 |
| 36a | 360 | 96 | 9.0 | 16.0 | 16.0 | 8.0 | 60.910 | 47.814 | 11 900 | 455 | 818 | 14.0 | 2.73 | 660 | 63.5 | 2.44 |
| 36b | 360 | 98 | 11.0 | 16.0 | 16.0 | 8.0 | 68.110 | 53.466 | 12 700 | 497 | 880 | 13.6 | 2.70 | 703 | 66.9 | 2.37 |
| 36c | 360 | 100 | 13.0 | 16.0 | 16.0 | 8.0 | 75.310 | 59.118 | 13 400 | 536 | 948 | 13.4 | 2.67 | 746 | 70.0 | 2.34 |
| 40a | 400 | 100 | 10.5 | 18.0 | 18.0 | 9.0 | 75.068 | 58.928 | 17 600 | 592 | 1070 | 15.3 | 2.81 | 879 | 78.8 | 2.49 |
| 40b | 400 | 102 | 12.5 | 18.0 | 18.0 | 9.0 | 83.068 | 65.208 | 18 600 | 640 | 114 | 15.0 | 2.78 | 932 | 82.5 | 2.44 |
| 40c | 400 | 104 | 14.5 | 18.0 | 18.0 | 9.0 | 91.068 | 71.488 | 19 700 | 688 | 1220 | 14.7 | 2.75 | 986 | 86.2 | 2.42 |

注：表中 $r$、$r_1$ 的数据用于孔型设计，不做交货条件。

## 表 A-4 热轧普通工字钢

符号意义:
$h$——高度
$b$——腿宽
$d$——腰厚
$t$——平均腿厚
$r$——内圆弧半径
$r_1$——腿端圆弧半径
$I$——惯性矩
$W$——截面模数
$i$——惯性半径

| 型号 | 截面尺寸/mm | | | | | | 截面面积/cm² | 理论重量/(kg/m) | 惯性矩/cm⁴ | | 惯性半径/cm | | 截面模数/cm³ | |
|---|---|---|---|---|---|---|---|---|---|---|---|---|---|---|
| | $h$ | $b$ | $d$ | $t$ | $r$ | $r_1$ | | | $I_x$ | $I_y$ | $i_x$ | $i_y$ | $W_x$ | $W_y$ |
| 10 | 100 | 68 | 4.5 | 7.6 | 6.5 | 3.3 | 14.345 | 11.261 | 245 | 33.0 | 4.14 | 1.52 | 49.0 | 9.72 |
| 12 | 120 | 74 | 5.0 | 8.4 | 7.0 | 3.5 | 17.818 | 13.987 | 436 | 46.9 | 4.95 | 1.62 | 72.7 | 12.7 |
| 12.6 | 126 | 74 | 5.0 | 8.4 | 7.0 | 3.5 | 18.118 | 14.223 | 488 | 46.9 | 5.20 | 1.61 | 77.5 | 12.7 |
| 14 | 140 | 80 | 5.5 | 9.1 | 7.5 | 3.8 | 21.516 | 16.890 | 712 | 64.4 | 5.76 | 1.73 | 102 | 16.1 |
| 16 | 160 | 88 | 6.0 | 9.9 | 8.0 | 4.0 | 26.131 | 20.513 | 1 130 | 93.1 | 6.58 | 1.89 | 141 | 21.2 |
| 18 | 180 | 94 | 6.5 | 10.7 | 8.5 | 4.3 | 30.756 | 24.143 | 1 660 | 122 | 7.36 | 2.00 | 185 | 26.0 |
| 20a | 200 | 100 | 7.0 | 11.4 | 9.0 | 4.5 | 35.578 | 27.929 | 2 370 | 158 | 8.15 | 2.12 | 237 | 31.5 |
| 20b | 200 | 102 | 9.0 | 11.4 | 9.0 | 4.5 | 39.578 | 31.069 | 2 500 | 169 | 7.96 | 2.06 | 250 | 33.1 |
| 22a | 220 | 110 | 7.5 | 12.3 | 9.5 | 4.8 | 42.128 | 33.070 | 3 400 | 225 | 8.99 | 2.31 | 309 | 40.9 |
| 22b | 220 | 112 | 9.5 | 12.3 | 9.5 | 4.8 | 46.528 | 36.524 | 3 570 | 239 | 8.78 | 2.27 | 325 | 42.7 |

(续)

| 型号 | h | b | d | t | r | $r_1$ | 截面面积/cm² | 理论重量/(kg/m) | $I_x$ | $I_y$ | $i_x$ | $i_y$ | $W_x$ | $W_y$ |
|---|---|---|---|---|---|---|---|---|---|---|---|---|---|---|
| | | | | | | | | | 惯性矩/cm⁴ | | 惯性半径/cm | | 截面模数/cm³ | |
| 24a | 240 | 116 | 8.0 | 13.0 | 10.0 | 5.0 | 47.741 | 37.477 | 4 570 | 280 | 9.77 | 2.42 | 381 | 48.4 |
| 24b | 240 | 118 | 10.0 | 13.0 | 10.0 | 5.0 | 52.541 | 41.245 | 4 800 | 297 | 9.57 | 2.38 | 400 | 50.4 |
| 25a | 250 | 116 | 8.0 | 13.0 | 10.0 | 5.0 | 48.541 | 38.105 | 5 020 | 280 | 10.2 | 2.40 | 402 | 48.3 |
| 25b | 250 | 118 | 10.0 | 13.0 | 10.0 | 5.0 | 53.541 | 42.030 | 5 280 | 309 | 9.94 | 2.40 | 423 | 52.4 |
| 27a | 270 | 122 | 8.5 | 13.7 | 10.5 | 5.3 | 54.554 | 42.825 | 6 550 | 345 | 10.9 | 2.51 | 485 | 56.6 |
| 27b | 270 | 124 | 10.5 | 13.7 | 10.5 | 5.3 | 59.954 | 47.064 | 6 870 | 366 | 10.7 | 2.47 | 509 | 58.9 |
| 28a | 280 | 122 | 8.5 | 13.7 | 11.0 | 5.5 | 55.404 | 43.492 | 7 110 | 345 | 11.3 | 2.50 | 508 | 56.6 |
| 28b | 280 | 124 | 10.5 | 13.7 | 11.0 | 5.5 | 61.004 | 47.888 | 7 480 | 379 | 11.1 | 2.49 | 534 | 61.2 |
| 30a | 300 | 126 | 9.0 | 14.4 | 11.0 | 5.5 | 61.254 | 48.084 | 8 950 | 400 | 12.1 | 2.55 | 597 | 63.5 |
| 30b | 300 | 128 | 11.0 | 14.4 | 11.0 | 5.5 | 67.254 | 52.794 | 9 400 | 422 | 11.8 | 2.50 | 627 | 65.9 |
| 30c | 300 | 130 | 13.0 | 14.4 | 11.0 | 5.5 | 73.254 | 57.504 | 9 850 | 445 | 11.6 | 2.46 | 657 | 68.5 |
| 32a | 320 | 130 | 9.5 | 15.0 | 11.5 | 5.8 | 67.156 | 52.717 | 11 100 | 460 | 12.8 | 2.62 | 692 | 70.8 |
| 32b | 320 | 132 | 11.5 | 15.0 | 11.5 | 5.8 | 73.556 | 57.741 | 11 600 | 502 | 12.6 | 2.61 | 726 | 76.0 |
| 32c | 320 | 134 | 13.5 | 15.0 | 11.5 | 5.8 | 79.956 | 62.765 | 12 200 | 544 | 12.3 | 2.61 | 760 | 81.2 |
| 36a | 360 | 136 | 10.0 | 15.8 | 12.0 | 6.0 | 76.480 | 60.037 | 15 800 | 552 | 14.4 | 2.69 | 875 | 81.2 |
| 36b | 360 | 138 | 12.0 | 15.8 | 12.0 | 6.0 | 83.680 | 65.689 | 16 500 | 582 | 14.1 | 2.64 | 919 | 84.3 |
| 36c | 360 | 140 | 14.0 | 15.8 | 12.0 | 6.0 | 90.880 | 71.341 | 17 300 | 612 | 13.8 | 2.60 | 962 | 87.4 |

(续)

| 型号 | 截面尺寸/mm | | | | | | 截面面积/cm² | 理论重量/(kg/m) | 惯性矩/cm⁴ | | 惯性半径/cm | | 截面模数/cm³ | |
|---|---|---|---|---|---|---|---|---|---|---|---|---|---|---|
| | $h$ | $b$ | $d$ | $t$ | $r$ | $r_1$ | | | $I_x$ | $I_y$ | $i_x$ | $i_y$ | $W_x$ | $W_y$ |
| 40a | 400 | 142 | 10.5 | 16.5 | 12.5 | 6.3 | 86.112 | 67.598 | 21 700 | 660 | 15.9 | 2.77 | 1 090 | 93.2 |
| 40b | 400 | 144 | 12.5 | 16.5 | 12.5 | 6.3 | 94.112 | 73.878 | 22 800 | 692 | 15.6 | 2.71 | 1 140 | 96.2 |
| 40c | 400 | 146 | 14.5 | 16.5 | 12.5 | 6.3 | 102.112 | 80.158 | 23 900 | 727 | 15.2 | 2.65 | 1 190 | 99.6 |
| 45a | 450 | 150 | 11.5 | 18.0 | 13.5 | 6.8 | 102.446 | 80.420 | 32 200 | 855 | 17.7 | 2.89 | 1 430 | 114 |
| 45b | 450 | 152 | 13.5 | 18.0 | 13.5 | 6.8 | 111.446 | 87.485 | 33 800 | 894 | 17.4 | 2.84 | 1 500 | 118 |
| 45c | 450 | 154 | 15.5 | 18.0 | 13.5 | 6.8 | 120.446 | 94.550 | 35 300 | 938 | 17.1 | 2.79 | 1 570 | 122 |
| 50a | 500 | 158 | 12.0 | 20.0 | 14.0 | 7.0 | 119.304 | 93.654 | 46 500 | 1 120 | 19.7 | 3.07 | 1 860 | 142 |
| 50b | 500 | 160 | 14.0 | 20.0 | 14.0 | 7.0 | 129.304 | 101.504 | 48 600 | 1 170 | 19.4 | 3.01 | 1 940 | 146 |
| 50c | 500 | 162 | 16.0 | 20.0 | 14.0 | 7.0 | 139.304 | 109.354 | 50 600 | 1 220 | 19.0 | 2.96 | 2 080 | 151 |
| 55a | 550 | 166 | 12.5 | 21.0 | 14.5 | 7.3 | 134.185 | 105.335 | 62 900 | 1 370 | 21.6 | 3.19 | 2 290 | 164 |
| 55b | 550 | 168 | 14.5 | 21.0 | 14.5 | 7.3 | 145.185 | 113.970 | 65 600 | 1 420 | 21.2 | 3.14 | 2 390 | 170 |
| 55c | 550 | 170 | 16.5 | 21.0 | 14.5 | 7.3 | 156.185 | 122.605 | 68 400 | 1 480 | 20.9 | 3.08 | 2 490 | 175 |
| 56a | 560 | 166 | 12.5 | 21.0 | 14.5 | 7.3 | 135.435 | 106.316 | 65 600 | 1 370 | 22.0 | 3.18 | 2 340 | 165 |
| 56b | 560 | 168 | 14.5 | 21.0 | 14.5 | 7.3 | 146.635 | 115.108 | 68 500 | 1 490 | 21.6 | 3.16 | 2 450 | 174 |
| 56c | 560 | 170 | 16.5 | 21.0 | 14.5 | 7.3 | 157.835 | 123.900 | 71 400 | 1 560 | 21.3 | 3.16 | 2 550 | 183 |
| 63a | 630 | 176 | 13.0 | 22.0 | 15.0 | 7.5 | 154.658 | 121.407 | 93 900 | 1 700 | 24.5 | 3.31 | 2 980 | 193 |
| 63b | 630 | 178 | 15.0 | 22.0 | 15.0 | 7.5 | 167.258 | 131.298 | 98 100 | 1 810 | 24.2 | 3.29 | 3 160 | 204 |
| 63c | 630 | 180 | 17.0 | 22.0 | 15.0 | 7.5 | 179.858 | 141.189 | 102 000 | 1 920 | 23.8 | 3.27 | 3 300 | 214 |

注：表中 $r$、$r_1$ 的数据用于孔型设计，不做交货条件。

# 附录 B  实 验 指 导

材料力学实验是材料力学课程教学中的一个重要环节。材料力学理论的验证，强度计算中材料极限应力的测定，无不以严格的实验为基础。当然，实验课题的提出、实验方案的设计和实验结果的分析也必须应用已有的理论。事实表明，材料力学是在实验和理论两方面相互推动下发展起来的一门学科。因此，实验和理论同样重要，不可偏于一方。

## 实验 1  拉 伸 实 验

### 一、实验目的

1. 观察低碳钢和铸铁试件在拉伸过程中的各种现象，并绘制受力和变形的关系图——拉伸图。
2. 测定材料的强度指标和塑性指标。

### 二、实验设备

1. WDW-100E 型微机控制电子式万能试验机。
2. 游标卡尺。

### 三、实验原理

材料拉伸时的力学性能指标 $\sigma_s$、$\sigma_b$、$\delta$ 和 $\psi$ 可按下列公式计算：

屈服极限
$$\sigma_s = \frac{F_s}{A_0} \text{MPa} \tag{B-1}$$

强度极限
$$\sigma_b = \frac{F_b}{A_0} \text{MPa} \tag{B-2}$$

断后伸长率
$$\delta = \frac{l_1 - l_0}{l_0} \times 100\% \tag{B-3}$$

断面收缩率
$$\psi = \frac{A_0 - A_1}{A_0} \times 100\% \tag{B-4}$$

式中，$F_s$ 表示屈服载荷，$F_b$ 表示最大载荷，$A_0$ 表示试件的最小横截面面积，$l_0$ 表示拉伸前的原始标距，$l_1$ 表示拉断后标距段的长度，$A_1$ 表示断口的最小横截面面积。

### 四、实验步骤

1. 试件准备

试件的尺寸和形状对测试结果会有影响。为避免这种影响，使各种材料的力学性能可以相互比较，测试时应采用统一的试件尺寸与形状，即采用标准试件

（或比例试件）。

国家标准中有几种标准试件规定，本实验中低碳钢与铸铁都采用实心圆截面长试件（因 $l_0 = 10d_0$，故也称 10 倍试件），试件中段用于分析拉伸变形的杆段称为"标距"，其原始长度（原始标距）用 $l_0$ 表示，试件原始直径用 $d_0$ 表示（图 B-1）。

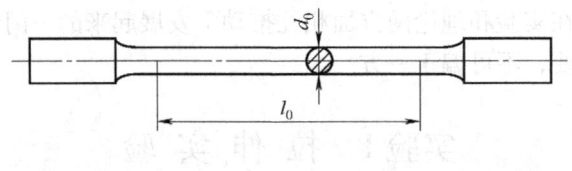

图 B-1　拉伸试件

### 2. 低碳钢试件测试

（1）试件原始尺寸的测量

最小直径 $d_0$　用游标卡尺在试件有效部分的中部及接近端部的三个截面处分别测量，每处在相互垂直的两个方位各测量一次，计算每处的平均直径，取平均直径最小的一处作为最小直径 $d_0$，用其计算最小横截面面积 $A_0$。

原始标距 $l_0$　取 $l_0 = 100$mm，用划线笔先在试件有效部分平行于轴线划一条直线，再在试件中段表面沿此直线每隔 10mm 作记号线，将 $l_0$ 分为 10 小格，以便分析拉伸后的变形分布情况。

（2）试验机准备　接通电源，打开显示器与计算机，使计算机进入 windows 操作系统，启动 WinWdw 电子式万能试验机测控软件；打开试验机电源开关，按下试验机的启动按钮，预热试验机 30 分钟；进行软件参数设置，再按下测控软件中的调零按钮进行试验机的试验力和峰值调零；新建试样信息。

（3）安装试件　转动上夹头的开合手柄，将试件先夹在上夹头内，再调节下夹头到适当位置，把试件下端夹住。（注意：安装试件时，应将试件大头部分全部放入夹头内。上、下夹头都夹住试件时，禁止再调节下夹头的位置。）

（4）试件加载　先用 2mm/min 的慢速加载，使试件缓慢而均匀地拉伸。当实验曲线出现波动时，表明材料此时发生屈服，过了屈服阶段后，可将速度缓慢调至 5mm/min，最大速度不能超过 10mm/min，试件拉断后会自动停机。注意观察拉伸实验曲线。电子式万能试验机实验时会自动记录数据。

（5）试件断后尺寸测量　取回拉断后的两段试件。测量断后标距 $l_1$ 和断口处直径 $d_1$。

$l_1$ 的确定　由于各处残余变形不均匀，愈接近断口处，变形愈显著，因此按下述方法确定 $l_1$：

①直接法（图 B-2） 如果断口在标距的中部区段内（10 格中的中部 4 格区域），则直接测量断后标距两端的长度作为 $l_1$。

测量方法：一人用双手拿住试件的两段，在断口处紧密对齐，使两段试件的轴线位于同一直线上，另一人用游标卡尺的内刀刃进行测量。

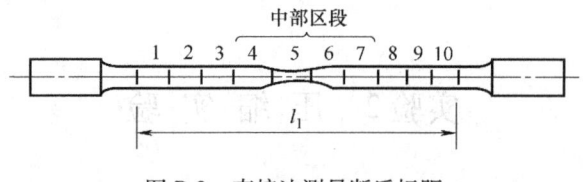

图 B-2 直接法测量断后标距

②移中法（图 B-3） 如果断口在标距的中部区段之外，需将断口修正至中间位置后测量。

测量方法：从较长一段试件邻近断口的记号线起，先向远离断口方向数 5 格，作为第 1~5 格，然后将断口所处的一格作为第 6 格，继续反向数完较短一段试件的格子，数得的格子数不足 10 格，则由刚才数到的第 5 格往断口方向数（含第 5 格），补充数到第 10 格。将这 10 格的长度作为 $l_1$。

$$l_1 = l' + l''$$

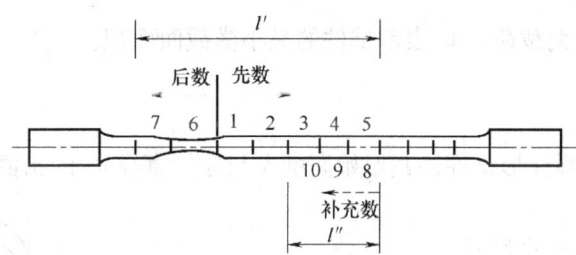

图 B-3 移中法测量断后标距

$d_1$ 的测量 一人用双手拿住试件的两段，在断口处紧密对齐，使两段试件的轴线位于同一直线上，另一人用游标卡尺在断口处互相垂直的两个方位各测一次直径，取其平均值作为 $d_1$，用其计算断口处最小横截面面积 $A_1$。

3. 铸铁试件测试

(1) 试件原始尺寸测量

测量 $d_0$：方法同低碳钢试件测试。

(2) 试验机准备 同低碳钢试件测试。

(3) 安装试件 同低碳钢试件测试。

(4) 试件加载 用2mm/min的慢速加载,使试件缓慢而均匀地拉伸直至试件拉断,试件拉断后会自动停机。注意观察拉伸实验曲线。电子式万能试验机实验时会自动记录数据。

4. 仪器设备整理
(1) 整理好游标卡尺、钢尺、划线笔等。
(2) 关机。

## 实验2 压缩实验

**一、实验目的**
1. 观察铸铁试件压缩破坏现象,并绘制铸铁试件的压缩曲线。
2. 测定铸铁的抗压强度 $\sigma_b$。

**二、实验设备**
1. WDW-100E 微机控制电子式万能试验机。
2. 游标卡尺。

**三、实验原理**
材料压缩时的力学性能指标 $\sigma_b$ 可按以下公式计算:

抗压强度 $$\sigma_b = \frac{F_b}{A_0} \text{MPa} \tag{B-5}$$

式中,$F_b$ 表示最大载荷,$A_0$ 表示试件的最小横截面面积。

**四、实验步骤**
1. 试件准备

本实验采用圆柱形试件,其原始高度 $h$ 与原始直径 $d_0$ 的比值在 1.5~3 之间 (图 B-4)。

2. 试件原始尺寸测量

(1) 最小直径 $d_0$ 用游标卡尺在试件的两个截面处分别测量,每处在相互垂直的两个方位各测量一次,计算每处的平均直径,取最小的一处作为最小直径 $d_0$,用其计算最小横截面面积 $A_0$。

(2) 原始高度 $h$ 用游标卡尺测量原始高度 $h$。

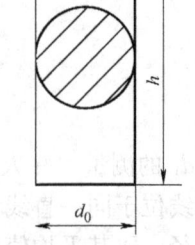

图 B-4 压缩试件

3. 试验机准备

接通电源,打开显示器与计算机,使计算机进入 windows 操作系统,启动 WinWdw 电子万能试验机测控软件;打开试验机电源开关,按下启动按钮,预热试验机 30 分钟;进行软件参数设置,再按下测控软件中的调零按钮进行试验机的试验力和峰值调零;新建试样信息。

4. 安装试件

将试件两端面涂上润滑剂，放在下垫块（上、下垫块必须对齐）的中心。

5. 试件加载

先用 100mm/min 的速度移动横梁，使上压块接近试件，停机后再选择 5～10mm/min 的低速使上压块慢慢接近试件，最后选择 1 或 2mm/min 的速度开始压缩实验。试件先被压缩成鼓形，最后破裂，试件完全破裂后，应立刻手动停机。注意观察压缩实验曲线。电子式万能试验机实验时会自动记录数据，但不会提示保存数据，需手动保存数据。

6. 仪器设备整理

（1）整理好游标卡尺。

（2）取下试件碎片，观察破坏现象，并将上、下垫块用卷纸擦拭干净。

（3）关机。

## 实验3 扭 转 实 验

### 一、实验目的

1. 测定低碳钢的剪切屈服极限 $\tau_s$ 和剪切强度极限 $\tau_b$。
2. 测定铸铁的剪切强度极限 $\tau_b$。

### 二、实验设备

1. TNS-J02 型数显式扭转试验机。
2. 游标卡尺。

### 三、实验原理

金属材料的扭转力学性能，对于承受扭转载荷的构件，具有重要的意义。金属材料的扭转力学性能可通过扭转实验来测定。扭转试件（图 B-5）一般都制成圆柱形，其标距部分的直径 $d_0 = 10 \pm 0.1$mm，标距 $l_0 = 100$mm 或 $l_0 = 50$mm。

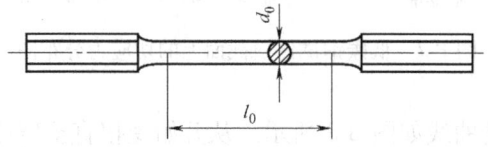

图 B-5　实心圆截面扭转试件

根据纯扭转变形的特点，需要扭转试验机提供使圆柱形试件各截面只绕轴线产生转动扭矩的力偶。一般扭转试验机都具有被动夹头和能旋转加载的主动夹头，扭转试件装夹于两夹头座中，并使夹头的轴线和试件的轴线重合，这样作用在试件两端的是等值、反向、作用面垂直于轴线的两个力偶，强迫试件产生扭转变形。

如图 B-6 所示，当扭矩达到一定数值时，试件横截面边缘处的切应力开始达到剪切屈服极限$\tau_s$，这时的扭矩为 $M_p$。随着扭矩的增大，横截面上的应力分布不再是线性的，在圆杆横截面的外边缘处，材料发生屈服成环形塑性区，同时扭转图变成曲线。此后，随着试件继续扭转变形，塑性区不断向圆心扩展，扭转曲线稍微上升，直至 $B$ 点趋于平坦。扭转曲线摆动的最低点所对应的扭矩即是屈服扭矩 $M_s$，这时塑性区占据了几乎全部截面。

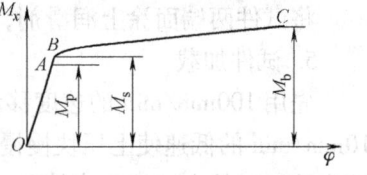

图 B-6　低碳钢试件的扭转图

低碳钢试件的剪切屈服极限近似为

$$\tau_s = \frac{3}{4}\frac{M_s}{W_p} \tag{B-6}$$

式中，$W_p = \dfrac{\pi d^3}{16}$，是试件的扭转截面系数。

试件再继续变形，材料进一步强化，达到扭转曲线的 $C$ 点，试件产生断裂，此时对应的最大扭矩为 $M_b$。

低碳钢试件的剪切强度极限近似为

$$\tau_b = \frac{3}{4}\frac{M_b}{W_p} \tag{B-7}$$

低碳钢圆截面杆在不同扭矩下切应力分布如图 B-7 所示。

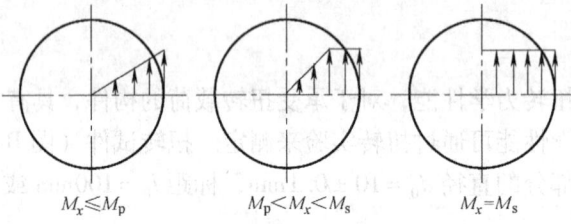

图 B-7　低碳钢试件横截面上的切应力分布图

铸铁试件的扭转曲线如图 B-8 所示。从开始受扭直至破坏，近似为直线。故近似按弹性应力公式计算。

$$\tau_b = \frac{M_b}{W_p} \tag{B-8}$$

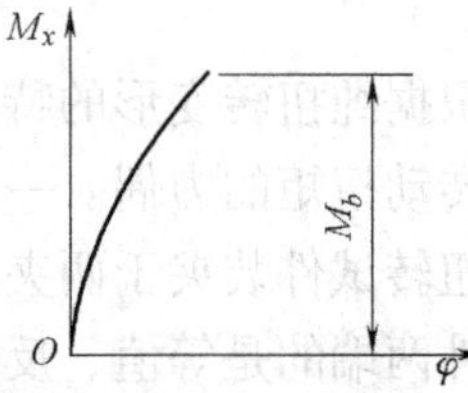

图 B-8　铸铁试件的扭转图

### 四、实验步骤

**1. 低碳钢试件扭转破坏实验**

（1）用游标卡尺测量试件最小直径 $d_0$。

测量方法：用游标卡尺在试件中部及接近端部的三个截面处分别测量，每处在相互垂直的两个方位各测量一次，计算每处的平均直径，取最小的一处作为最小直径 $d_0$。

（2）用粉笔在试件表面沿轴向画一条直线，以便观察扭转变形情况。

（3）打开扭转机电源，预热二十分钟。

（4）安装试件：先装被动夹头，再装主动夹头。注意，安装试件时，应将试件大头部分全部放入夹头内。

（5）按 总清 键清零或分别按各显示窗口的 清零 键清零。

（6）开始实验：开始用较慢的转速匀速加载，屈服后可以慢慢加速到较快的转速匀速加载直至破坏，停止加载。

（7）取下试件观察变形和破坏现象。

（8）按 打印 键打印试验结果。

2. 铸铁试件扭转破坏实验

（1）用游标卡尺测量试件直径 $d_0$。

测量方法同低碳钢试件扭转实验。

（2）安装试件：先装被动夹头，再装主动夹头。安装试件时，应将试件大头部分全部放入夹头内。

（3）按 总清 键清零或分别按各显示窗口的 清零 键清零。

（4）开始实验：用较慢的转速匀速加载，直至破坏，停止加载。

（5）取下试件观察破坏现象。

（6）按 打印 键打印试验结果。

（7）关闭扭转机电源。

## 实验 4　梁纯弯曲正应力实验

**一、实验目的**

1. 用电测法测量梁纯弯曲时沿其横截面高度的正应力分布规律。
2. 验证梁纯弯曲时的正应力计算公式。

**二、实验仪器和设备**

1. 多功能组合实验装置。
2. 力指示器。
3. 纯弯曲实验梁。
4. 静态应变仪。
5. 温度补偿块。

### 三、实验原理

弯曲梁的材料为钢,其弹性模量 $E = 210\text{GPa}$,泊松比 $\nu = 0.28$。用手转动实验装置上面的加力手轮,使四点弯曲上压头压住实验梁,则梁的中间段承受纯弯曲。根据平面假设和纵向纤维间无挤压的假设,可得到纯弯曲正应力计算公式为

$$\sigma = -\frac{M}{I_z}y$$

式中,$M$ 为弯矩;$I_z$ 为横截面对中性轴的惯性矩;$y$ 为所求应力点至中性轴的距离。由上式可知,沿横截面高度正应力按线性规律变化。

实验时采用螺旋推进的机械加载方法,可以连续加载,载荷大小由带拉压传感器的力指示器读出。当增加压力 $\Delta F$ 时,梁的四个受力点处分别增加作用力 $\Delta F/2$,如图 B-9 所示。

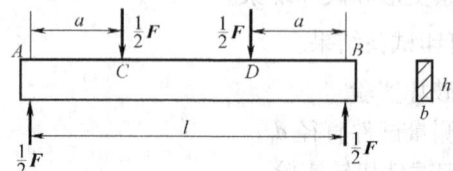

图 B-9 矩形截面梁的受力情况

为了测量梁纯弯曲时横截面上正应力分布规律,在梁纯弯曲段某截面的侧面沿轴线方向布置了 5 片应变片(见图 B-10),应变片的电阻 $R = 120\Omega$,灵敏系数 $K = 2.08$,梁横截面宽度 $b = 9.5\text{mm}$,高度 $h = 40\text{mm}$,梁支座到上压头作用点的距离 $a = 130\text{mm}$。各应变片的分布为:3#在二分之一 $h$ 处,2#、4#在上下对称于 3#的四分之一 $h$ 处,1#、5#在弯曲梁的上下表面。

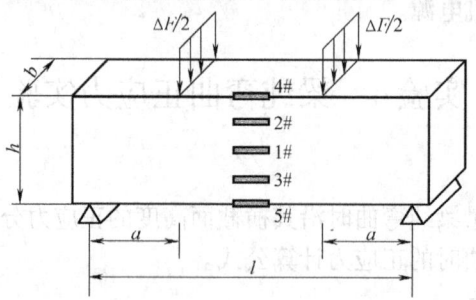

图 B-10 矩形截面梁的受力和贴片情况

如果测得纯弯曲梁在纯弯曲时沿横截面高度各点的轴向应变,则由单向应力状态的胡克定律 $\sigma = E\varepsilon$,可求出各点处的应力实验值。将应力实验值与应力理论值进行比较,以验证弯曲正应力公式。

**四、实验步骤**

1. 在纯弯曲梁上对称的位置放置纯弯上压头附件。
2. 对齐弯曲梁的下支座白色记号。
3. 检查压力传感器的引出线和力指示器的连接是否良好,接通力指示器的电源线;检查应变仪的工作状态是否良好;然后关闭应变仪,将梁上的应变片按序号分别接在应变仪上的 1~5 号通道的接线柱 $A$、$B$ 上,公共温度补偿片接在 1~6 号通道的任一通道的接线柱 $B$、$C$ 上,相应电桥的接线柱 $B$ 需用短接片连接起来,而各接线柱 $C$ 之间不必用短接片连接,因其内部本来就是相通的;因为采用半桥接线法,故应变仪应处于半桥测量状态。
4. 打开应变仪,观察接线是否正确。
5. 实验中取 $F_0 = 0.5\text{kN}$,$\Delta F = 0.5\text{kN}$,$F_{max} = 2.5\text{kN}$,分四次加载,在 $F_0$ 处将应变仪调零,实验时逐级加载,并记录各应变片在各级载荷作用下的读数应变。

**五、实验结果的处理**

1. 按实验记录数据求出各点的应力实验值,并计算出各点的应力理论值。算出它们的相对误差。
2. 按同一比例分别画出各点应力的实验值和理论值沿横截面高度的分布曲线,将两者进行比较,如果两者接近,说明弯曲正应力的理论分析是可行的。

## 实验 5  弯扭组合变形时主应力测量实验

**一、实验目的**

1. 了解用电测法测定平面应力状态下主应力的大小及方向的方法。
2. 用电测法测定平面应力状态下主应力的大小及方向,并与理论值进行比较。

**二、实验仪器和设备**

1. 多功能组合实验装置。
2. 力指示器。
3. 弯扭组合变形实验梁。
4. 静态应变仪。
5. 温度补偿块。

**三、实验原理**

弯扭组合薄壁圆筒实验梁是由薄壁圆筒、扇臂、手轮、旋转支座等组成。实验时,转动手轮,加载螺杆和载荷传感器都向下移动,载荷传感器就有压力电信号输出,此时力指示器显示出作用在扇臂端的载荷值。扇臂端的作用力传递到薄壁圆筒上，使圆筒产生弯扭组合变形。

薄壁圆筒材料为钢，其弹性模量 $E=210\mathrm{GPa}$，泊松比 $\nu=0.28$，圆筒外径 $\phi=35\mathrm{mm}$，壁厚 $h=2\mathrm{mm}$，$L_1=155\mathrm{mm}$，$L_2=165\mathrm{mm}$，如图 B-11 所示。

薄壁圆筒弯扭组合变形受力简图如图 B-11 所示。截面 I-I 为被测位置，由材料力学可知，该截面上的内力有弯矩、剪力和扭矩。取其前、后、上、下的 $A$、$C$、$B$、$D$ 为四个被测点，其应力状态如图 B-12 所示。每点处按 $-45°$、$0°$、$+45°$ 方向粘贴一个三轴 $45°$ 应变花（图 B-13），应变花中各应变片的电阻 $R=120\Omega$，灵敏系数 $K=2.08$。

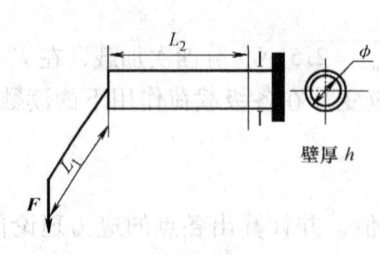
图 B-11　薄壁圆筒受力图

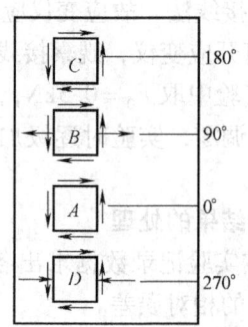
图 B-12　$A$、$B$、$C$、$D$ 点的应力状态

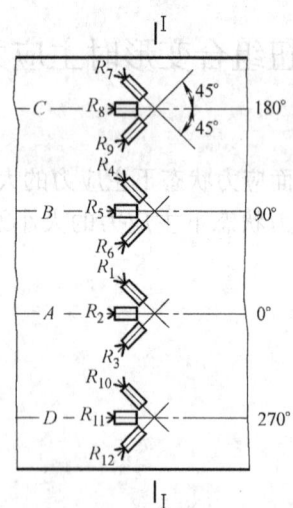
图 B-13　薄壁圆筒布片图

## 四、实验内容和方法

受弯扭组合变形作用的薄壁圆筒其表面上的点处于平面应力状态，先用应变

花测出三个方向的线应变，然后运用应力—应变换算关系可求出主应力的大小和方向。

参考三轴45°应变花的计算结果，根据被测点三个方向的应变值 $\varepsilon_{-45}$、$\varepsilon_0$、$\varepsilon_{45}$ 可得到主应力计算公式为

$$\left.\begin{array}{c}\sigma_1\\\sigma_3\end{array}\right\}=\frac{E}{1-\nu^2}\left[\frac{1+\nu}{2}(\varepsilon_{-45°}+\varepsilon_{45°})\pm\frac{1-\nu}{\sqrt{2}}\sqrt{(\varepsilon_{-45°}-\varepsilon_{0°})^2+(\varepsilon_{0°}-\varepsilon_{45°})^2}\right]$$

(B-9)

$$\tan 2\alpha_0=\frac{\varepsilon_{45°}-\varepsilon_{-45°}}{2\varepsilon_{0°}-\varepsilon_{-45°}-\varepsilon_{45°}}$$

(B-10)

**五、实验步骤**

1. 将载荷传感器电源及信号线与数字力指示器连接。
2. 打开数字力指示器及应变仪电源，检查仪器的工作是否正常。
3. 将 A、B、C、D 各点的应变片按半桥接线法依次接入应变仪进行单臂测量。各应变片共用2个公共温度补偿片。
4. 预加载荷 0.2kN，应变仪调零，或记录应变仪的初读数，再按 0.4kN、0.6kN、0.8kN、1.0kN 分级加载，并记录各级载荷下应变仪的读数应变。

**六、实验结果的处理**

算出 A、B、C、D 四点的主应力大小及方向的实验值。

# 附录 C  电测法简介

电测法是电测应力应变实验方法的简称，是用电阻应变计（即电阻应变片）测定构件表面应变，再根据应力—应变关系确定构件表面应力的一种实验应力分析方法。它不仅用于验证材料力学的理论、测量材料的力学性能，而且作为一种重要的实验手段，为解决工程实际问题提供了良好的实验基础。因此，掌握这种实验方法，可以增强解决实际问题的能力。

## C.1 应变电阻效应和电阻应变片

由物理学可知，若一根金属丝长为 $l$，横截面面积为 $A$，电阻率为 $\rho$，则其电阻为

$$R=\rho\frac{l}{A}$$

若该金属丝沿轴向伸长 $\Delta l$，则电阻相应改变 $\Delta R$，两者之间存在关系

$$\frac{\Delta R}{R}=K_s\frac{\Delta l}{l}=K_s\varepsilon$$

式中，$K_s$ 称为金属丝的灵敏系数，它表示金属丝对所承受的应变量的灵敏程度，

不同材料的 $K_s$ 不同，在一定范围内 $K_s$ 可作为常数。

将金属丝绕成栅状以增大电阻值，这样制成的元件称为电阻应变计（片）。常见的电阻应变片有丝绕式（图 C-1a）和箔式（图 C-1b），并用康铜作为丝材。有

$$\frac{\Delta R}{R} = K\varepsilon \qquad (C-1)$$

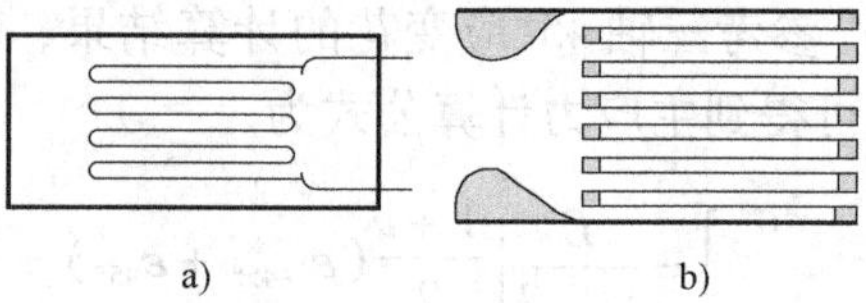

图 C-1　电阻应变片

式中，$R$ 为应变片标称电阻，常用 120Ω；$K$ 为应变片的灵敏系数，一般为 2.0 左右，由生产厂实测后标注在应变片的包装盒上。

### C.2　电阻应变片的测量电路

将电阻应变片牢固地粘贴在被测构件表面某一测点处，则随着构件沿应变片轴向发生变形，应变片电阻值也发生相应变化。测量该电阻值的改变量，则由式（C-1）可得测点沿应变片方向的线应变值。

由于测点的应变量一般较小（以 $10^{-6}$ 量级计），引起应变片相应电阻的变化量也很小，通常采用桥式电路来测量。即将应变片或应变片和标准电阻接成桥式电路，它将应变片的电阻变化信号转换成电压变化信号。如图 C-2 所示为一电桥。

图 C-2 所示为一桥式电路。若 $R_1$、$R_2$ 为应变片，而 $R_3$、$R_4$ 为标准电阻，称为半桥；若 $R_1$、$R_2$、$R_3$、$R_4$ 均为应变片，则为全桥。

由电路分析可知，当电桥的四个桥臂的电阻满足

$$\frac{R_1}{R_2} = \frac{R_3}{R_4} \qquad (C-2)$$

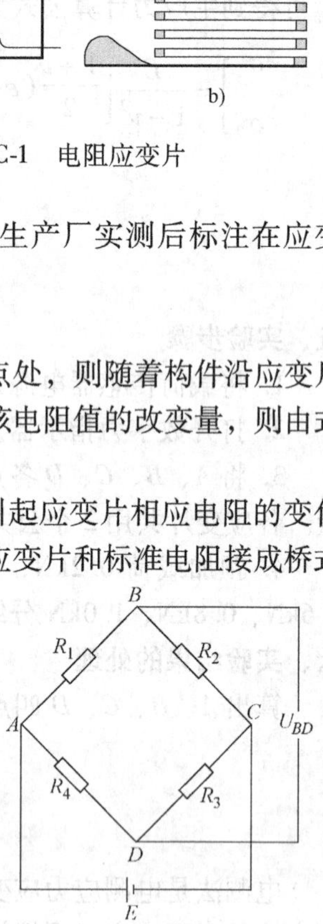

图 C-2　桥式电路

这一关系时，电桥平衡，即 $B$、$D$ 间的电压为零。当其中某一电阻发生变化时，电桥失去平衡，从而 $B$、$D$ 间有电压 $U_{BD}$。根据 $U_{BD}$ 的大小可推算出相应的电阻变化量以及相应的线应变大小。

在图 C-2 所示的测量电桥中，若在四个桥臂上接入规格相同的电阻应变片，它们的电阻值为 $R$，灵敏系数为 $K$。当构件变形后，各桥臂电阻的变化分别为 $\Delta R_1$、$\Delta R_2$、$\Delta R_3$、$\Delta R_4$，它们所感受的应变相应为 $\varepsilon_1$、$\varepsilon_2$、$\varepsilon_3$、$\varepsilon_4$，则 $BD$ 端的输出电压为

$$U_{BD} = \frac{U_{AC}}{4}\left(\frac{\Delta R_1}{R} - \frac{\Delta R_2}{R} + \frac{\Delta R_3}{R} - \frac{\Delta R_4}{R}\right)$$

$$= \frac{U_{AC}K}{4}(\varepsilon_1 - \varepsilon_2 + \varepsilon_3 - \varepsilon_4)$$

$$= \frac{U_{AC}K}{4}\varepsilon_d \quad \text{(C-3)}$$

由此可得应变仪的读数应变为

$$\varepsilon_d = \varepsilon_1 - \varepsilon_2 + \varepsilon_3 - \varepsilon_4 \quad \text{(C-4)}$$

式（C-4）称为测量电桥的电桥特性，即相对相加，相邻相减。根据电桥特性，结合具体情况，合理选择组桥方式可以提高读数灵敏度、实现温度补偿等。

## C.3 电阻应变仪

利用电阻应变片测量构件表面应变必须用到电阻应变仪。其测量原理为：将电阻应变片接入电阻应变仪的电桥电路，将由应变变化产生的电阻变化信号转变为电压信号，经放大器放大后由检测仪器指示出应变数值（图C-3）。

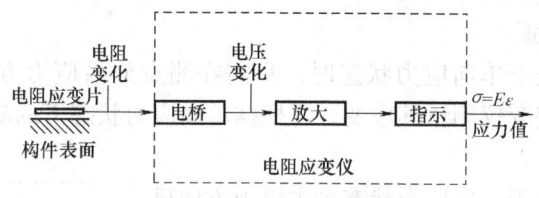

图 C-3　电测法的测量原理

应变仪按其频率响应范围分为静态和动态两大类。

## C.4 半桥接线法

若测量电桥中 $R_1$、$R_2$ 两桥臂电阻为电阻应变片，$R_3$、$R_4$ 两桥臂电阻为应变仪内部固定电阻，该连接方式称为半桥接线法。此时，电桥特性为

$$\varepsilon_d = \varepsilon_1 - \varepsilon_2 \quad \text{(C-5)}$$

## C.5 温度补偿

在一般情况下，粘贴于测点处的应变片的电阻除了因变形引起改变外，由于应变片与构件的热膨胀系数不相等，还会产生因温度变化导致的电阻该变化 $\Delta R_t$，使电桥失去平衡。因为 $\Delta R_t$ 产生的虚假应变将造成测量误差，所以必须排除。

在实际测量中，经常采用半桥接线法，其中 $R_1$ 为被测点的应变片，$R_2$ 为温度补偿片。

利用电桥特性可进行温度补偿。例如，在拉伸试件纵向贴上工作应变片 $R_1$，在与试件材质相同且处于同一温度场、但不受力的补偿块上粘贴与工作应变片阻值、灵敏系数相同的补偿应变片 $R_2$，如图 C-4 所示。$R_3$ 和 $R_4$

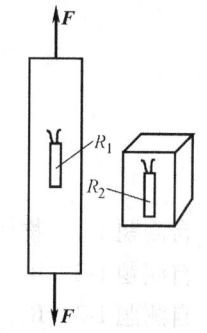

图 C-4　温度补偿

为仪器中精密无感电阻。

在测量时，工作片 $R_1$ 所感受的应变由两部分组成。一部分是外力 $F$ 引起的，用 $\varepsilon_F$ 表示；还有一部分是由温度变化引起的，用 $\varepsilon_T$ 表示。即

$$\varepsilon_1 = \varepsilon_F + \varepsilon_T$$

补偿片 $R_2$ 所感受的应变只有温度变化引起的 $\varepsilon_T$。

由式（C-5）可得

$$\varepsilon_d = \varepsilon_1 - \varepsilon_2 = (\varepsilon_F + \varepsilon_T) - \varepsilon_T = \varepsilon_F$$

由此可见，应变仪的读数应变中不包含温度变化引起的应变，起到了消除温度影响的目的。

温度补偿片是贴在与被测构件材料相同但不受力的试件上的应变片，该片是充当温度补偿电阻用的。在测量过程中，温度补偿片应放在被测构件附近，以保证当环境温度改变时，测量片和补偿片的电阻将发生相同的变化而不至于影响电桥的平衡。

## C.6 应变片的布置

当被测构件处于单向应力状态时，只需在测点处沿应力方向贴上一个应变片，然后用电阻应变仪测量其应变，再根据单向应力状态下的胡克定律就可确定所测点的应力。

当被测构件处于二向应力状态且主应力方向已知时，只需在测点处沿两个主应力方向各贴上一个应变片，然后用电阻应变仪测量相应的两个主应变，再根据二向应力状态下的广义胡克定律就可确定所测点的两个主应力。

当被测构件处于二向应力状态且主应力方向未知时，则需采用由三个应变片组成的应变花（图C-5），分别测得三个线应变，然后根据应变分析确定主应变和方位（请参考其他书籍），再由广义胡克定律确定主应力。

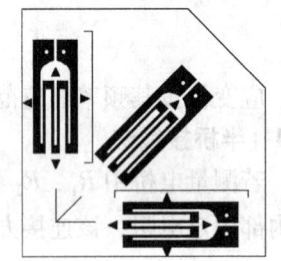

图 C-5 应变花

# 附录 D  自测题参考答案

## 自测题 1

自测题 1-1  物体的受力分析、力系的简化和力系的平衡

自测题 1-2  B

自测题 1-3  B

自测题 1-4  A

## 自测题 2

自测题 2-1　大小、方向和作用点
自测题 2-2　前者是矢量式，表明大小和方向均相等；后者是标量式，仅表明大小相等。

## 自测题 3

自测题 3-1　$F_R = F_1 + F_2$ 表示 $F_R$ 力的大小和方向，由 $F_1$ 和 $F_2$ 大小和方向决定，是矢量和的关系。$F_R = F_1 + F_2$ 表示 $F_R$ 力的大小，由 $F_1$ 和 $F_2$ 大小决定，是代数和的关系。
自测题 3-2　B、C
自测题 3-3　B
自测题 3-4　B
自测题 3-5　B
自测题 3-6　B
自测题 3-7　B

## 自测题 4

自测题 4-1　A
自测题 4-2　A、A

## 自测题 5

自测题 5-1　都有错误，改正图略。
自测题 5-2　不能平衡，在竖直方向结构能平衡
自测题 5-3　B
自测题 5-4　B

## 自测题 6

自测题 6-1　B
自测题 6-2　B
自测题 6-3　$-F_1\cos\alpha$，$F_1\sin\alpha$；$F_2\cos\beta$，$F_2\sin\beta$

## 自测题 7

自测题 7-1　A
自测题 7-2　B

## 自测题 8

自测题 8-1  B
自测题 8-2  B
自测题 8-3  这两个系统的受力图画的并不完整，让人感到力和力偶平衡。
自测题 8-4  B

## 自测题 9

自测题 9-1  B
自测题 9-2  A
自测题 9-3  A
自测题 9-4  B

## 自测题 10

自测题 10-1  该力系简化的结果是一个力，大小为 $2F$，方向竖直向下，在 $x$ 轴左侧，距 $O$ 点距离为 $a$。

自测题 10-2  该力系向 $C$ 点简化的主矢为 $F'_{RA}$ 和主矩为 $\frac{\sqrt{2}}{2}aF'_{RA}$，方向为顺时针。

自测题 10-3  A
自测题 10-4  简化的最后结果有可能是一个力，也可能是平衡力系。

## 自测题 11

自测题 11-1  坐标轴轴不得垂直于两矩心的连线；三个矩心不得处于一条直线上；否则，这些平衡方程只是必要条件而非充分条件。
自测题 11-2  B
自测题 11-3  B
自测题 11-4  A

## 自测题 12

自测题 12-1  在工程实际中，主要是为了提高结构的刚度和坚固性，常常增加多余的约束。

自测题 12-2  A
自测题 12-3  在解题时，可以取每个构件为研究对象，也可以取不同构件的组合为研究对象，因此取研究对象的数目大于构件的数目，列出的方程数目也多，在列出的这些方程中，有一些方程可由其它方程组合而成，不是独立的平衡方程，对解题无帮助。

自测题 12-4　1、2。

## 自测题 13

自测题 13-1　$-\dfrac{2}{3}F,\ \dfrac{1}{3}F,\ \dfrac{2}{3}F;\ \boldsymbol{F}=-\dfrac{2}{3}F\boldsymbol{i}+\dfrac{1}{3}F\boldsymbol{j}+\dfrac{2}{3}F\boldsymbol{k}$

## 自测题 14

自测题 14-1　$\boldsymbol{M}_O(F_1)=\dfrac{\sqrt{2}a}{2}F_1\boldsymbol{i}-\dfrac{\sqrt{2}a}{2}F_1\boldsymbol{k};\ \boldsymbol{M}_O(F_2)=\dfrac{\sqrt{3}a}{3}F_2\boldsymbol{i}-\dfrac{\sqrt{3}a}{3}F_2\boldsymbol{j}$

自测题 14-2　B

## 自测题 15

自测题 15-1　B

自测题 15-2　A

自测题 15-3　(a) B；(b) A

## 自测题 16

自测题 16-1　B

自测题 16-2　B

## 自测题 17

自测题 17-1　强度，刚度

自测题 17-2　强度、刚度和稳定性

自测题 17-3　连续性、均匀性和各向同性

自测题 17-4　连续性，某些力学量

自测题 17-5　A

自测题 17-6　A

自测题 17-7　B

自测题 17-8　B

自测题 17-9　弹性，塑性

自测题 17-10　剪切、扭转和弯曲

## 自测题 18

自测题 18-1　B
自测题 18-2　B

## 自测题 19

自测题 19-1　B
自测题 19-2　B
自测题 19-3　A，B
自测题 19-4　A，B
自测题 19-5　D
自测题 19-6　B

## 自测题 20

自测题 20-1　C
自测题 20-2　A，C；B，D
自测题 20-3　A，B
自测题 20-4　A，B
自测题 20-5　A
自测题 20-6　B
自测题 20-7　D

## 自测题 21

自测题 21-1　C
自测题 21-2　B
自测题 21-3　C，B
自测题 21-4　D

## 自测题 22

自测题 22-1　C、B、A、D
自测题 22-2　B，A
自测题 22-3　A，B
自测题 22-4　B，A
自测题 22-5　A
自测题 22-6　A

自测题 22-7　B
自测题 22-8　C
自测题 22-9　A
自测题 22-10　C

## 自测题 23

自测题 23-1　C
自测题 23-2　D

## 自测题 24

自测题 24-1　A
自测题 24-2　B
自测题 24-3　B
自测题 24-4　A

## 自测题 25

自测题 25-1　C
自测题 25-2　A
自测题 25-3　A
自测题 25-4　A

## 自测题 26

自测题 26-1　大小相等、转向相反，垂直于
自测题 26-2　任意两个横截面绕轴线相对转动

## 自测题 27

自测题 27-1　$M = 9550 \dfrac{P}{n}$，外力偶矩与转速成反比，转速越大，轴受到的外力偶矩越小，越不容易坏，为节省材料可设计得较细。

自测题 27-2　大，高
自测题 27-3　右手螺旋法则，正
自测题 27-4　A

## 自测题 28

自测题 28-1　切应力互等定理

自测题 28-2　D

自测题 28-3　3，$E$、$G$ 和 $\nu$，$G = \dfrac{E}{2(1+\nu)}$，2

自测题 28-4　$\gamma = 6.25 \times 10^{-4}$，变大

## 自测题 29

自测题 29-1　B
自测题 29-2　B
自测题 29-3　C
自测题 29-4　B
自测题 29-5　C
自测题 29-6　校核强度、设计截面、计算许可载荷

## 自测题 30

自测题 30-1　抗扭刚度、抵抗扭转
自测题 30-2　8、16
自测题 30-3　材料在线弹性范围内、等直圆轴
自测题 30-4　C
自测题 30-5　校核刚度、设计截面、确定许可力偶矩

## 自测题 31

自测题 31-1　塑性屈服、脆性断裂
自测题 31-2　45°斜、$\sigma_{\max} = \tau$
自测题 31-3　横截面、剪断；沿45°螺旋、拉断

## 自测题 32

自测题 32-1　D
自测题 32-2　A

## 自测题 33

自测题 33-1　顺时针
自测题 33-2　向下凸
自测题 33-3　A

## 自测题 34

自测题 34-1　A

自测题 34-2　B
自测题 34-3　C
自测题 34-4　A

## 自测题 35

自测题 35-1　A
自测题 35-2　B
自测题 35-3　D
自测题 35-4　D
自测题 35-5　D
自测题 35-6　B
自测题 35-7　B
自测题 35-8　C

## 自测题 36

自测题 36-1　横截面上只有弯矩，没有剪力的弯曲变形
自测题 36-2　B
自测题 36-3　C
自测题 36-4　B
自测题 36-5　D

## 自测题 37

自测题 37-1　C
自测题 37-2　A

## 自测题 38

自测题 38-1　C
自测题 38-2　A；B
自测题 38-3　D

## 自测题 39

自测题 39-1　B
自测题 39-2　C
自测题 39-3　垂直于轴线、中性轴
自测题 39-4　弯曲变形、位移

## 自测题 40

自测题 40-1　D
自测题 40-2　D

## 自测题 41

自测题 41-1　约束条件，连续条件
自测题 41-2　B
自测题 41-3　B
自测题 41-4　B
自测题 41-5　B
自测题 41-6　B

## 自测题 42

自测题 42-1　小变形、线弹性范围

## 自测题 43

自测题 43-1　$|y|_{max} \leq [y]$、$|\theta|_{max} \leq [\theta]$

## 自测题 44

自测题 44-1　B
自测题 44-2　A

## 自测题 45

自测题 45-1　A
自测题 45-2　C
自测题 45-3　弯曲、拉弯组合、弯扭组合
自测题 45-4　拉弯组合；弯扭组合；扭转；弯曲
自测题 45-5　B

## 自测题 46

自测题 46-1　D
自测题 46-2　A
自测题 46-3　b、c

## 自测题 47

自测题 47-1　B、D
自测题 47-2　A

## 自测题 48

自测题 48-1　D
自测题 48-2　D
自测题 48-3　D
自测题 48-4　A
自测题 48-5　A
自测题 48-6　B
自测题 48-7　A
自测题 48-8　B
自测题 48-9　A
自测题 48-10　D
自测题 48-11　A
自测题 48-12　C

## 自测题 49

自测题 49-1　B
自测题 49-2　A
自测题 49-3　A
自测题 49-4　B
自测题 49-5　B
自测题 49-6　A

## 自测题 50

自测题 50-1　复杂
自测题 50-2　B
自测题 50-3　B
自测题 50-4　A
自测题 50-5　A
自测题 50-6　A
自测题 50-7　A

自测题 50-8　B

自测题 50-9　B

自测题 50-10　B

自测题 50-11　第一或第二

自测题 50-12　水结冰时体积膨胀，导致铸铁管沿周向受拉而胀裂

## 自测题 51

自测题 51-1　A

自测题 51-2　A

自测题 51-3　A

自测题 51-4　A

自测题 51-5　$\sigma_{r3} = \sqrt{\sigma^2 + 4\tau^2} \leq [\sigma]$ ; $\sigma_{r4} = \sqrt{\sigma^2 + 3\tau^2} \leq [\sigma]$

自测题 51-6　$\sigma_{r3} = \dfrac{\sqrt{M^2 + T^2}}{W} \leq [\sigma]$ ; $\sigma_{r4} = \dfrac{\sqrt{M^2 + 0.75T^2}}{W} \leq [\sigma]$

## 自测题 52

自测题 52-1　不能维持原有直线形式的平衡状态而突然变弯

自测题 52-2　A

自测题 52-3　B

## 自测题 53

自测题 53-1　B

自测题 53-2　B

## 自测题 54

自测题 54-1　材料、约束、截面形状尺寸，压杆长度

自测题 54-2　半波正弦曲线

自测题 54-3　小，大，好

自测题 54-4　不同杆端约束，两端铰支，挠曲线形状

自测题 54-5　C

自测题 54-6　C

## 自测题 55

自测题 55-1　杆端约束情况、压杆长度、横截面的形状尺寸

自测题 55-2　相当长度，材料
自测题 55-3　B
自测题 55-4　B
自测题 55-5　A
自测题 55-6　⩾25
自测题 55-7　A

### 自测题 56

自测题 56-1　初曲率、载荷的偏心、材料的不均匀
自测题 56-2　工作稳定安全因数，$F_{cr}/F$，$\sigma_{cr}/\sigma$，规定的稳定安全因数
自测题 56-3　A
自测题 56-4　B
自测题 56-5　B
自测题 56-6　B
自测题 56-7　材料的消耗量，压杆的稳定性
自测题 56-8　合理选择材料、合理选择截面形状尺寸、减小压杆长度、改善压杆的约束条件

# 附录 E　习题参考答案

## 第 1 章　静力学基础

略

## 第 2 章　平面力系

2-1　$F_{BC} = -74.64\text{kN}(压力)$，$F_{AB} = 54.64\text{kN}(拉力)$

2-2　$F_{AB} = 80\text{kN}$

2-3　$169F$

2-4　a) $-F\sin\theta a$；b) $-Fb$；c) $F\sin\beta \sqrt{a^2+b^2}$

2-5　(1) $F'_{Rx} = -70\text{N}$，$F'_{Ry} = 0$，$F'_R = -70\text{N}$，$M_O(F) = -6500\text{N} \cdot \text{mm}$；
　　(2) $F_R = -70\text{N}$，方向指向 $x$ 轴的左方，作用线方程 $y = -92.86\text{mm}$

2-6　22.57kN

2-7　100kN

2-8　$F_{Ax} = 0$，$F_{Ay} = \dfrac{2M + 6Fa - qa^2}{4a}$，$F_B = \dfrac{-2M - 2Fa + 5qa^2}{4a}$

2-9  $F_{Bx}=0$, $F_A=5.25\text{kN}$, $F_{By}=-0.85\text{kN}$

2-10  9.17m

2-11  $F_{Ax}=0$, $F_{Ay}=52.7\text{kN}$, $F_B=37.3\text{kN}$

2-12  a) $F_{Ax}=0$, $F_{Ay}=qa$, $M_A=\dfrac{qa^2}{2}$, $F_{Bx}=0$, $F_{By}=0$, $F_C=0$

b) $F_{Ax}=\dfrac{M}{a}\tan\alpha$, $F_{Ay}=-\dfrac{M}{a}$, $M_A=-M$,

$F_{Bx}=\dfrac{M}{a}\tan\alpha$, $F_{By}=-\dfrac{M}{a}$, $F_C=\dfrac{M}{a\cos\alpha}$

c) $F_{Ax}=0$, $F_{Ay}=\dfrac{F}{2}+2qa$, $M_A=2qa^2+Fa$,

$F_{Bx}=0$, $F_{By}=\dfrac{F}{2}$, $F_C=\dfrac{F}{2}$

d) $F_{Ax}=\dfrac{F}{2}\tan\alpha$, $F_{Ay}=\dfrac{F}{2}+qa$, $M_A=\dfrac{3qa^2}{2}+Fa-M$,

$F_B=\dfrac{F}{2\cos\alpha}$, $F_{Cx}=\dfrac{F}{2}\tan\alpha$, $F_{Cy}=\dfrac{F}{2}$

2-13  $F_{Ax}=0$, $F_{Ay}=-15\text{kN}$, $F_B=40\text{kN}$, $F_{Cx}=0$, $F_{Cy}=5\text{kN}$, $F_D=15\text{kN}$

2-14  $F_T=\dfrac{Fa\cos\alpha}{2b}$, $F_{Ax}=\dfrac{Fa\cos\alpha}{2b}$, $F_{Ay}=\dfrac{-Fa}{2l}$, $F_B=\dfrac{(2l-a)F}{2l}$, $F_C=\dfrac{Fa}{2l}$

2-15  $F_{Ax}=0.5F(\rightarrow)$, $F_{Ay}=-1.12F(\downarrow)$, $F_{Bx}=0.5F(\rightarrow)$,

$F_{By}=0.25F(\uparrow)$, $F_{Dx}=F(\leftarrow)$, $F_{Dy}=-0.866F(\uparrow)$

2-16  $F_{Ax}=-\dfrac{M}{2a}(\leftarrow)$, $F_{Ay}=-\dfrac{M}{2a}(\downarrow)$, $F_{Cx}=\dfrac{M}{2a}(\leftarrow)$,

$F_{Cy}=\dfrac{M}{2a}(\downarrow)$, $F_{Dx}=-\dfrac{M}{a}(\rightarrow)$, $F_{Dy}=-\dfrac{M}{a}(\uparrow)$

2-17  $F_{Ax}=2000\text{N}$, $F_{Ay}=250\text{N}$, $F_B=1750\text{N}$, $F_{BC}=-2500\text{N}$,

2-18  $F_{Ax}=50.52\text{N}$, $F_{Ay}=37.5\text{N}$, $F_B=-50\text{N}$

$F_{Cx}=-7.22\text{N}$, $F_{Cy}=-62.5\text{N}$

## 第3章 空间力系

3-1  (1) $F_{1x}=-80\text{N}$, $F_{1y}=60\text{N}$, $F_{1z}=0$, $F_{2x}=40\sqrt{2}\text{N}$, $F_{2y}=30\sqrt{2}\text{N}$,

$F_{2z}=50\sqrt{2}$, $F_{3x}=187.5\text{N}$, $F_{3y}=0$, $F_{3z}=-234.4\text{N}$

(2) $\boldsymbol{M}_O(\boldsymbol{F}_1)=-30\boldsymbol{i}-40\boldsymbol{j}+24\boldsymbol{k}(\text{Nm})$, $\boldsymbol{M}_O(\boldsymbol{F}_2)=0$

$\boldsymbol{M}_O(\boldsymbol{F}_3)=-70.32\boldsymbol{i}+93.75\boldsymbol{j}-56.25\boldsymbol{k}(\text{Nm})$

(3) $M_{1x} = -30\text{Nm}$, $M_{1y} = -40\text{Nm}$, $M_{1z} = 24\text{Nm}$
$M_{2x} = 0$, $M_{2y} = 0$, $M_{2z} = 0$, $M_{3x} = -70.32\text{Nm}$
$M_{3y} = 93.75\text{Nm}$, $M_{3z} = -56.25\text{Nm}$

3-2 $F_{AD} = 200\text{N}(拉力)$, $F_{AB} = 122.45\text{N}(压力)$, $F_{AC} = 122.45\text{N}(压力)$

3-3 $F = 577.37\text{N}$, $F_{NA} = 265.5\text{N}$, $F_{NB} = 611.9\text{N}$

3-4 $M = 2Fa$, $F_{Dz} = \dfrac{2(b+c)}{c}F(\downarrow)$, $F_{Ez} = \dfrac{2b}{c}F(\uparrow)$

3-5 $F_{Ox} = 150\text{N}$, $F_{Oy} = 75\text{N}$, $F_{Oz} = -500\text{N}$, $M_{Ox} = 100\text{N}\cdot\text{m}$
$M_{Oy} = -37.5\text{N}\cdot\text{m}$, $M_{Oz} = -24.38\text{N}\cdot\text{m}$

3-6 $F_3 = 4000\text{N}$, $F_4 = 2000\text{N}$, $F_{Ax} = -6375\text{N}$, $F_{Az} = 1299\text{N}$,
$F_{Bx} = -4125\text{N}$, $F_{Bz} = 3897\text{N}$

3-7 $M_1 = \dfrac{b}{a}M_2 + \dfrac{c}{a}M_3$, $F_{Ay} = \dfrac{M_3}{a}$, $F_{Az} = \dfrac{M_2}{a}$,
$F_{Dx} = 0$, $F_{Dy} = -\dfrac{M_3}{a}$, $F_{Dz} = -\dfrac{M_2}{a}$

3-8 $x_C = \dfrac{3}{10}a$, $y_C = \dfrac{3}{4}b$

3-9 $x_C = 127.86\text{mm}$

3-10 $x_C = 198.15\text{mm}$, $y_C = 247.41\text{mm}$, $z_C = 152.51\text{mm}$

## 第4章 轴向拉伸与压缩

4-1 略

4-2 略

4-3 $\sigma = 72.75\text{MPa}$

4-4 $F_{N1} = 10\text{kN}$, $\sigma_1 = 25\text{MPa}$
$F_{N2} = -10\text{kN}$, $\sigma_2 = -33.3\text{MPa}$
$F_{N3} = -20\text{kN}$, $\sigma_3 = -100\text{MPa}$

4-5 $\sigma_{\max}^+ = 24\text{MPa}$, $\sigma_{\max}^- = 40\text{MPa}$

4-6 $F_2 = 62.5\text{kN}$

4-7 $\sigma = 125\text{MPa}$

4-8 $F = 13.75\text{kN}$

4-9 $\Delta_D = \dfrac{Fl}{3EA}$

4-10 $E = 70\text{GPa}$, $v = 0.327$

4-11 $\delta = 29.99\text{mm}$

4-12
(2) $\sigma_{AC} = -2.5\text{MPa}$
$\sigma_{BC} = -6.5\text{MPa}$
(3) $\varepsilon_{AC} = -250 \times 10^{-6}$
$\varepsilon_{BC} = -650 \times 10^{-6}$
(4) $\Delta l = -1.35\text{mm}$

4-13  $\Delta_{Ay} = 0.001293\text{m}(\downarrow), \Delta_{Ax} = 0$

4-14  $x = \dfrac{ll_1 E_2 A_2}{l_2 E_1 A_1 + l_1 E_2 A_2}$

4-15  $\sigma = 149.2\text{MPa}, E = 203.5\text{GPa}$

4-16  $\delta = 26.4\%, \varphi = 65.2\%$，塑性材料

4-17  $E = 160\text{GPa}$

4-18  $\sigma_{EG} = 155.3\text{MPa}$，满足强度要求

4-19  $\sigma_{AB} = 73.9\text{MPa} < [\sigma]$，满足强度条件

4-20  $D \geqslant 19.87\text{mm}$

4-21  $F \leqslant 28.28\text{kN}$

## 第5章　剪切与挤压的实用计算

5-1  剪切面积 $A_S = \pi dh$，受拉面积 $A = \dfrac{\pi d^2}{4}$，挤压面积 $A_{bs} = \dfrac{\pi(D^2 - d^2)}{4}$

5-2  $\tau = 48.6\text{MPa} < [\tau]$，键的剪切强度足够

5-3  $a \geqslant 250\text{mm}, c \geqslant 50\text{mm}$

5-4  $d \geqslant 14\text{mm}$

5-5  $F \geqslant 64.3\text{kN}$

5-6  $F \leqslant 211.2\text{kN}$

## 第6章　圆轴扭转时的强度和刚度计算

6-1　a) $-2\text{kN} \cdot \text{m}, 4\text{kN} \cdot \text{m}$
　　b) $-7\text{kN} \cdot \text{m}, -5\text{kN} \cdot \text{m}$
　　c) $-3\text{kN} \cdot \text{m}, -3\text{kN} \cdot \text{m}, 3\text{kN} \cdot \text{m}, -4\text{kN} \cdot \text{m}$

6-2  略

6-3  $T_1 = -9.56\text{kN} \cdot \text{m}$　$T_2 = 6.37\text{kN} \cdot \text{m}$　$|T|_{\max} = 9.56\text{kN} \cdot \text{m}$

6-4  $|T|_{\max} = 15\text{kN} \cdot \text{m}$

6-5  $\tau_{\max} = 141.4\text{MPa}, \tau_{\min} = 128.7\text{MPa}$

6-6  $\tau_{\max AB} = 45.5\text{MPa}, \tau_{\max CD} = 29.2\text{MPa}$，满足强度要求

6-7　（1）$\tau_{\rho=50mm}=71.3\text{MPa}, \tau_{\rho=40mm}=57.1\text{MPa}, \tau_{\rho=12.5mm}=17.8\text{MPa}$

　　　（2）$\tau_{max}=71.34\text{MPa}$

　　　（3）$\theta=0.0178\text{rad/m}$

6-8　$M_1=10.47\text{kN}\cdot\text{m}, M_2=5.24\text{kN}\cdot\text{m}$

6-9　$d=67.6\text{mm}$

6-10　$T=6.43\text{kN}\cdot\text{m}$

6-11　$E=218\text{GPa}, G=80\text{GPa}, \nu=0.36$

## 第7章　梁弯曲时的强度计算

7-1　略

7-2　略

7-3　略

7-4　a）$S_y=17500\text{mm}^3, S_z=0$

　　　b）$S_y=22500\text{mm}^3, S_z=12750\text{mm}^3$

7-5　$I_z=\dfrac{1}{12}bh^3-\dfrac{\pi}{64}b^4$

7-6　$I_z=\dfrac{107}{4}a^4$

7-7　100MPa

7-8　$\sigma_A=9.26\text{MPa}, \sigma_B=4.63\text{MPa}, \sigma_C=-6.17\text{MPa}, \sigma_D=-9.26\text{MPa}$

7-9　$[F_1]=20\text{kN}, [F_2]=10\text{kN}$

7-10　$[F]=3.2\text{kN}$

7-11　$\sigma_1=159.2\text{MPa}, \sigma_2=93.6\text{MPa}, 41.2\%$

7-12　$\sigma_{max}^+=39.09\text{MPa}, \sigma_{max}^-=78.19\text{MPa}$。倒置不合理

7-13　$h\geqslant 208\text{mm}, b\geqslant 138.7\text{mm}$

7-14　No.27a 工字钢

## 第8章　梁弯曲时的刚度计算

8-1　$y_B=-\dfrac{2Ml^2}{EI}-\dfrac{5Fl^3}{6EI}, \theta_B=-\dfrac{2Ml}{EI}-\dfrac{Fl^2}{2EI}$

8-2　$\theta_A=\dfrac{ql^3}{6EI}, \theta_B=-\dfrac{ql^3}{3EI}, y_c=-\dfrac{11ql^4}{24EI}$

8-3　略

8-4　略

8-5　$\theta_A = -\dfrac{29ql^3}{48EI}, \theta_B = \dfrac{33ql^3}{16EI}, y_c = -\dfrac{9ql^4}{16EI}$

8-6　No. 18 工字钢

## 第9章　组合变形时的强度计算

9-1　$\sigma_{max} = 121 \text{MPa}$，超过许用应力 $0.83\%$，故仍可使用

9-2　$F \leqslant 643 \text{N}$

9-3　$6 \text{MPa}$

9-4　$\sigma_{max} = 133.3 \text{MPa} < [\sigma]$，安全

9-5　$F \leqslant 4.19 \text{kN}$

9-6　切口许可深度为 $5.21 \text{mm}$

9-7　$\sigma_{max} = 9.31 \text{MPa} < [\sigma]$，安全

9-8　$\sigma_{max} = 61.5 \text{MPa} < [\sigma]$，安全

9-9　略

9-10　a) $\sigma_\alpha = 30 \text{MPa}, \tau_\alpha = 30 \text{MPa}; \sigma_1 = 120 \text{MPa}, \sigma_2 = 20 \text{MPa}, \sigma_3 = 0; \tau_{max} = 60 \text{MPa}$

　　　b) $\sigma_\alpha = 14.02 \text{MPa}, \tau_\alpha = -49.64 \text{MPa}; \sigma_1 = 70 \text{MPa}, \sigma_2 = 0, \sigma_3 = -30 \text{MPa}; \tau_{max} = 50 \text{MPa}$

　　　c) $\sigma_\alpha = 79.64 \text{MPa}, \tau_\alpha = 5.98 \text{MPa}; \sigma_1 = 80 \text{MPa}, \sigma_2 = 0, \sigma_3 = -20 \text{MPa}; \tau_{max} = 50 \text{MPa}$

9-11　$A$ 点：$\sigma_1 = 0, \sigma_2 = 0, \sigma_3 = -93.75 \text{MPa}, \tau_{max} = 46.875 \text{MPa}$

　　　$B$ 点：$\sigma_1 = 3.89 \text{MPa}, \sigma_2 = 0, \sigma_3 = -50.77 \text{MPa}, \tau_{max} = 27.33 \text{MPa}$

　　　$C$ 点：$\sigma_1 = 18.75 \text{MPa}, \sigma_2 = 0, \sigma_3 = -18.75 \text{MPa}, \tau_{max} = 18.75 \text{MPa}$

9-12　$M_e = \dfrac{\pi D^3 (1 - \alpha^4) E \varepsilon_{45°}}{16(1 + \nu)}$

9-13　$F = 48 \text{kN}$

9-14　$\sigma_1 = 0, \sigma_2 = -19.8 \text{MPa}, \sigma_3 = -60 \text{MPa}$

9-15　(1) $\sigma_{r1} = 100 \text{MPa}, \sigma_{r2} = 106 \text{MPa}; \sigma_{r3} = 120 \text{MPa}, \sigma_{r4} = 111.4 \text{MPa}$

　　　(2) $\sigma_{r1} = 70.6 \text{MPa}, \sigma_{r2} = 97.8 \text{MPa}; \sigma_{r3} = 161.2 \text{MPa}, \sigma_{r4} = 140 \text{MPa}$

　　　(3) $\sigma_{r1} = 108.8 \text{MPa}, \sigma_{r2} = 126.4 \text{MPa}; \sigma_{r3} = 167.6 \text{MPa}, \sigma_{r4} = 147.3 \text{MPa}$

　　　(4) $\sigma_{r1} = 50 \text{MPa}, \sigma_{r2} = 62 \text{MPa}; \sigma_{r3} = 90 \text{MPa}, \sigma_{r4} = 78.1 \text{MPa}$

9-16　用第三强度理论 $p \leqslant 1.2 \text{MPa}$，第四强度理论 $p \leqslant 1.39 \text{MPa}$

9-17　$\sigma_{r3} = 250 \text{MPa}, \sigma_{r4} = 229 \text{MPa}$，强度足够

9-18 （1）铸铁,许可载荷 $F=2.07\text{kN}$；（2）钢材,许可载荷 $F=9.82\text{kN}$

9-19 $d=33.8\text{mm}$

9-20 $F=1182\text{N}$

## 第10章 压杆的稳定问题

10-1 $F_{cr}=267.3\text{kN}$

10-2 $F_{cra}=2616.2\text{kN}$　$F_{crb}=2724.1\text{kN}$　$F_{crc}=3230.0\text{kN}$　c杆的稳定性较好

10-3 $\lambda_a=125$　$\lambda_b=122.5$　$\lambda_c=112.5$
$\sigma_{cra}=129.9\text{MPa}$　$\sigma_{crb}=135.3\text{MPa}$　$\sigma_{crc}=160.5\text{MPa}$

10-4 $\sigma_{cra}=318.9\text{MPa}$　$\sigma_{crb}=51.7\text{MPa}$

10-5 矩形 $F_{cr}=1.62\text{N}$　正方形 $F_{cr}=3.24\text{N}$　圆形 $F_{cr}=3.09\text{N}$
正方形截面杆的稳定性较好

10-6 不稳定

10-7 稳定

10-8 $F=662\text{kN}$

# 参 考 文 献

[1] 哈尔滨工业大学理论力学教研室. 理论力学（I）[M]. 北京：高等教育出版社，2008.
[2] 王月梅. 理论力学 [M]. 北京：机械工业出版社，2004.
[3] 朱炳麒. 理论力学 [M]. 北京：机械工业出版社，2001.
[4] 梅凤翔. 工程力学学习指导：上册 [M]. 北京：北京理工大学出版社，2003.
[5] 黄孟生，赵引. 工程力学 [M]. 北京：清华大学出版社，2006.
[6] 蒋平. 工程力学基础（I）[M]. 北京：高等教育出版社，2003.
[7] 孙训方，方孝淑，关来泰. 材料力学（I）[M]. 5 版. 北京：高等教育出版社，2009.
[8] 刘鸿文. 材料力学（I）[M]. 4 版. 北京：高等教育出版社，2004.
[9] 张少实. 新编材料力学 [M]. 北京：机械工业出版社，2002.
[10] 李前程，安学敏，赵彤. 建筑力学 [M]. 北京：高等教育出版社，2004.
[11] 范钦珊，唐静静. 工程力学（静力学和材料力学）[M]. 2 版. 北京：高等教育出版社，2007.
[12] 单辉祖，谢传锋. 工程力学（静力学与材料力学）[M]. 北京：高等教育出版社，2004.
[13] 屈本宁，张曙红. 工程力学 [M]. 2 版. 北京：科学出版社，2008.
[14] 周建方. 材料力学 [M]. 北京：机械工业出版社，2002.
[15] 范本隽，陈安军. 简明工程力学教程 [M]. 北京：科学出版社，2005.
[16] 苟文选. 材料力学（I）[M]. 北京：科学出版社，2005.
[17] 焦永树. 工程力学简明教程 [M]. 北京：科学出版社，2006.
[18] 蒋永莉，梁小燕，王正道. 材料力学学习指导 [M]. 北京：清华大学出版社，2006.
[19] 杨庆生，崔芸，龙连春. 工程力学 [M]. 北京：科学出版社，2008.
[20] 周松鹤，徐烈烜. 工程力学教程篇 [M]. 2 版. 北京：机械工业出版社，2007.
[21] 王斌耀，顾惠琳. 工程力学导学篇 [M]. 2 版. 北京：机械工业出版社，2007.
[22] 邱棣华. 材料力学 [M]. 北京：高等教育出版社，2004.
[23] 陈赛克. 工程力学 [M]. 广州：华南理工大学出版社，2009.
[24] R C HIBBELER. MECHANICS OF MATERIALS [M]. 5th ed. 北京：高等教育出版社，2004.